कृषि तथा बागवानी फसलों के सिद्धांत एवं प्रौद्योगिकी का हस्तांतरण

कृषि तथा बागवानी फसलों के सिद्धांत एवं प्रौद्योगिकी का हस्तांतरण

लेखकगण :

दिलीप कुमार

मोती लाल मीणा

धीरज सिंह

SSPH

सतीश सीरियल पब्लिशिंग हाउस

403, एक्सप्रेस टॉवर, वाणिज्यिक परिसर, आजादपुर, नई दिल्ली–110033

दूरभाषः 011–27672852 फेक्सः 91–11–27672046

ईमेलः info@satishserial.com, hkjain1975@yahoo.com

वैबसाईटः www.satishserial.com

Published by :

SATISH SERIAL PUBLISHING HOUSE
403, Express Tower, Commercial Complex, Azadpur, Delhi-110033 (INDIA)
Phone : 011-27672852 Fax : 91-11-27672046
E-mail : info@satishserial.com, hkjain1975@yahoo.com

ISBN 978-93-86200-65-5

Composed, Designed & Printed in India

प्राक्कथन

देश में कृषि व्यवस्था पूर्णतया वर्षा पर निर्भर है, क्योंकि वर्षा ही हमारे सिंचाई के क्षेत्र में पानी की उपलब्धता को निर्धारित करती है। वैज्ञानिकों का मानना है, कि ग्लोबल वार्मिंग के कारण मौसम में अनेक परिवर्तनों का अहसास होने लगा है। जैसा कि पश्चिमी भारत के अर्धशुष्क क्षेत्रों में सामान्य वर्षा से अधिक वर्षा हो रही है तथा मध्य भारत में ऐसा अनुमान है, कि सन् 2050 तक सर्दियों में होने वाली वर्षा में 10–20 प्रतिशत की कमी होगी। कम वर्षा के अलावा, वर्षा के समय का भी कृषि उत्पादन पर खास प्रभाव पड़ने की संभावना जताई जा रही है। उदाहरण के तौर पर छत्तीसगढ़ राज्य में मानसून पूर्व की वर्षा मई–जून में कम होती जा रही है। गुजरात व महाराष्ट्र के समुद्रतटीय क्षेत्रों में साइक्लोनिक क्रियाओं द्वारा अधिक नुकसान की उम्मीद जताई जा रही है। राजस्थान में यदि तापमान में 2°C की वृद्धि होती है, तो बाजरे के उत्पादन में 10–15 प्रतिशत की कमी हो सकती है। मध्यप्रदेश, जहाँ पर 77 प्रतिशत कृषिभूमि पर सोयाबीन उगाया जाता है, उसकी पैदावार वायुमंडल में कार्बन डाइआक्साइड की मात्रा बढ़ने से बढ़ सकती है। ऐसा अनुमान लगाया गया है कि सोयाबीन के उत्पादन में 50 प्रतिशत की बढ़ोत्तरी हो सकती है। यदि वायुमंडल में CO_2 की मात्रा के साथ–साथ तापमान में भी वृद्धि होती है, तो सोयाबीन की पैदावार घट सकती है। यदि अधिकतम व न्यूनतम तापमान में क्रमशः 3°C एवं 3.5°C की बढ़ोतरी होती है, तो सोयाबीन की पैदावार 5% कम होगी। यद्यपि फसल उत्पादकता पर पड़ने वाले जलवायु परिवर्तन का प्रभाव पूरे विश्व में महसूस किया गया है, परन्तु इसके विपरीत यदि तापमान बढ़ता है तो फसल की पैदावार कम हो सकती है, क्योंकि पौधों में नमी का अभाव होगा जिससे पानी व पोषक तत्वों के बजट में परिवर्तन होगा, इससे उत्पादन पर अनुकूल प्रभाव पड़ेगा। जलवायु परिवर्तन का प्रभाव भी क्षेत्र/स्थान विशेष पर निर्भर करेगा। उदाहरण के तौर पर, शीतोष्ण क्षेत्र में तापमान बढ़ने से फसल की बढ़वार के लिए अधिक समय तथा पाला तुषार की संभावना कम होगी। इसके विपरीत शुष्क व अर्धशुष्क क्षेत्रों में यदि तापमान बढता है। तो फसल पर प्रतिकूल असर पड़ेगा।

लेखकों का परिचय

डॉ. दिलीप कुमार का जन्म राजस्थान प्रदेश के झुन्झुनूं जिले में हुआ। उन्होंने 2001 में स्नातक, 2004 में उत्तीर्ण किया तथा 2012 में विद्या वानस्पति (डॉक्टरेट) किया। उन्होंनें पीएच.डी. राष्ट्रीय डेयरी अनुसंधान संस्थान, हरियाणा से किया। ये 10 पुस्तकें एवं 12 शोध पत्र लिख चुके हैं। यह अनेक समितियों के जीवन आजीवन सदस्य हैं तथा इन्होंनें अनेक संस्थान तथा बाह्य प्रोजेक्ट में कार्य किया है। वर्तमान में यह भाकृअनुप–काजरी (ICAR-CAZRI) के क्षेत्रीय अनुसंधान संस्थान, जैसलमेर में वैज्ञानिक (कृषि विस्तार) के पद पर कार्यरत हैं। इनको 2017 का आस्था समिति का "युवा वैज्ञानिक पुरस्कार प्राप्त हुआ है।

डॉ. मोती लाल मीणा का जन्म जुलाई 1975 में अलवर जिला के गांव लक्ष्मणगढ़ में हुआ। प्रारंभिक शिक्षा गांव में ही प्राप्त की तथा 1999 में स्नातक में प्रथम स्थान कृषि में, बाबा भगवान दास स्नातकोत्तर महाविद्यालय से प्राप्त किया। वर्ष 2001 में स्नातकोत्तर कृषि प्रसार विषय में कृषि महाविद्यालय, उदयपुर से तथा विद्यावाचस्पी की डिग्री कृषि महाविद्यालय, जोबनेर से प्रथम स्थान में प्राप्त किया। वर्तमान में डॉ. मीणा भाकृअनुप–काजरी (ICAR-CAZRI), कृषि विज्ञान केन्द्र, पाली में विषय विशेषज्ञ (कृषि प्रसार) में कार्यरत हैं। डॉ. मीणा के शोध पत्र 12 अंतरराष्ट्रीय स्तर के जर्नलों तथा 53 राष्ट्रीय स्तर के जर्नलों में प्रकाशित हैं तथा 41 राष्ट्रीय स्तर की हिन्दी पत्रिकाओं में पत्र प्रकाशित हैं तथा 12 पत्र–पत्रिकाएं, दो पुस्तक सहायक लेखक के रूप में, 5 प्रशिक्षण मैनुअल, 4 लघु पुस्तिकाएं भी प्रकाशित हैं। डॉ. मीणा को वर्ष 2014 और 2016 में सर्वोत्तम कृषि विज्ञान केन्द्र का वैज्ञानिक स्तर अवार्ड भारतीय प्रसार शिक्षा संगठन द्वारा प्रदान किया गया।

डॉ. धीरज सिंह ने प्रारंभिक शिक्षा जयपुर में ही प्राप्त की तथा 1996 में स्नातक में प्रथम स्थान श्री कर्ण नरेन्द्र कृषि महाविद्यालय, जोबनेर से प्राप्त किया। वर्ष 2001 में स्नातकोत्तर उद्यान विषय में श्री कर्ण नरेन्द्र कृषि महाविद्यालय, जोबनेर तथा विद्यावाचस्पी की डिग्री भारतीय कृषि अनुसंधान संस्थान, पूसा, नई दिल्ली से प्रथम स्थान से प्राप्त किया। वर्तमान में डॉ. सिंह भाकृअनुप–काजरी, कृषि विज्ञान केन्द्र, पाली में प्रधान वैज्ञानिक एवं अध्यक्ष पद पर कार्यरत हैं। डॉ. सिंह के शोध पत्र 20 अंतरराष्ट्रीय स्तर के जर्नलों तथा 72 राष्ट्रीय स्तर के जर्नलों में प्रकाशित हैं, तथा 45 राष्ट्रीय स्तर की हिन्दी पत्रिकाओं में पत्र प्रकाशित हैं तथा 12 पत्र–पत्रिकाएं, पांच पुस्तक लेखक के रूप में, 5 प्रशिक्षण मैनुअल, 4 लघु पुस्तिकाएं भी प्रकाशित हैं। डॉ. सिंह को वर्ष 2016 में स्वामी सहजानंद उत्कृष्ट प्रसार वैज्ञानिक का खिताब भी भारतीय कृषि अनुसंधान परिषद द्वारा प्रदान किया गया। डॉ. सिंह 7 बार अंतरराष्ट्रीय संगोष्ठियों में विदेशों में पत्र वाचन किये हैं तथा इन्हें 5 श्रेष्ठ शोध पत्र वाचन का भी अवार्ड मिला हुआ है।

विषय–सूची

Part-3: RABI CROPS

Part-4: HORTICULTURE CROPS OF TROPICAL INDIA

Part-1:
MEDICINAL PLANTS

अध्याय 1

भारत में सामाजिक वानिकी

वर्ष 1976 में प्रस्तुत अपनी रिपोर्ट में राष्ट्रीय कृषि आयोग ने वर्गों से सम्बन्धित मुद्दों को ध्यान में रखते हुए उत्पादन सुरक्षा तथा सौन्दर्यीकरण हेतु भूमि के पर्याप्त भाग पर वन उगाने की आवश्यकता पर बल दिया। सामाजिक वानिकी के उद्देश्यों पर प्रकाश डालते हुए कृषि आयोग ने इसको :

1. ग्रामीण क्षेत्र में जलाऊ लकड़ी की आवश्यकता की पूर्ति कराने का
2. गोबर को ईंधन के रूप में प्रयोग न होने देने का
3. लघु इमारती लकड़ी की आपूर्ति कराने का
4. क्षेत्रों को हवा/आंधी से सुरक्षा प्रदान करने का तथा
5. बाग–बगीचे तथा उपवन आदि मनोरंजन स्थलों को विकसित करने का साधन बताया।

सामाजिक वानिकी

वन संसाधनों के सतत उत्पत्ति की प्रणाली जनता के लिए जनता द्वारा शासकीय सहायता अथवा अन्य प्रयासों से कार्यान्वित की जाती है।

- कार्यान्वयन में सभी लोगों का व्यक्तिगत रूप से अथवा सामूहिक रूप से सम्मिलित होना अनिवार्य है।
- ऐसे संसाधनों की सृष्टि करता है जो ग्रामीण जनता की स्थानीय मूलभूत आवश्यकताओं को पूर्ण करते हैं। जैसे फल,जलाऊ लकड़ी,चारा, रेशे, छोटी इमारती लकड़ी तथा गौण वन उपज की आवश्यकता, समाजिक वानिकी, कुटीर उद्योगों, हस्तशिल्प एवं ग्रामीण अर्थव्यवस्था के उन्नयन में भी सहायक हैं।
- समस्याग्रस्त भूमिखण्डों पर वृक्षारोपण उसके पुनरुत्थान की पद्धति है जिससे गावों के पर्यावरण में सुधार, भूमि एवं जल का संरक्षण तथा ग्रामीण क्षेत्रों की उत्पादकता में वृद्धि होती है।

- कृषि वानिकी तथा कार्यवानिकी को प्रोत्साहन देती है। समाजिक वानिकी कार्बनिक अवशेष तथा जैवकीय नाइट्रोजन को पुनः चक्रित करने तथा उत्पादकता को सदैव बनाये रखने में सक्षम है।

अभी तक सामाजिक वानिकी कार्यक्रम के क्रियान्वयन में निम्न बाधायें दृष्टिगोचर हुई हैं:

1. जनसहयोग की कमी होना।
2. लोगों की अभिरुचि जलाने की लकड़ी व पशुचारा उगाने में न होना।
3. विभिन्न वनोपज उत्पादन प्रणाली जिसके द्वारा जानकारी का उपलब्ध न होना।
4. वनोपज की बिक्री के लिए बाजार की समुचित व्यवस्था ना होना।
5. वृक्षों को उगाने, काटने, परिवहन तथा विक्रय से सम्बंधित कानूनी प्रावधानों की जानकारी का अभाव होना।
6. उत्तम किस्म के बीज, वृक्ष उगाने की उपयुक्त तकनीक, कीड़ों से उनकी सुरक्षा तथा गहन वानिकी प्रणाली पर समुचित जानकारी का उपलब्ध न होना।

सामाजिक वानिकी की विशेषताएँ

जन साधारण की ईंधन, लघुकाष्ठ, चारा, पत्ती एवं लघु उद्योगों हेतु कच्चे माल की आवश्यकता की पूर्ति कराना इसका मुख्य ध्येय है। बिना पूर्ण सहयोग के इसका पनपना कठिन है। यह एक ऐसा दायित्व है जिसमें प्रत्येक जन, परिवार तथा समुदाय की भूमिका है। जनसमुदाय एवं शासकीय प्रक्रिया द्वारा प्राप्त स्रोत से इसे विकसित किया जा सकता हैं। साधारणतया इसे दो श्रेणियों में बांटा जाता है– सामुदायिक वानिकी तथा कृषि वानिकी।

सामाजिक वानिकी का उद्‌देश्य

सामाजिक वानिकी कार्यक्रमों का उद्‌देश्य मुख्यतया उत्पादन बढ़ाना, ग्रामीण क्षेत्रों का विकास एवं पारिस्थितिकी को समृद्ध करना है।

उत्पादन संबंधी उद्‌देश्यों का तात्पर्य मुख्य रूप से :–

- ग्रामीण जनता की मूल आवश्कताओं की पूर्ण या आपूर्ति कराना है। जैसे–लघु इमारती लकड़ी, जलाऊ लकड़ी तथा घास/चारा इत्यादि की आपूर्ति।
- ग्रामीण कुटीर उद्योगों के लिऐ वनोपज, कच्चे माल की आवश्यकता की आपूर्ति करना है।

- ग्रामीण/निर्धनों के आर्थिक स्तर को उठाने के लिऐ वनोपज के उत्पादन में वृद्धि कराना है ताकि इनके उपयोग के साथ–साथ अतिरिक्त मात्रा का विक्रय किया जा सके तथा नकद धनराशि प्राप्त की जा सके।
- उचित कृषि–वानिकी द्वारा फसलों की उपज में वृद्धि करना है।

विकास संबंधी उद्देश्यों का तात्पर्य मुख्य रूप से –

- निर्धन/ग्रामीणों के लिए अतिरिक्त उत्पादित रोजगार के अवसर उत्पन्न कराना है।
- ग्रामीण महिलाओं के उत्थान हेतु उन्हें वानिकी कार्यों से जोड़ना है।
- ग्राम समुदायों के निर्धन वर्ग की आमदनी को बढ़ाना है।

परिस्थितिकी उत्थान संबंधी उद्देश्य का तात्पर्य मुख्य रूप से –

- भूमि का संरक्षण एवं सुधार करना है।
- निम्न कोटि की भूमि का सुधार तथा संरक्षण करना है।
- प्राकृतिक वनों पर दबाव कम करना है।
- पर्यावरण को स्थिर करना है।

समाजिक वानिकी का क्षेत्र

सामाजिक वानिकी का कार्यक्षेत्र निम्नलिखित हैः–

1. खेत/कृषि वानिकी में निम्नलिखित कार्यकलाप सम्मलित हैं

   अ. खेतों की मेड़ों एवं सीमाओं पर पेड़ों की कतारें उगाना तथा व्यक्तिगत कृषिभूमि के किनारे तथा आसपास जहां स्थान उपलब्ध हो वृक्ष, झाड़ियां तथा घास उगाना।

   ब. तेज वायु के विरुद्ध सुरक्षा पंक्तियाँ उगाना।

2. शीघ्र बढ़ने वाली वृक्ष प्रजातियों का निम्नकोटि की भूमि पर वृक्षारोपण में निम्नलिखित कार्यकलाप सम्मिलित हैं।

   अ. सड़को के किनारे वृक्ष लगाना।

   ब. उपलब्ध भूमि तथा पोखरों की भूमि पर वृक्ष लगाना।

   स. ग्रामीण घरों के घाटों तथा धार्मिक स्थलों की भूमि पर वृक्ष लगाना।

3. बिगड़े वनों का पुनः वृक्षारोपण

वृक्ष लगाने तथा उनसे सम्बंधित कार्यकलाप सामाजिक वानिकी के अंग निम्नलिखित हैं :–

1. पौधशालाओं की स्थापना तथा उनका प्रबन्धन।
2. सामाजिक वानिकी सबंधित कार्यकलापों जैसे– प्रसार, प्रचार, प्रशिक्षण तथा अनुसंधान आदि।
3. वृक्षारोपण कार्य।

❑❑❑

अध्याय 2

भारत में औषधीय पौधों के लिए बहुस्तरीय कृषि व्यवस्था

भारतीय किसान संभवतः विश्व का सबसे जुझारू प्राणी है जो जलवायु की अनियमितता, अकाल तथा विपणन की समस्या से निरन्तर जूझ कर कृषि जैसे लाभकारी उद्यम को छोड़कर शहर की ओर रोजगार के लिऐ निरंतर पलायन कर रहा है। कई कृषकों के पास 50–100 एकड़ भूमि होने पर भी वह या उसके बच्चे अन्य कहीं नौकरी पाने के लिये इच्छित रहते हैं। अतः उनके लिए यह आवश्यक है कि वे ऐसी लाभकारी कृषि की ओर अग्रसर हों जिससे उनके जीवन में स्थायित्व आ सके। कृषि में होने वाले घाटे के मुख्य कारण निम्नलिखित हैं:

1. खरपतवार की अधिकता व उससे भूमि का महंगा व्यय भार।
2. खेत की प्रति वर्ष दो–तीन बार जुताई का व्यय।
3. बढ़ती फसल में बीमारियों के कारण कीटनाशकों का अन्धाधुन्ध प्रयोग। जटिल बीमारियों तथा उनके बचाव के लिए प्रयुक्त होने वाले कीटनाशक।
4. कृषि हेतु आपसी बंटवारे के कारण जोत की कमी तथा खेतों का क्षेत्रफल कम होना।
5. हर बार बोने हेतु व महंगा बीज खरीदने की मजबूरी तथा बीज का अधिक व्यय।
6. उत्पादन का बिक्री/बाजार मूल्य उत्पादन लागत से कम।
7. फसलों की जानवरों से सुरक्षा का बढ़ता हुआ व्यय भार।
8. जमीन का गिरता जल स्तर तथा सिंचाई निरंतर महंगी।
9. जैविक खाद की कमी व रासायनिक खादों पर निर्भरता। बिना रासायनिक खाद के फसल उत्पाद का लगभग असंभव सा हो जाना। खादों की बढ़ती कीमतों तथा इन पर बढ़ता व्यय भार।

बहुस्तरीय कृषि व्यवस्था

उपरोक्त व्यय भार में पूर्ण या आंशिक कटौती कर अपनी आर्थिक स्थिति को संतुलित करना, इस उद्‌देश्य को लेकर बहुस्तरीय कृषि व्यवस्था इसका एक विकल्प है।

बहुस्तरीय कृषि व्यवस्था के लिए कई मॉडल तैयार किये गए हैं जिन्हें किसान की क्षमता, जोत की सीमा, स्थानीय परिस्थितियों तथा जलवायु के आधार पर बनाया गया है। इन प्रदेशों को कई स्तर पर प्रयोगात्मक परीक्षण करने के बाद किसान इन्हें व्यावसायिक स्तर पर अपनाने लगे हैं। वैसे स्थानीय परिस्थितियों की जलवायु, भूमि उपलब्ध सुविधाओं के आधार पर बहुस्तरीय कृषि व्यवस्था बनाई जाती है।

बहुस्तरीय कृषि व्यवस्था की उपयोगिताएँ

1. खेतों में एक बार जुताई करने के बाद ऐसी जड़ी–बूटियों को उगाना जिन्हें पूर्व में किसान खरपतवार समझते आए हैं, इससे खरपतवार से भी आमदनी प्राप्त कर खरपतवार नियंत्रण पर होने वाले खर्च को बचाया जा सकता है।
2. प्रदेशों के अनुसार फसलों का चयन व उन्हें लगाने का तरीका ऐसा होना चाहिए जिससे जानवरों से अधिक नुकसान नहीं हो। फलतः किसान जानवरों से फसल की सुरक्षा कर सकता है।
3. बीमारियों को रोकने के लिए केवल सावधानियां रखी जानी ही पर्याप्त होती हैं, क्योंकि पौधों पर बीमारी उत्पन्न होना एक निरन्तर प्रक्रिया है। औषधीय पौधों पर बीमारियां कम लगती हैं। अतः रासायनिक कीटनाशकों की आवश्यकता नहीं या कम पड़ती है।
4. परम्परागत फसलें लेने की स्थिति में कम कृषि होने पर व्यय भार अधिक पड़ता है तथा उसके अनुपात में व्यय भार अधिक नहीं पड़ता है तथा उसके अनुपात में लाभ नहीं हो पाता है। बहुस्तरीय कृषि व्यवस्था से किसान कम जोत में भी पर्याप्त आय प्राप्त कर सकता है।
5. बहुस्तरीय कृषि व्यवस्था में किसी प्रकार की खाद की आवश्यकता नहीं रहती। पेड़–पौधे स्वयं अपने लिए व पड़ोसी पौधे के लिए पर्याप्त खाद का उत्पादन करते हैं। फलतः अलग से जैविक या रासायनिक खाद की आवश्यकता ही नहीं पड़ती।
6. बहुस्तरीय कृषि व्यवस्था में सिंचाई के लिए उपलब्ध जल की 70 प्रतिशत से 80 प्रतिशत तक की बचत होती है।
7. बहुतस्तरीय कृषि व्यवस्था से औषधीय पौधों की खेती करने से जीवन में केवल पहली बार थोड़ा सा बीज खरीदना पड़ेगा। इसके बाद बिना जुताई से कृषि बार–बार जुताई से होने वाले खर्च की बचत की जा सकती है।

8. खेत में एक साथ कई फसल बोने से वर्ष भर फसल से आमदनी।
9. वर्ष पर्यन्त खेत में कम फसल का पूरा दाम व आमदनी।
10. पर्यावरण की सुरक्षा।
11. सीमित जल से भी ज्यादा क्षेत्रों में सिंचाई संभव।
12. कीटनाशकों व रासायनिक उर्वरकों का बिल्कुल प्रयोग नहीं।
13. औषधीय पौधों का निर्यात फलतः देश के लिए विदेशी मुद्रा की आय।
14. आपका खेत वर्षपर्यन्त घने जंगल की तरह हरा–भरा रहेगा। फलतः वनक्षेत्र में बढ़ोतरी होगी व पर्यावरण की समस्या का समाधान करने में आपका सराहनीय योगदान होगा।
15. प्रतिमास निरंतर होने वाली आय होने के कारण आपकी आर्थिक स्थिति में सुधार।
16. कृषि कार्य के लिए अनुपयुक्त समझी जाने वाली वाली भूमि का सद्उपयोग कर राष्ट्रीय उत्पादन में वृद्धि।
17. क्योंकि यह एक अत्यधिक सस्ती तकनीकी है, अतः ऋण हेतु किसी बैंक या वित्तीय संस्थान पर निर्भरता नहीं।
18. बहुस्तरीय कृषि प्रदर्श के अंतर्गत फसल चयन मुख्य है। अतः ऐसे पेड़ लगाएं जो अतिशीघ्र पर्याप्त मात्रा मे छाया व सहारा देने लायक हो तथा अपने अत्यधिक पत्तों को भूमि पर गिराकर उसकी उर्वरा शक्ति को बढ़ा सकें।
19. लता वाली फसलों में 3–4 प्रकार की फसलों का चयन करने पर उन सबको एक साथ लगाया जा सकता है। कुछ लताएं पेड़ की चोटी पर अतिशीघ्र बढ़ कर फलना–फूलना शुरू कर देती हैं। कुछ लताएं 10 फुट, कुछ 6–8 फुट तक और कुछ 3–4 फुट तक ही चढ़ती हैं। इस प्रकार एक ही पेड़ का सहारा लेकर एक ही समय में लता वाली 3–4 फसलों की खेती संभव की जा सकती है।
20. छाया वाले स्थान पर खरपतवार कम आते हैं। यदि पहले ही कोई लगी हुई है तो वहां खरपतवार कम आयेंगे। यदि थोड़े बहुत आते भी हैं वो उन्हें परिपक्व होने से पूर्व ही उखाड़ दें जिससे बीज का प्रसारण नहीं हो पायेगा और खरपतवार धीरे–धीरे उगना बन्द हो जायेंगे। खरपतवार (औषधीय पौधों) की बुआई कर दी जाए तो अन्य खरपतवार पनप नहीं पायेंगे।
21. गलियारों (पेड़ की दो लाइनों के बीच के भाग को गलियारा कहते हैं) में ऐसी फसलें उगाई जाएं जिनकी फसल जड़ों के रूप मे ही आती हैं। जड़ वाली अधिकतर फसलों को छाया प्रिय होती है। छाया में नमी अधिक रहती है, अतः इससे जड़ वाली फसलों का उत्पादन दुगुना हो जाता हैं, क्योंकि उन्हें सहयोगी वातावरण मिल जाता

हैं। इससे कंदों/जड़ों की आकृति उत्तम रहती है तथा साथी जड़ें ज्यादा विकसित नहीं हो पाती हैं।

जेट्रोफा की बहुस्तरीय कृषि व्यवस्था

स्तम्भ फसल उसे कहते हैं जो लताओं को सहारा व अन्य फसलों को भरपूर छाया दे सके। इसके लिए जेट्रोफा उपयुक्त है। जेट्रोफा के नर्सरी में तैयार करें और पौधा जब 30 सेमी. से 45 सेमी. तक का हो जाए तब इसे खेत में रोपण करना चाहिए। इसे लगाते समय कतार से कतार की दूरी तीन मीटर रखें।

इस प्रकार प्रति हैक्टेयर 3000 से 3200 पेड़ लगाये जायें। नर्सरी अप्रैल/मई में तैयार कर पहली बरसात में पौधों का रोपण खेत में कर दें। रोपण के बीच बचे तीन मीटर चौड़ी गलियारे में प्रथम वर्ष सोनामुखी लगा सकते हैं। (इसको सिंचाई की आवश्यकता नहीं होती हैं) जेट्रोफा को पानी केवल नाली में देना होता है। जेट्रोफा अगले जून/जुलाई तक 10–12 फीट ऊंचा हो जाएगा और गलियारे के बीच पर्याप्त छाया भी हो जायेगी। एक वर्ष की फसल देने के बाद सोनामुखी स्वतः ही (छाया के कारण) समाप्त हो जाएगी, क्योंकि यह धूप पसंद करती है। एक वर्ष बाद जेट्रोफा पर लताएं चढ़ायी जाएगी व छाया में होने वाली फसलें गलियारे में लगाई जाएंगी।

सिंचाई व्यवस्थाः एक वर्ष तक आपको केवल नाली व्यवस्था से पानी देना होता है। अगले वर्ष आप रेन–गन सिस्टम का प्रयोग कर सकते हैं। रेन सिंचाई करने से मजदूरी, बिजली ऊर्जा तथा भू–क्षरण में कमी होती है। सिंचित जल जमीन पर न गिरकर जेट्रोफा के पत्तों पर गिरकर धीमी गति से बूंदों के रूप में फसल पर गिरेगा जो कि जेट्रोफा के लिए अत्यन्त लाभकारी व उत्पादनवर्धक रहता है।

बीमारियां व बचावः बीमारियों व कीड़ों से फसलों को बचाने के लिए निम्न उपचार श्रेयस्कर रहते हैं :

1. सूर्यास्त के समय खेत में 4–5 स्थानों पर गुगल का धुआँ करें। इससे पौधा किसी प्रकार के वायरस से संक्रमित नहीं होगा।
2. नीम के पत्तों को पीसकर बारीक कपड़े से छानें। 6 किलों नीम के पत्ते की लुग्दी को 100 लीटर पानी में घोलकर एक बार स्प्रे करें। एक हैक्टेयर के लिए 300 लीटर स्प्रे उपयुक्त हैं।
3. नीला थोथा व चूने का घोल बनाकर जेट्रोफा के तनों की प्रत्येक वर्ष मार्च में पुताई करें।

❑❑❑

अध्याय 3

हल्दी

हल्दी का वानस्पतिक नाम *कुरकुमा लोंगा* है। यह एक जिजिबरिएसी कुल का पौधा है तथा कन्दीय पादप हैं। हल्दी का पौधा 2–3 फुट ऊँचा होता है। इसके पत्ते केले के पत्ते के सामान 1–15 फुट लम्बे तथा 6–7 इंच चौड़े तथा इतने ही लम्बे प्रमाण से युक्त आयताकार, भलाकार आगे की तरफ कुछ नोंकदार एवं आम के पत्ते की तरह गंधवाले होते हैं। इसके फूल रंग में पीले व अपतकांड पर लगे रहते हैं। इनकी जड़ में अदरक के समान कंद पनपते हैं जिन्हें हल्दी कहते हैं। इन कन्दों के अन्दर का भाग पीला या नारंगी पीले रंग का होता है।

हल्दी भारत के विभिन्न राज्य जैसे– आन्ध्र प्रदेश, तमिलनाडु, असम, महाराष्ट्र, कर्नाटक, बिहार, पश्चिम बंगाल, केरल, ओड़िसा, राजस्थान, उत्तर प्रदेश एवं मध्य प्रदेश के कुछ भागों में पैदा होती है। भारत में लगभग 10.45 हजार हैक्टेयर क्षेत्र में इसकी खेती सफलतापूर्वक की जाती है। भारत का विश्व में हल्दी उत्पादक देशों में प्रथम स्थान है।

उपयोगः भारत की विभिन्न मसाला फसलों में हल्दी को महत्वपूर्ण स्थान प्राप्त हैं। हल्दी का उपयोग दाल, सब्जी, चटनी, आचार तथा अन्य भोज्य सामग्रियों को लुभावना तथा सुनहरा रंग प्रदान करने के साथ ही साथ इसमें एक विशेष प्रकार की सुगंध भरने के लिए किया जाता है। हल्दी में कैंसररोधी गुण विद्यमान होते हैं। रंगने के कार्य हेतु बिना उबाली हल्दी को प्रयुक्त किया जाता है। जबकि खाने के काम में उबालकर सुखाई हुई हल्दी ही ली जाती है। अतः ऐसे मनुष्य जिनके भोजन में प्रतिदिन हल्दी की प्रचुर मात्रा होती है, उन्हें कैंसर होने की संभावना कम हो जाती है। हल्दी का उपयोग प्राकृतिक सौन्दर्य प्रसाधन के रूप में प्रयोग होता है। हल्दी का पाउडर दूध की मलाई में मिश्रित करके लगाने से चेहरे की झुरियाँ समाप्त हो जाती हैं और मुखयमण्डल तेज हो जाता है।

हल्दी में रक्तशोधक गुण होने के कारण इसका इस्तेमाल रक्त साफ करने में होता है। हल्दी के लेप से चर्मरोग समाप्त हो जाता है। हल्दी पेट दर्द दूर करती है तथा मासिक धर्म की गड़बड़ी ठीक हो जाती है। कच्ची हल्दी का रस त्वचा पर उपस्थित परजीवियों को नष्ट करता है। चेचक की बीमारी में हल्दी को नीम की पत्ती के साथ मिलाकर लगाने से आराम पहुंचता है। हल्दी को जलाकर उसकी राख को दंतमंजन बनाकर प्रयोग करने से दांत चमकीले एवं मजबूत होते हैं तथा दांतों का पायरिया रोग समाप्त हो जाता है। कच्ची

हल्दी को एक चुटकी गर्म दूध में डालकर पीने से खांसी तथा जुकाम ठीक होते हैं। नासूर पर लौंग तथा हल्दी बराबर मात्रा में पीसकर लगाने से नासूर एक सप्ताह में ठीक हो जाता है। घाव पर पिसी हल्दी में पीली सरसों या गाय का घी मिलाकर लगाने से घाव शीघ्र भर जाता है। चोट लगने पर हल्दी तथा पीली सरसों का तेल मिलाकर लगाने से खून नहीं जमता तथा दर्द कम हो जाता है। इसके साथ ही दूध में हल्दी डालकर पिला देने से दर्द तथा सूजन समाप्त हो जाती है।

हल्दी की गांठें पीसकर आंवले तथा शहद में मिलाकर चाटने से प्रमेह रोग दूर होता है। हल्दी रक्तशुद्धि रोग, नेत्ररोग, कफ विकार, प्रमेह विकार, विशम ज्वर, अतिसार खांसी, चोट, मोच, ऐठन, कुचले हुए घावों, जोड़ों के दर्द इत्यादि के लिए बहुउपयोगी होती है।

हल्दी में करक्यूमिन नामक एक पीला रंजक पदार्थ होता है जो अल्कोहल में पूर्णरूप से घुलकर पीले रंग का घोल बनाता है। इसके अतिरिक्त इसमें कपूर के समान गंधवाला 5–6 प्रतिशत उन्नतशील तेल होता है जो कोलेस्ट्रॉल का घोल बनाता है। इसमें स्टार्च 20 प्रतिशत तथा अल्स्युमिनाएडस 30 प्रतिशत होता है।

जलवायु एवं भूमिः हल्दी मुख्यतः उष्णकटिबंधीय देशों में उगाई जाती है। इसकी खेती के लिए गर्म तथा आर्द्रता वाला मौसम उपयुक्त रहता है। इसकी खेती के लिए अच्छी पानी का निकास वाली मिट्टी, रेतीली अथवा बलुई दोमट और मटियार दोमट भूमि उपयुक्त रहती है। भूमि का पी–एच 5.5 से 6.5 तक होना चाहिए।

खाद व उर्वरकः 40 किलो नत्रजन, 20 किलो फॉस्फोरस एवं 20 किलो पोटाश प्रति एकड़ की दर से उपयोग करें। नत्रजन की एक तिहाई मात्रा एवं फॉस्फोरस तथा पोटाश की दोगुनी मात्रा खेत में आखिरी जुताई के समय भूमि में मिला दें। शेष नत्रजन की अधिक मात्रा बुवाई के 50 दिन बाद तथा बाकी बची हुई मात्रा बुआई के 75 दिन बाद खड़ी फसल में दें। इसके अलावा खेत में 10–15 टन अच्छी सड़ी हुई गोबर की खाद या कम्पोस्ट खाद का उपयोग प्रति एकड़ करें।

आवर्धनः गांठों को खेत में लगाने से पहले डाइथेन एम –45 के 0.25% घोल में 30 मिनट डुबोकर उपचारित करें। बीजोपचार हेतु 10 लीटर पानी में 25 ग्राम डाइथेन एच–45 एवं 10 एम एल मैलाथियान मिलाकर घोल बना लें।

बिजाई का समय एवं बिजाई की विधिः हल्दी की फसल को मध्य अप्रैल से जुलाई के प्रथम सप्ताह तक बोना चाहिए। सिंचाई की अच्छी सुविधा पर अप्रैल–मई में लगाना अच्छा रहता है।

अच्छे जलनिकास वाली उपजाऊ बलुई दोमट भूमि होने पर हल्दी को समतल भूमि पर लगा सकते हैं। समतल भूमि में लगाने के लिए 4–8 मीटर लम्बी एवं 2–4 मीटर चौड़ी

क्यारियाँ बनानी चाहिए। इस विधि में पंक्ति से पंक्ति की दूरी 45x65 सेन्टीमीटर एवं कन्द से कन्द की दूरी 25 सेमी. रखनी चाहिए। मेड़ विधि में भूमि के प्रकार को ध्यान में रखते हुए कम से कम 25–30 सेन्टीमीटर ऊंची मेड़ बनायें। इस विधि में भी पंक्ति से पंक्ति की दूरी 45 से 60 सेन्टीमीटर एवं पौधे से पौधे की दूरी 25 सेन्टीमीटर रखनी चाहिए। मध्यम एवं थोड़ी भारी होने पर मेड़ों पर ऊंची उठी हुई क्यारियों में हल्दी लगाना अधिक उपयुक्त होता है। बुआई से पहले खेत की सिंचाई कर वर्षा आते समय बुआई करना उचित रहता है, क्योंकि हल्दी की बिजाई मई–जून माह में प्रारम्भ कर दी जाती है। अतः फसल में वर्षा के पूर्व आवश्यकतानुसार 6–7 दिनों के अंतराल सें सिंचाई करें। शीत ऋतु में सिंचाई 10–12 दिन के अंतराल पर करें। हल्दी के खेत में 50–80% नमी में होने पर सिंचाई करना उपयुक्त होता है।

वर्षा ऋतु की समाप्ति के बाद 15–20 के अन्तर से फसल की सिंचाई करनी चाहिए। खरपतवारों को नष्ट करने के लिए कम से कम दो–तीन बार निराई करें।

अन्य फसलें तथा अंतर्वतीय फसलें

हल्दी की मिश्रित कृषि मक्का, बाजरा के साथ–साथ की जा सकती है। इसी प्रकार आम, अमरूद, केले, संतरे आदि के बगीचों में भी इसकी सफलतापूर्वक खेती की जा सकती है। अरहर, चना, सोयाबीन आदि के साथ हल्दी की खेती करना लाभकारी होता है।

कीट एवं बीमारियांः इनकी रोकथाम के लिए फसल पर 2% बोड़ो मिक्सचर या 0.2% ब्लाइटोक्स–50 फाइटोलान या डाइथेर्न–78 की फुहार का छिड़काव करें।

खुदाई एवं उपजः औसतन 210 से 270 दिन में फसल खुदाई के लिए तैयार हो जाती है तथा फरवरी से अप्रैल तक खुदाई करके निकाली जाती है। कंदों की खेती तथा साफ करके इनका ढेर लगाकर रख दिया जाता है। अच्छी फसल होने पर प्रति एकड़ 80 से 160 क्विंटल ताजी हल्दी प्राप्त होती है जो कि प्रसंस्करण करने के उपरान्त लगभग 25 क्विंटल रह जाती है।

हल्दी का प्रक्रियाकरण (Processing of Turmeric) हल्दी के प्रक्रियाकरण में मुख्यतः चार चरण होते हैं– उबालना, सुखाना, पॉलिश करना तथा इस पर रंग चढ़ाना।

हल्दी को उबालना अथवा पकाना (Cooking or Boiling): हल्दी के कंदों को अच्छी तरह धोने के उपरान्त उन्हें उबाला जाता है। उबालते समय चूने का पानी अथवा सोडियम बाईकार्बोनेट का उपयोग किया जाता है। उबालने का कार्य गेल्वेनाइज्ड लोहे अथवा तांबों के पात्रों/कड़ाहियों अथवा मिट्टी के पात्रों में किया जाता है। उबालने की क्रिया तब तक चलती रहती है जब तक झाग अथवा एक विशेष प्रकार की गंध आना न प्रारम्भ हो जाए। यह प्रक्रिया लगभग 45–50 मिनट तक की जाती है। इस बात का ध्यान रखना चाहिए कि

हल्दी की गांठें पूर्णतया उबल जायें। ऐसी उबली हुई गांठों को उंगली अथवा लकड़ी से दबाकर देखा जा सकता है। यदि उबली हुई गांठ पूर्णतः दब जाये तो इसका अर्थ है कि उबलने की प्रक्रिया पूर्ण हो चुकी है। हल्दी उबालने के लिए एक विशेष प्रकार की छिद्रयुक्त कड़ाही बनाई जा सकती है जिसमें हल्दी डालकर इसे एक बड़े पात्र में रख दिया जाता है। उबल जाने की प्रकिया पूरी हो जाने पर इस कड़ाही को (हल्दी सहित) ऊपर उठा लिया जाता है तथा कड़ाही में से हल्दी निकाल लेने के उपरान्त कड़ाही में हल्दी डालकर दूसरे बैच हेतु इसे पुनः बड़े पात्र में डाल दिया जाता है। उबालने का कार्य फसल खुदाई के 2–3 दिन के अंदर सम्पूर्ण कर लिया जाता है। मूलकन्द (Mother Rhizome) तथा साथी कंदी (Fingers) को अलग–अलग उबालना भी उपयुक्त होता है। अच्छी प्रकार उबाल लेने के बाद उन्हें सूखने के लिए छोड़ देना चाहिए। यह प्रक्रिया 10–15 दिन में ही सम्पूर्ण हो जाती है, अन्यथा इन्हें सूखने में 30–35 दिन का समय लगता है।

Drying (सूखाना): उबाले हुए कंदों को धूप में सुखाया जाता है। इन्हें बांस की चटाई अथवा दूरी पर 5–7 सेमी. मोटाई की परत बनाकर सुखाया जाता है। सूखने के बाद इन्हें इकट्ठा कर किसी तिरपाल आदि से ढंक दिया जाता है। धूप की स्थिति तथा गहनता के अनुसार ये कन्द 10–15 दिनों में पूर्णतः (6% तक नमी) सूख जाते हैं। कंदों को सुखाने के लिए 60°C तापक्रम की गर्म वायु का क्रॉसफ्लो भी लाभकारी पाया गया है। हल्दी की लगाई गई किस्म तथा अन्य परिस्थितियों के अनुसार सूखने के उपरान्त सूखी हल्दी में गीली हल्दी की तुलना में प्रायः 15–30% नमी रह जाती है।

हल्दी की पॉलिशिंग (Polishing of Turmeric): सुखाने के उपरान्त प्राप्त हल्दी देखने में अधिक लुभावनी नहीं दिखती है। इसके बाहरी आवरण पर पॉलिश किया जाना आवश्यक होता है जिससे इसमें चमक आ जाए। इसके लिए सूखी हुई गांठों को आपस में रगड़कर इनकी पॉलिशिंग की जाती है। इसके लिए हस्तचालित/मशीनों से चला जाने वाले ड्रम/पॉलिशर का प्रचलन है। इन ड्रमों को घुमाने से हल्दी की गांठ आपस में घर्षण करती है जिससे पॉलिश की प्रक्रिया पूर्ण होती है।

हल्दी की रंगाई (Colouring of Turmeric): हल्दी का अच्छा रंग ग्राहकों को आकर्षित करता हैं। अतः हल्दी की रंगाई किया जाना आवश्यक हैं। इसके लिए हल्दी की सूखी गांठों में 2 किलोग्राम प्रति क्विंटल की दर से हल्दी का पाऊडर मिला दिया जाता है। इससे हल्दी की रंगाई हो जाती है।

❑❑❑

अध्याय 4

अश्वगंधा

आयुर्वेदिक जड़ी–बूटियों में अश्वगंधा का अपना अलग स्थान होने के कारण यह प्रख्यात औषधीय पौधा है। अश्वगंधा देश के अनेक भागों में पैदा होती है। इसकी व्यावसायिक खेती राजस्थान व मध्यप्रदेश में ही होती है। इसका पौधा 3–4 फीट ऊंचा होता है। एक पौधा कई वर्षों तक जीवित रहता है, लेकिन व्यावसायिक खेती मात्र 6 महीने की फसल के रूप में की जाती है। पहले यह जालौर जिला में बहुत पैदा होता था।

उपयोगः आयुर्वेद में इसे वातकफनाशक, नाड़ीवल्य, पाचन रासायन, वृहण आदि गुणों के रूप में जाना जाता है। इसकी जड़ का ही औषधीय उपयोग किया जाता है। इसमें सोमनीफेरिन व फाइटास्टेरोल जैसे उन्नतशील तत्व पाये जाते हैं। इसका उपयोग स्नायुदोर्बल्य, जराव्याधि, वात, काश, श्वास, क्षय, शौथ, दिव, कृमि, क्रण्डू निर्बलता, वीर्यक्षीणता, वृद्धावस्था, नपुंसकता, रक्तप्रदर, श्वेत प्रदर, अर्शपीड़ा संधिवात व रक्त विकार आदि रोगों में प्रचुर मात्रा में किया जाता है।

इसके मुख्य उपयोग अश्वगन्धादि चूर्ण, अश्वगन्धा श्रष्व, अश्वगन्धारिष्ठ धातुपौष्टिक चूर्ण, शतावर्यादि चूर्ण, स्वर्ण मकर ध्वज, रसराजरस, अश्वगंधा शर्बत के अतिरिक्त विभिन्न दवा बनाने वाली कम्पनियां अपनी पेटेण्ट औषधियों में भी इसका उपयोग करती हैं। बच्चों को सूखा रोग में यह जादुई असर करता है।

इसकी जड़ों के चूर्ण से नींद अच्छी आती है और मन प्रसन्न रहता है। निद्राजनक अन्य दवाइयों के समान इसका कोई बुरा असर नहीं होता। इसके सेवन से पेशाब (मूत्र) साफ उतरता है, हृदय बलवान होता है, वेदनाओं का दमन होता है और वृद्धावस्था में उठते–बेठते तकलीफ होना बन्द होती है। अश्वगंधा चूर्ण में पतली धातु को गाढ़ा करने और बढ़ाने की विचित्र शक्ति है। ऐसा माना जा रहा है कि एड्स के रोग को दूर करने के लिए उपयोग में लाई जाने वाली सात वनस्पतियों में से यह भी एक है। इसका उपयोग ल्यूकोडर्मा, ब्रांकाइटिस व अस्थमा में भी किया जाता है। सर्दियों में 3 महीने तक सेवन करने से बुढ़ापा जल्दी नहीं आता। अश्वगन्धा में पाया जाने वाला बाइटापिरिन रसायन कैंसर के कीटाणुओं को मारने की क्षमता रखता है। अवश्गन्धा की तुलना कीमती जड़ी–बूटी से की जाती हैं। अतः इसे भारतीय जिनसेंग भी कहते हैं।

कृषि तकनीक

जलवायुः राजस्थान, मध्य प्रदेश, महाराष्ट्र, उत्तर प्रदेश, हरियाणा, पंजाब, गुजरात आदि प्रान्तों की जलवायु इसके लिए उपयुक्त है।

भूमिः हल्दी दोमट, बलुई, भूरी, पीली, लाल मिट्टी इसके लिए उपयुक्त है जिसमें जल निकास होनी चाहिए। अधिक लवणीय व जल भराव वाली भूमि में इसकी खेती नहीं करें।

खेत की तैयारीः गर्मी में एक बार गहरी जुताई व बरसात में दो जुताई करके खेत को अच्छी तरह तैयार कर दें।

बोने का समयः 15 जुलाई से 15 सितम्बर तक।

बोने का तरीकाः बढ़िया तैयार किये खेत में प्रति हैक्टेयर 12 से 15 किलोग्राम बीज छिड़क देना चाहिए व हल्का बखर चलाकर बीज को मिट्टी में मिला देना चाहिए। ध्यान रहे कि बीज एक सेंटीमीटर से गहरा नहीं जाए। बीज बोते समय खेत में पर्याप्त नमी होनी चाहिए, जिससे बीज का अंकुरण ठीक से हो सके। बीज बोने के 15–20 दिन यदि बरसात न हो तो अंकुरण अच्छा होता है व फसल की बढ़वार भी ठीक होता है। पूर्ण सावधानी रखकर सीड ड्रिल से भी बुआई पंक्तियों में की जा सकती है। इसके लिए अनुभवी काश्तकारों की राय जरूरी है।

निराई–गुड़ाईः बुआई के बाद यदि बरसात नहीं होती तो खरपतवार नहीं आयेगी। यदि खरपतवार आ जाए तो उसे निकाल देना चाहिए। पिछेती बुआई में खरपतवार कम आता है। खरपतवारनाशक किसी रसायन का प्रयोग करें।

सिंचाईः इस फसल को सिंचाई की आवश्यकता नहीं होती है। नवम्बर–दिसम्बर की बरसात (मावठ) इस फसल की पैदावार बढ़ाता है।

फसल प्राप्तिः दिसम्बर में इसके पत्ते गिरने शुरू हो जाते हैं व बीज पककर तैयार हो जाता है। उस समय ट्रैक्टर से हल चलाकर खेत को नरम करके जड़ों को उखाड़कर इक्ट्ठा करें। जड़ों को काट कर तने से अलग कर लेंवें। जड़ों को 4 इंच के टुकड़े करके सुखाकर इसकी ग्रेडिंग करके बारदाने के बोरे में पैक करके इसको बिक्री के लिए तैयार किया जाता है।

बीज उत्पादन के लिए पूरे खेत में स्वस्थ पौधों को अंकित करके उनको अलग से संग्रह कर काट लें। अच्छी तरह धूप में सुखाकर बीजों की सफाई करके अलग कर लें व सुरक्षित जगह पर रख दें। 4–5 इंच का घड़ा खाली रखें, उसमें एक परत नीम की पत्ती लगाकर उससे बन्द कर ऐसी जगह रखें जहां नमी नहीं हो व धूप भी न लगे। घड़ा एयरटाइट रहने पर बीज सुरक्षित रहेगा। बोने के समय बीज को निकालें। इसके नये बीज में अंकुरण क्षमता

अच्छी रहती है। धीरे–धीरे अंकुरण क्षमता कम हो जाती है। तीन वर्ष बाद अंकुरण बहुत कम होता है। अतः वर्ष भर बोने हेतु बीज का उत्पादन कृषक को करना चाहिए।

उत्पादनः अच्छी पैदावार होने पर प्रति हैक्टेयर 10–15 क्विंटल सूखी जड़ प्राप्त होती है। इसका बाजार भाव 40 रुपए प्रति किलो से 60 रूपए प्रति किलो रहता है। सभी आयुर्वेदिक व यूनानी दवा निर्माता प्रचुर मात्रा में इसका उपयोग करते हैं। उनसे सम्पर्क कर बेचा जा सकता है। नीमच, मनसा, मुम्बई, दिल्ली में भी इसका थोक बाजार है।

❑❑❑

अध्याय 5

लेमन ग्रास अथवा नींबू घास

लेमन ग्रास अथवा नींबू घास को *सम्बोपोगान फ्लेटसुओसस* कहते हैं। भारत में कई भागों में इसकी व्यावसायिक स्तर पर खेती हो रही है। वर्तमान में इसकी विधिवत खेती केरल, तमिलनाडु, कर्नाटक, असम, पश्चिम बंगाल, उत्तर प्रदेश एवं महाराष्ट्र राज्यों में हो रही है। मध्य प्रदेश की जलवायु इसके लिए सर्वाधिक उपयुक्त है।

मुख्यतया नींबू घास की दो प्रजातियाँ प्रचलित हैं– *सिम्बोपीगोन फ्लीक्सुओरास* तथा *सिमबोयोगान सिट्रस।* इसमें सिम्बोपीगोन फ्लीक्सुओरास का प्राप्ति स्थान मालाबार तट माना जाता है तथा अब भारत में इसकी काफी अधिक खेती हो रही है। नींबू घास की दूसरी मुख्य किस्म सिम्बोयोगान सिट्रस की प्राप्ति स्थान दक्षिणी–पूर्वी एशियाई देश हैं।

वर्तमान में भारत लेमन ग्रास का प्रमुख उत्पादन देश है। वर्तमान में भारतवर्ष में इसकी लगभग 15,000 एकड़ में खेती हो रही है।

प्रजातियाँ / 'किस्में': नींबू घास की प्रगति, प्रयास, कावेरी, आर, एल आदि प्रमुख प्रजातियाँ हैं।

उपयोग: नींबू घास की व्यावसायिक खेती तेल की प्राप्ति के लिए की जाती है। इसकी पत्तियों को आसवित करके तेल निकाला जाता है। इसके तेल का मुख्य घटक सिट्रोल होता है। नींबू घास के तेल में 80% से 90% तक सिट्रोल पाया जाता है। सिझ्त्पनाम तत्व से सुगंध होती है। इसकी पत्तियों का उपयोग चाय में डालने हेतु किया जाता है। इसमें चायना ग्रास, पूर्वी भारतीय नींबू घास, मालाबारघास अथवा कोचीन में तीव्र गंध होती है जिन्हें चाय में डालकर उबालकर पीने से ताजगी मिलती है व सर्दी से राहत मिलती है।

कृषि तकनीक

भूमि एव जलवायु

नींबू घास की खेती के लिए तथा समशीतोष्ण जलवायु उपयुक्त रहती है। ऐसे में जहां की जलवायु गर्म तथा आद्र हो और पर्याप्त धूप पड़ती हो तथा जहां पर 200–250 सेंमी. तक वर्षा होती हो अथवा सिंचाई के पर्याप्त साधन हों, वे इसकी खेती के लिए उपयुक्त होते हैं। इसे लेटेराइट मिट्टियों, कम वर्षा वाले, कम जल तथा पानी की व्यवस्था पर्याप्त

हो तथा बारानी क्षेत्रों की अपेक्षा इन क्षेत्रों में उपज की मात्रा बढ़ सकती है। उपजाऊ भूमि से वर्ष भर में उपज की मात्रा बढ़ सकती है एवं वर्ष भर में पांच फसलें ली जा सकती हैं। अपेक्षाकृत कम उपजाऊ तथा बारानी क्षेत्रों में वर्ष भर में दो तीन फसलें ही ली जा सकती हैं। दोमट मिट्टी इसकी उपज के लिए उपयुक्त होती है। जल भराव (Water logging) वाले क्षेत्रों में यह फसल नहीं लेनी चाहिए।

भूमि की तैयारी

एक बार उगा देने के बाद नींबू घास की फसल पांच वर्ष तक ली जा सकती है। अतः फसल से पूर्व आवश्यक है कि अच्छी तरह से जुताई की जाए। इसके लिए मिट्टी पलटने वाले हल से या हैरो से आड़ा–तिरछा (क्रास) जुताई करनी चाहिए। मिट्टी को दीमक आदि के प्रकोप से मुक्त रखना आवश्यक है। आखिरी जुताई के समय बी. एच. सी. पाऊडर 25 किलोग्राम प्रति हैक्टेयर की दर से खेत में मिला दिया जाए। इसके उपरांत पाटा खेत को समतल कर दिया जाना चाहिए।

खाद

खेत में पर्याप्त खाद डालने से उपज अच्छी होती है। खेत में गोबर की सड़ी हुई खाद अथवा कम्पोस्ट खाद अधिक उपयुक्त होती है। गोबर खाद को खेत तैयार करते समय खेत में मिला देनी चाहिए, इसके चरण में इसकी एक–एक़ क्षेत्र फसल को प्रत्येक कटाई के उपरांत दी जानी चाहिए। फसल की जुताई के उपरांत खाद की पौधों की जड़ों के पास ही डालें। इस प्रकार इसके वर्षभर में पांच डोज़ दिये जा सकते हैं। गोबर की खाद अथवा कम्पोस्ट की मात्रा खेत तैयार करते समय 10 टन प्रति एकड़ तथा प्रत्येक कटाई के उपरांत 2 टन प्रति एकड़ डाला जाना उपयुक्त होगा। रासायनिक उर्वरकों का उपयोग न करें तो उचित है, फिर भी औसतन 60 कि.ग्रा. नाइट्रोजन, 16 कि.ग्रा. फॉस्फोरस तथा 16 कि.ग्रा. पोटाश प्रति एकड़ डाले जाने की संतुति इस फसल के लिए की जाती है।

बीजाई हेतु बीज अथवा प्लाविंग तकनीक (Ploughing Technique)

नींबू घास की पौध तैयार किये गये दोनों की खेत में रोपाई करें। वस्तुत यह विधि अधिक उपयोगी नहीं है। सिलिप से बिजाई उपयोगी, लाभकारी तथा सुविधाजनक होती है। सर्वप्रथम लेमन ग्रास के पुराने परिपक्व विकसित पौधों को उनके साथ लगी पत्तियों तथा पुरानी जड़ों को काट दें। बाद में इन कलम्पस में से एक–एक स्केप को अलग किया जाता है। यही सलिप्स लेमन घास के बीजों अथवा रोपण सामग्री (Planting Material) के रूप में प्रयुक्त होती है। प्रायः एक–एक क्षेत्र में लगभग 15000 स्लिप्स की आवश्यकता होती है। सलिप्स की संख्या भूमि की उपजाऊ शक्ति तथा अन्य कई कारकों

पर निर्भर करती है। पौधों से पौध के मध्य 2x2 फुट अथवा 1.5x2 फुट की दूरी उपयुक्त होती है। एक एकड़ में लगभग 12000 से 15000 पौधे लगाने चाहिए। प्रत्येक स्लिप्स का मूल्य 25 पैसे होता है।

बीजाई का समयः सिंचाई की प्रर्याप्त सुविधा उपल्ब्ध होने पर नींबू घास की बीजाई वर्ष में कभी भी की जा सकती है। अधिक पैदावार के लिए बीजाई फरवरी–मार्च तथा जुलाई–अगस्त में करनी चाहिए। फरवरी–मार्च में लगाई गई फसल से प्रथम वर्ष में 20 क्विंटल अधिक उपज होती है।

बीजाई की विधिः छोटी कुदाल से 5–8 सेमी. गड्ढे करके इसकी रोपाई करें। जड़ों को अधिक गहरा नहीं रखना चाहिए वर्ना जड़ें गलकर सड़ सकती हैं तथा इससे पौधों का जमाव भी प्रभावित हो सकता है।

सिंचाईः पौधों के जड़ पकड़ लेने के पश्चात् फसलों को अधिक पानी की आवश्यकता नहीं होती है, लेकिन भूमी नम रहनी चाहिए। अतः समय–समय पर सिंचाई आवश्यक है। गर्मियों के समय 10 दिनों के अंतराल पर तथा सर्दियों में 15 दिनों के अंतराल पर सिंचाई करने से फसल की उचित बढ़ोतरी होती है, निराई तथा गुड़ाई से फसल की अधिक बढ़ोतरी होती है।

निराई तथा गुड़ाईः फसल में केवल पहली बार ही अधिक खरपतवार होती है तथा अगली कटाइयों में खरपतवार की संख्या कम हो जाती है। संभवतया इसकी वजह यह हो सकती है कि लेमन ग्रास के पौधों की पत्तियां इतनी ज्यादा फैल जाती हैं जो खरपतवार को पनपने ही नहीं देतीं। अतः पहली कटाई से ध्यान जाना आवश्यक है। प्रत्येक जुताई के उपरान्त हाथ से गुड़ाई कर दें। खरपतवार के नियंत्रण हेतु फसल की बीजाई से पूर्व प्रति एकड़ 0.5 किलोग्राम डयोरान अथवा 0.5 ग्राम ऑक्सीफ्यूरोफेन जमीन में डालने पर खरपतवार पर नियंत्रण किया जा सकता है।

प्रमुख रोगः लेमन ग्रास की फसल को अधिक रोग लगते हैं। यह फसल कीट–पतंगों से भी ज्यादा सुरक्षित रहती है। फिर भी इसकी फसल पर कई कीट बीमारियाँ फैलाते हैं। इसमें से शूटफ्लाई आदि प्रमुख हैं। चूहे भी फसल को प्रभावित करते हैं।

कटाईः प्रथम बीजाई से लगभग 100 दिनों के बाद फसल प्रथम कटाई के लिए तैयार हो जाती है। इस फसल को भूमि की सतह से 10–15 सेमी. ऊपर से काटा जाना चाहिए। कटाई के उपरान्त फसल एकदम पुनः बढ़ने लगती है तथा अगले 60–80 दिनों में पुनः कटाई के लिए तैयार हो जाती है। इस प्रकार प्रत्येक 60–70 दिनों के अन्तराल पर लेमन ग्रास की आगामी कटाइयाँ की जाती हैं। इस प्रकार एक बार फसल लगा देने के उपरान्त कम से कम आगामी पांच सालों तक यह क्रम चलता रहता है। लेमन ग्रास की प्रतिवर्ष की जाने वाली कटाइयों की संख्या, भूमि की उर्वरता, देखरेख तथा पानी की उपलब्धता आदि पर निर्भर करती है।

पत्तियों से तेल प्राप्ति

लेमन ग्रास की पत्तियों से तेल निकालने के लिए इसकी पत्तियों का आसवन किया जाता है। इसके लिए वाष्प आसवन अथवा जल आसवन विधि का प्रयोग किया जाता है। प्रायः फसल काटने के उपरान्त कुछ समय तक मुरझाने हेतु खेत में ही अथवा किसी छायादार स्थान पर छोड़ दें फिर उनका आसवन करें। एकत्र घास को छोटे–छोटे टुकड़ों में काटकर आसवन टैंक में आसवन हेतु डालने पर तेल की मात्रा अधिक प्राप्त की जा सकती है। आसवन की प्रक्रिया दो से तीन घंटों में पूरी हो जाती है।

□□□

अध्याय 6

सफेद मूसली

सफेद मूसली एक कंदयुक्त पौधा होता है जिसकी अधिकतर ऊंचाई डेढ़ फीट होती है, तथा इसकी कंदिल जड़ें जमीन में अधिकतर 10 इंच तक की जाती हैं। भारतवर्ष में विभिन्न भागों में प्राकृतिक रूप में पाया जाने वाला यह पौधा यूं तो क्लोरोफाइटम बोशिविलिएनम व्यावसायिक नाम से जाना जाता है, परन्तु भारत में इसका नाम *क्लोरोफाइटम अरूडीनेशियम* वर्णित है। गुजराती भाषा में यह पौधा धेली मूसली के नाम से, मराठी में सफेद अथवा सफेता मूसली के नाम से जाना जाता है।

उपयोगः विभिन्न दवाइयों के निर्माण हेतु सफेद मूसली का उपयोग हमारे देश मे विगत कई वर्षों से होता आ रहा है। सफेद मूसली में किसी कारण से आई शारिरीक शिथिलता को दूर करने की क्षमता पाई गई है। यही कारण है कि कोई भी आयुर्वेदिक जैसे– वन, प्रश आदि इसके बिना सम्पूर्ण नहीं माना जाता है। यह इतनी पौष्टिक तथा बलवर्धक होती है कि इसे दूसरे शिलाजीत की संज्ञा दी गई है। इसके उपयोग से माताओं का दूध ा बढ़ाने, प्रसवोपरान्त होने वाली बीमारियों, शिथिलता को दूर करने तथा मधुमेह आदि जैसे अनेकों रोगों के निवारण हेतु दवाइयां बनाने में किया जाता है। इसी प्रकार ऐसी अनेकों आयुर्वेदिक, एलोपैथिक तथा यूनानी औषधियाँ हैं जिन्हें इस जड़ी–बूटी से बना सकते हैं। अतः इसे एक उच्च मूल्य वाली औषधीय फसल भी माना जाता है।

कृषि तकनीकें

जलवायु एवं भूमिः सफेद मूसली एक कंद रूपी पौधा है जो कि भारत के जंगलों में प्राकृतिक रूप से उगता है। अतः स्वभाव से ही यह एक कठोर (Hard) पौधा है, जिसकी विधिवत खेती काफी सफल रही है।

सफेद मूसली को छितरी छाया, अधिक गर्मी वाली व खाद युक्त पोली भूमि की आवश्यकता होती है। इसको धूप व तेज हवाओं से पूर्ण रूप से बचाना जरूरी है।

सिंचाईः सफेद मूसली की अच्छी फसल के लिए अधिक पानी की आवश्यकता होती है। जून माह में लगाए जाने के कारण जून –जुलाई– अगस्त के महीनों में प्राकृतिक वर्षा के कारण इन महीनों में कृत्रिम सिंचाई की जरूरत नहीं होती। यह ध्यान दिया जाना

आवश्यक है कि फसल उखाड़ लेने तक भूमि गीली रहनी चाहिए। अतः बरसात के उपरान्त लगभग प्रत्येक 10 दिनों के अंतराल में खेत में पानी देना उपयुक्त रहता है।

खादः यह फसल अत्यधिक खाद वाली जमीन में होती है। अतः सड़ी गोबर व सड़े पत्ते की खाद खूब डालें। गोबर की खाद अथवा कम्पोस्ट खाद सफेद मूसली की फसल के लिए अत्याधिक उपयोगी हैं। खाद का प्रकार संबंधित कृषक की क्षमता, खाद की उपलब्धता आदि पर निर्भर करता है। अच्छी फसल के लिए प्रति एकड़ 5–10 ट्राली अच्छी पकी हुई गोबर की खाद का प्रयोग उपयुक्त है।

खेत की तैयारीः सफेद मूसली की फसल के लिए खेत की तैयारी करने के लिए सर्वप्रथम खेत में गहरा हल चलाएँ। यदि खेत में हरी खाद के लिए पहले से कोई अल्पावधि वाली फसल उगाई गई हो तो उसे काटकर खेत में डालकर मिला लें। तत्पश्चात् खेत में गोबर की पकी हुई खाद 5 से 10 ट्राली प्रति एकड़ भुरक कर भूमि में मिला लें। इसके उपरान्त एक बार पुनः गहरी जुताई कर लें।

बैड्स बनानाः सफेद मूसली की अच्छी फसल के लिए खेत में बैड्स बनाना आवश्यक है। 3–5 फीट चौड़े तथा सामान्य खेत से कम से कम 6 इंच ऊंचे उभरे हुए बैड्स बना दिये जाते हैं। इसके साथ–साथ पानी के उचित निकासी हेतु नालियों की पर्याप्त व्यवस्था की जानी चाहिए। बैड्स के किनारों पर आने–जाने के लिए पर्याप्त स्थान छोड़ना आवश्यक है।

सफेद मूसली की बीजाई हेतु प्रयुक्त होने वाला बीज अथवा प्लांटिंग मैटीरियलः सफेद मूसली की बीजाई इसके धनकन्दों अथवा तयूवर्रा अथवा फिंगर्स से की जाती है। पूर्व की फसल से निकाले गये कन्दी/फिंगर्स का उपयोग करते हुए यह बात अब ध्यान में रखें कि फिंगर्स के साथ पौधे की डिस्क अथवा क्राऊन का कुछ भाग अवश्य साथ में लगा रहे तथा क्यूबर अथवा फिंगर का छिलका भी अतिग्रस्त नहीं होना चाहिए, अन्यथा पौधे के उगने में कठिनाई होगी। प्रायः एक बीज का वजन 0.5 ग्राम से 20 ग्राम तक हो सकता है।

खेत की तैयारी करने के उपरान्त 3 से 3.5 फीट चौड़े, जमीन से एक फीट ऊँची क्यारी बनाई जाती है। बरसात प्रारम्भ होते ही (15 जून के लगभग) इन क्यारियों में लकड़ी की सहायता से (जो कि इस कार्य हेतु विशेष रूप से बनाई जा सकती है) कतार से कतार तथा पौधे से पौधा 6 x 6 इंच की दूरी रखते हुए छेद कर लिए जाते हैं। छेद करने से पूर्व यह देखना आवश्यक है कि हाल ही में हुई वर्षा अथवा भूमि में पानी दिया गया है। (जमीन में नमी होनी चाहिए) इस प्रकार एक क्यारी में छः कतारें बन जाती हैं। फिर इस प्रत्येक छेद में हाथ से एक–एक डिस्क युक्त अथवा सम्पूर्ण पौधे का रोपण कर दिया जाता है।

पौधों को उगाना तथा बढ़नाः बीजाई के कुछ दिनों के उपरान्त पौधे उगने लगते हैं। इसी बीच फूल तथा बीज आते हैं तथा अक्टूबर–नवम्बर माह में फूल अपने आप सूखकर गिर जाते हैं और पौधे के कन्द जमीन के नीचे रह जाते हैं।

लाभः अत्यधिक लाभकारी फसल मात्र 6–8 माह में प्रति एकड़ दो से तीन लाख रुपये का शुद्ध लाभ देती है। इसके लिए किसी प्रकार की प्रोसेसिंग करने की आवश्यकता नहीं है। किसी प्रकार की मशीन लगाने की आवश्यकता नहीं। सीधे उखाड़कर, छील कर तथा सुखा कर बेच सकते हैं।

कठिनाइयांः मूसली का बीज महंगा होता है। अतः प्राथमिक खर्च अधिक होता है। इसकी खेती श्रमसाध्य है।

उत्पादन की मात्राः फसल से होने वाले उत्पादन की मात्रा अनेकों कारकों पर निर्भर रहती है, जिसमें सर्वाधिक महत्वपूर्ण है इसका बीज, ऐसा पाया गया है कि छोटे बीजों से (प्रायः 5 ग्राम से कम वजन वाले बीजों से) प्रायः 4–5 गुना बड़ा कन्द तैयार होता है।

बीमारियों से बचावः खेत में नीम/रतनजोत/करंज/बकायन की खली का प्रयोग करने से कई बीमारियों से बचा जा सकता है। नीम/आक/बकायन का घोल गोमूत्र में मिलाकर 15–20 दिन में छिड़काव करना लाभप्रद है।

कन्दों को उखाड़नाः पत्तों के सूख जाने पर फसल तैयार हो जाती है तथा कन्द निकाले जा सकते हैं, परन्तु ऐसा कदापि नहीं करना चाहिए। पत्तों के सूखकर गिर जाने के उपरान्त भी 1.2 महीने के लिए कन्दों को जमीन में ही रहने दिया जाना चाहिए तथा पत्तों के सूख जाने के उपरान्त भी खेत में हल्का–2 पानी का छिड़काव करते रहना चाहिए। कन्दों का रंग सफेदी लिए हुए होता है। जो धीरे–धीरे भूरा होने लगता है। जब जमीन में कन्द पूर्णतया पक जाते हैं तो इनका रंग गहरा–भूरा होने लगता है। अतः कन्दों का रंग गहरा–भूरा हो जाए तो कुदाली की सहायता से एक–एक करके कन्दों को निकाला जा सकता है। प्रायः कन्द निकालने का कार्य मार्च/अप्रैल माह में किया जाता है। कन्दों को निकालने का कार्य हाथ से ही करना चाहिए जिससे सभी कन्द बिना क्राउन से अलग हुए निकाले जा सकते है। तथा जिन कन्दों का उपयोग बीज बनाने हेतु करना हो, वे बीज के रूप में प्रयुक्त किये जा सकते हैं एवं बीज के रूप में बिक्री योग्य बनाया जा सकता है तथा जिनको तोड़कर, छीलकर तथा सुखाकर–सूखी मूसली के रूप में बिक्री गोग्ग बनागा जा सकता है।

❑❑❑

अध्याय 7

ग्लोबल वार्मिंग

आई.पी.सी.सी., 1995 अपने आकलन रिपोर्ट में बहुत सारे साक्ष्यों के आधार पर इस निष्कर्ष पर पहुँचा था, कि वैश्विक जलवायु में परिवर्तन मानवजनित है। इस प्रकार सन् 2001 में आई.पी.सी.सी. द्वारा किये गये अध्ययनों, आँकड़ों व उनकी गणना के पश्चात् पिछले 50 वर्षों में हुए जलवायु में परिवर्तन पर मिले साक्ष्यों से और भी सुदृढ़ हो गया कि मानव क्रियाओं द्वारा ही ग्लोबल वार्मिंग हो रहा है। आई.पी.सी.सी. की चौथी आकलन रिपोर्ट 2007 से स्पष्ट हो गया है कि जलवायु परिवर्तन हो रहा है। ग्लोबल वार्मिंग का भविष्य में पड़ने वाला प्रभाव एवं उससे कितनी क्षति पहुँच सकती है तथा परिवर्तन के अनुकूलन पर वर्किंग ग्रुप–II द्वारा किया गया है जिसमें मुख्यतः मानव स्वास्थ्य, परिस्थिति, कृषि उत्पादन, उद्योग आदि पर पड़ने वाले प्रभाव का वर्णन किया गया है।

1. मानव स्वास्थ्य (Human Health)

जलवायु परिवर्तन से लोग कुपोषण के शिकार होंगे। बच्चों के स्वास्थ्य पर प्रतिकूल प्रभाव पड़ेगा तथा अनेकों प्रकार की बीमारियाँ फैलने की संभवाना उत्पन्न की जा रही हैं, जिसमें डायरिया तथा श्वास रोग की संभावना अधिक है। जलवायु परिवर्तन से गर्म हवाओं (लू), बाढ़, आग व सूखा आदि की संभावना अधिक होगी जिससे देश की बड़ी आबादी इन परिवर्तनों का शिकार होगी। जलवायु परिवर्तन का मिला–जुला असर पड़ने की संभावना है जिससे कुछ स्वास्थ्य समस्या के कम होने परन्तु कुछ की बढ़ने की संभावना है, शीतोष्ण के तौर पर अफ्रीका में मलेरिया का प्रभाव व संक्रमण घट या बढ़ सकता है। शीतोष्ण क्षेत्रों में जलवायु परिवर्तन से कुछ फायदे हो सकते हैं। जैसे–ठण्ड से मरने वालों की संख्या कम हो सकती है, लेकिन इन फायदों पर, तापमान बढ़ने से स्वास्थ्य पर पड़ने वाले नकारात्मक प्रभाव, इन फायदों पर अधिक प्रभावशाली हो जायेगा तथा यह प्रभाव विकासशील देशों में अधिक देखने को मिलेगा। सन् 1994 में पश्चिमी भारत में तापमान 50 डिग्री सेल्सियस तक पहुँच गया था जो कि रोग फैलाने वाले कीटाणुओं के लिए अनुकूल तापमान था। सन् 1994 में सूरत में निमोनिया, प्लेग के कारण 59 लोगों की मृत्यु हुई थी तथा इस वर्ष में पश्चिमी भारत में भयंकर बाढ़ आयी थी जिससे सूरत में मलेरिया का प्रकोप बहुत अधिक हुआ था। आई.पी.सी.सी. की चौथी आकलन रिपोर्ट के अनुसार भारत में हैजा, डायरिया, मलेरिया का खतरा हो सकता है। डेंगू में 50% की बढ़ोतरी की आशंका जतायी जा रही है।

2. समुद्र जलस्तर में बढ़ोत्तरी (Rise in sea Level)

देश में अनेकों नदियों के लिए पानी का उद्गमस्थान हिमालयी ग्लेशियर है तथा देश के करोड़ों लोग इस पर निर्भर हैं। विश्व का 70% शुद्ध जल ग्लेशियर के रूप में जमा है। हिमालयी ग्लेशियर पोलर आइसकैप के बाहर सबसे बड़ा पानी का स्त्रोत है तथा उससे एशिया की अनेकों नदियाँ जैसे गंगा, सिन्धु, ब्रहमपुत्र, मेकान्म, साल्वीन, मान्गटेज, ह्वांग हो आदि निकलती हैं। ऐसा अनुमान है कि ग्लेशियर प्रतिवर्ष 10–15 मीटर पिघल रहे हैं, इसके प्रभाव से कुछ दशक बाद भयंकर सूखे की स्थिति हो सकती है।

हिमालयी क्षेत्र में ग्लेशियर 33000 वर्ग किलोमीटर में फैला हुआ, जो कि 2.6 मिलियन घनमीटर पानी प्रतिवर्ष देता है। ग्लेशियर के पिघलने से समुद्र के आसपास के क्षेत्र, जैसे महाराष्ट्र, गोवा, गुजरात को समुद्र का जलस्तर बढ़ने से खतरा हो सकता है जिससे उसके आसपास की कृषि–भूमि, तटवर्ती संसाधनों व अन्य सम्पत्ति को काफी नुकसान हो सकता है। (टेरी, 2002)

3. जैव विविधता (Biodiversity)

पौधों व जानवरों की लगभग 30% प्रजातियों को ग्लोबल वार्मिंग का विपरीत असर झेलना पड़ेगा। आई.पी.सी.सी., 2007 की चौथी रिपोर्ट के अनुसार एशिया की 50% जैव विविधता मौसम के बदलावों का प्रतिकूल प्रभाव झेलने को मजबूर है। वानिकी शोध संस्थान, देहरादून के वैज्ञानिकों ने यह स्पष्ट किया कि ग्लोबल वार्मिंग के कारण शीशम के फंगस रोग से काफी नुकसान हो रहा है जिससे लगभग 8 से 10 लाख पेड़ अभी सूख गये हैं, जिससे देश में 800–1000 करोड़ रुपये का नुकसान होने की संभावना है। यदि शीशम का इसी प्रकार नुकसान हुआ तो शीशम देश से लुप्त हो जायेगा। इसी प्रकार पश्चिमी भारत में समुद्रतटीय के उपोष्ण परिस्थिति में मैन्ग्रोव एवं कोरलरीफ को समुद्र से जलस्तर बढ़ने व तापमान बढ़ने से खतरा उत्पन्न हो गया है, अभी तक कच्छ क्षेत्र में लगभग 30% कोरलरीफ ब्लीच हो गयी है, क्योंकि इसके ऊपर होने वाले एल्गी का रंग खत्म हो रहा है। मैन्ग्रोव वन गुजरात व पश्चिमी बंगाल में सबसे अधिक तथा गल्फ के कच्छ में यदि थोड़ा सा समुद्र का जलस्तर बढ़ता है, तो मैन्ग्रोव वन से खतरा नहीं होगा, परन्तु अगली सदी में यदि समुद्र का जलस्तर 1 मीटर से अधिक बढ़ा तो इस प्रजाति को खतरा होगा।

4. कृषि (Agriculture)

देश में कृषि व्यवस्था पूर्णतया वर्षा पर निर्भर है, क्योंकि वर्षा ही हमारे सिंचाई के क्षेत्र में पानी की उपलब्धता को निर्धारित करता है। वैज्ञानिकों का मानना है, कि ग्लोबल वार्मिंग के कारण मौसम में अनेक परिवर्तनों का अहसास होने लगा है। जैसा कि पश्चिमी भारत

के अर्धशुष्क क्षेत्रों में सामान्य वर्षा से अधिक वर्षा हो रही है तथा मध्य भारत में ऐसा अनुमान है, कि सन् 2050 तक सर्दियों में होने वाली वर्षा में 10–20% की कमी होगी। कम वर्षा के अलावा, वर्षा के समय का भी कृषि उत्पादन पर खासा प्रभाव पड़ने की संभावना जताई जा रही है। उदाहरण के तौर पर, छत्तीसगढ़ राज्य में पूर्व मानसून की वर्षा मई–जून में कम होती जा रही है। गुजरात व महाराष्ट्र को समुद्रतटीय क्षेत्रों में साइक्लोनिक क्रियाओं द्वारा अधिक नुकसान की उम्मीद जताई जा रहा है। राजस्थान में यदि तापमान में 2°C की वृद्धि होती है, तो बाजरे के उत्पादन में 10–15% की कमी हो सकती है।

मध्यप्रदेश, जहाँ पर 77% कृषिभूमि में सोयाबीन उगाया जाता है, उसकी पैदावार वायुमंडल में कार्बन डाईआक्साइड की मात्रा बढ़ने से बढ़ सकती है। ऐसा अनुमान लगाया गया है, कि सोयाबीन के उत्पादन में 50% की बढ़ोतरी हो सकती है। यदि वायुमंडल में CO_2 की मात्रा के साथ–साथ तापमान में भी वृद्धि होती है, तो सोयाबीन की पैदावार घट सकती है। यदि अधिकतम व न्यूनतम तापमान में क्रमशः 3 एवं 3.5 डिग्री से. की बढ़ोतरी होती है, तो सोयाबीन का उत्पादन स्तर से 5% कम होगा। यद्यपि फसल उत्पादकता पर पड़ने वाले जलवायु परिवर्तन का प्रभाव पूरे विश्व में महसूस किया गया है, परन्तु इसके विपरीत यदि तापमान बढ़ता है तो फसल की पैदावार कम हो सकती है, क्योंकि पौधों में नमी का अभाव होगा जिससे पानी व पोषक तत्वों के बजट में परिवर्तन होगा। इससे उत्पादन पर अनुकूल प्रभाव पड़ेगा। जलवायु परिवर्तन का प्रभाव भी क्षेत्र/स्थान विशेष पर निर्भर करेगा। उदाहरण के तौर पर, शीतोष्ण क्षेत्र में तापमान बढ़ने से फसल की बढ़वार के लिए अधिक समय तथा पाला तुषार की संभावना कम होगी। इसके विपरीत शुष्क व अध शुष्क क्षेत्रों में यदि तापमान बढ़ता है, तो फसल पर प्रतिकूल असर पड़ेगा।

(लाल आदि, 2001) में अनुमान लगाया है कि भारत में सन् 2080 तक सर्दियों में होने वाली वर्षा में 5–25% की कमी की संभावना है, जबकि मानसून की वर्षा में 10 से 15% तक की वद्धि हो सकती है। जलवायु परिवर्तन में दलहन व धान्य (Cereals) फसलों में बाँझपन की संभावना अधिक जताई जा रही है जिससे खाद्यान्न उपलब्धता पर सबसे बड़ा खतरा है। बांझपन की समस्या का अन्दाजा जड व कन्द तथा पेड़ों पर नहीं है। वर्तमान आई.पी.सी.सी. (2007) की रिपोर्ट के अनुसार यदि तापमान में 0.14–0.58 डिग्री से. प्रति दशक की वृद्धि होती है तो उष्ण फसलों में दाने की पैदावार 5–11% की कमी सन् 2020 तक हो सकती है तथा सन् 2050 तक 11–46% तक की कमी होने की संभावना है। आई. पी.सी.सी. (2007) चौथी आकलन रिपोर्ट में कहा गया है कि फसल की उत्पादकता मध्यम व अधिक अक्षांश पर बढ़ सकती है, यदि तापमान में 1–3 डिग्री सेल्सियस की गिरावट हो सकती है। यह फसल व स्थान क्षेत्र विशेष पर निर्भर करेगा। निचले अक्षांश में बार–बार बाढ़ व सूखा हो सकता है। पूर्वी व दक्षिण एशिया में 21वीं सदी के मध्य तक फसल का उत्पादन 20% तक बढ़ सकता है, जबकि मध्य व दक्षिण एशिया में फसल का उत्पादन 30% तक घट सकता है। विकासशील देशों में जनसंख्या वृद्धि, बढ़ते उद्योग, शहरीकरण से खाद्यान्न

का संकट जारी रहने की संभावना जतायी गयी है। भारत में सन् 2002–03 में तुषार पड़ने से तथा मार्च 2004 में गर्म हवाओं से कृषि के उत्पादन पर बहुत प्रतिकूल प्रभाव को देखा गया था जो कि असामान्य मौसम का एक उदाहरण है।

आई.पी.सी.सी. की एक ताजा रिपोर्ट में कहा गया है कि जलवायु परिवर्तन के कारण मौसम में अचानक बदलाव आ रहा है। जिसका कुप्रभाव फसल के अलावा फलदार वृक्षों पर भी पड़ने की संभावना जताई जा रही है यदि आम की फसल के पकने के दौरान तापमान में एकाएक 2–3 डिग्री की बढ़ोतरी होती है, तो आम की फसल का उत्पादन घट सकता है। इसी प्रकार सर्दियों में नींबू की फसल के लिए आधे–एक डिग्री के तापमान से फसल के लिए तबाही उत्पन्न हो सकती है जिससे उसके आकार, स्वाद और प्रजाति के खराब होने का खतरा पैदा होगा।

जलवायु परिवर्तन का प्रभाव कृषि को प्रभावित करने वाले कीड़ों पर पड़ सकता है। जैसा कि हम जानते हैं कि कीट, खरपतवार एवं रांग जलवायु के उदासीन होते है। गरमी अधिक होने तथा जलवायु में अधिक विभिन्नता वन पारिस्थितिकी को अधिक प्रभावित कर सकती है, जिससे कीटों के बढ़ने व जंगलों में आग लगने की घटना बढ़ सकती है।

❑❑❑

Part-2:
KHARIF CROPS OF THE TROPICAL AND SUBTROPICAL INDIA

अध्याय 8

बाजरा

स्थानीय बाजरा की तुलना में संकर बाजरा की एवं संकुल किस्मों की पैदावार काफी अधिक है। जहां वर्षा की कमी हो अर्थात् जहां वर्षा 250–300 मिलीमीटर के आसपास होती है वहां भी संकर या संकुल बाजरा असिंचित फसल के रूप में बोया जा सकता है।

कृषि पारिस्थितिकी स्थितिवार किस्में

ए.ई.एस.–1	**ए.ई.एस.–2**	**ए.ई.एस.–3**	**ए.ई.एस.–4**
असिंचित सामान्य मृदा क्षेत्र	असिंचित लवणीय एवं क्षारीय मृदा क्षेत्र	सिंचित सामन्य मृदा क्षेत्र एवं मृदा क्षेत्र	सिंचित लवणीय एव क्षारीय जल
संकर	**संकर**	**संकर**	**संकर**
एच.एच.बी. 67 (उन्नत)	एच.एच.बी. 67 (उन्नत)	एच.एच.बी. 67 (उन्नत)	एच.एच.बी. 67
एच.एच.बी. 67	एच.एच.बी. 67	एच.एच.बी. 67	एच.एच.बी. 67
जी.एच.बी. 538	जी.एच.बी. 538	आई.सी.एम.एच. 356	आई.सी.एम.एच. 356
आर.एच.बी. 121	आर.एच.बी. 121	एम.एच. 169	आर.एच.बी. 121
एस.एच. 169		जे.बी.वी. 2	
संकुल		आर.एच.बी. 121	
		आर.एच.बी. 173	
		जी.एच.बी. 732	
		जी.एच.बी. 744	
		प्रो. एग्रो 9444	
राज 171		चारा हेतु	
सी.सैड.पी. 9802		जॉइन्ट बाजरा राज	
जी.एच.बी. 719		बाजरा चरी 2	

उन्नत किस्में एवं विशेषतायें

एच.एच.बी. 67 (1990): यह किस्म वर्षा की कमी और अधिकता दोनों ही परिस्थितियों हेतु उपयुक्त है। 65–70 दिन में पकने वाली इस संकर किस्म के पौधे 140–195 सेन्टीमीटर ऊँचे तथा सिट्टे 15–20 सेंमी. लम्बे शंकु आकार के होते हैं। तना पतला होता है एवं यह जल्दी व देरी से बुआई के लिये उपयुक्त है। 15–20 क्विण्टल प्रति हैक्टेयर उपज देने वाली इस किस्म के दाने सामान्य मोटाई के होते हैं। इससे प्राप्त सूखे चारे की पैदावार 15–20 क्विण्टल प्रति हैक्टेयर है। यह किस्म तुलासिता रोग प्रतिरोधी है।

राज 171 (एम.पी .171) (1992): मध्यम व सामान्य वर्षा वाले क्षेत्रों हेतु उपयुक्त, 85 दिन में पकने वाली इस संकुल किस्म के पौधों की ऊँचाई 170–200 सेन्टीमीटर तथा सिट्टों की लम्बाई 25–27 सेन्टीमीटर है। सिट्टे लम्बे, सामान्य मोटे, बेलनाकार, ऊपरी भाग में कुल पतले दानों से कसे हुए होते हैं। तना मोटा तथा दो तीन फुट वाला होता है। दाना हल्की पीली झांई लिये हुए हल्का सलेटी होता है। तुलासिता रोग प्रतिरोधी यह किस्म 20–25 क्विण्टल दाने एवं 45–48 क्विण्टल चारे की पैदावार प्रति हैक्टेयर देती है।

आई.सी.एम.एच. 356 (1993): 160 से 175 सेन्टीमीटर ऊँची, जोगिया रोग रोधी इस संकर किस्म की पकाव अवधि 75 दिन एवं उपज 18–20 क्विण्टल है।

एम.एच. 169 (पूसा–23) (1987): यह किस्म मध्यम ऊँचाई 165 से.मी. व चमकीले पत्तों की होती है। इस किस्म के सिट्टे कसे हुए हुए होते हैं तथा परागण पीले रंग के होते हैं। 80–85 दिन की मध्यम अवधि में पकने वाली इस किस्म के दानों का रंग हल्का सलेटी व दाने मोटे होते हैं। इसमें दानों की औसत पैदावार 20–30 क्विण्टल/हैक्टेयर है। यह किस्म जोगिया (ग्रीन ईयर) रोगरोधी व मध्यम सूखा सहन करने की क्षमता रखती है।

आर.एच.बी. 121 (2001): संकर बाजरा की इस किस्म के पौधों की ऊंचाई 165–175 से.मी. होती है। जोगिया (ग्रीन ईयर) रोगरोधी होने के साथ ही इसमें मध्यम सूखा सहन करने की क्षमता भी है। इसके सिट्टे पर रोयें होते हैं तथा इसकी पकाव अवधि 75–78 दिन है। इसमें दाने की औसत उपज 22–25 क्विण्टल तथा चारे की उपज 26–29 क्विंटल प्रति हैक्टेयर है।

सी.जेड.पी. 9802 (2002): यह किस्म मध्यम ऊंचाई 185–200 सेंमी. तथा चमकीले पत्तों वाली किस्म हैं। इस किस्म के सिट्टे बिना बाल वाले कसे और हल्के कसे हुए होते हैं। परागण बैंगनी से भूरे रंग के होते हैं। 70 से 75 दिन में पकने वाली इस किस्म के दानों का रंग हल्का पीलापन लिये हुए मध्यम आकार का होता है। यह किस्म जोगिया रोगरोधी व पैदावार 13 क्विण्टल प्रति हैक्टेयर है।

जी.एच.बी. 538: अधिक उपज देने वाली इस संकर बाजरा की किस्म के पौधों की ऊँचाई 155–165 सेंमी. होती है। इस किस्म की पकाव अवधि 70–75 दिन है तथा सिट्टे

सख्त, बेलनाकार व बिना रोयें के 22–25 सेंमी. लम्बे तथा परागकण पीले रंग के होते हैं। यह किस्म जोगिया रोग के लिए प्रतिरोधी तथा तना छेदक व तना मक्खी के प्रति सहनशील है तथा इसमें सूखा सहन करने की क्षमता भी है। इसमें दानों की औसत उपज 24 क्विंटल प्रति हैक्टेयर तथा चारा 42 क्विंटल प्रति हैक्टेयर होता है।

एच.एच.बी. 67–2 (2005): एच.एच.बी. 67 के समान ही जल्दी पकने वाली (62–65 दिन) इस संकर बाजरा की किस्म के पौधों की ऊँचाई 160–180 सेंमी. होती है। इस किस्म के सिट्टे सख्त, रोयेंदार व 22–25 सेंमी. लम्बे तथा परागण पीले रंग के होते हैं। यह किस्म जोगिया रोग प्रतिरोधी तथा सूखे के प्रति सहनशील है। इसमें एच.एच.बी. 67 की तुलना में दाना तथा चारा की औसत उपज 22 प्रतिशत उपज ज्यादा होती है।

जी.एच.बी. 719: संकर बाजरा की इस किस्म में बालियां 43 से 45 दिन में निकलती हैं तथा 70–75 दिन में पक जाती हैं। इस किस्म के पौधों की ऊँचाई 165–170 सेंमी. होती है, तथा सिट्टे पूरी तरह बाहर निकले शंकु आकार के रोयेंयुक्त 20–22 सेन्टीमीटर लम्बे तथा परागण क्रीमी रंग के होते हैं। इसके दाने मध्यम आकार के, भूरे रंग के तथा दानों की औसत उपज 20–24 क्विण्टल प्रति हैक्टेयर तथा चारा 40–50 क्विंटल प्रति हैक्टेयर होता है। यह किस्म जोगिया रोग के लिये प्रतिरोधी व कीड़ों के प्रति सहनशील है तथा इसमें सूखा सहन करने की क्षमता भी है।

आर.एच.बी. 173 (एम.एच.1446): वर्ष 2011 में जयपुर से विकसित किस्म। इस किस्म में लगभग 49 दिन में फूल आ जाते हैं। पकाव अवधि लगभग 79 दिन, मध्यम ऊंचाई वाली किस्म, सिट्टे ठोस एवं बेलनाकार होते हैं। यह किस्म जोगिया रोग से प्रतिरोधी एवं दानों की औसत उपज 31 क्विंटल तथा चारे की उपज लगभग 78 क्विंटल प्रति हैक्टेयर होती है।

जी.एच.बी. 732: वर्ष 2008 में जामनगर, गुजरात से विकसित यह किस्म देर से पकने वाली, मध्य ऊंचाई वाली, सिट्टे ठोस और दाने मोटे होते हैं। इस किस्म में लगभग 52 दिनों में फूल आ जाते हैं। पकाव अवधि लगभग 81 दिन, दाने की उपज लगभग 30 क्विंटल तथा चारे की उपज लगभग 77 क्विंटल प्रति हैक्टेयर होती है।

जी.एच.बी. 744: वर्ष 2008 में जामनगर, गुजरात से विकसित यह किस्म मध्यम पकाव अवधि वाली (लगभग 80 दिन), पौधों की ऊंचाई मध्यम से उच्च, सिट्टे का आकार बेलनाकार जिसमें परागण पीले रंग के एवं दाने भूरे रंग के होते हैं। दाने की औसत उपज 28 क्विंटल तथा चारे की उपज 71 क्विंटल प्रति हैक्टेयर।

खेत की तैयारी: बलुई, दोमट मिट्टी वाला क्षेत्र जिसमें जल निकास की पूरी व्यवस्था हो। चूने, भारी मिट्टी व भराव वाले क्षेत्र में बाजरा न बोयें। सिंचित बाजरे के लिये खेत समतल होना चाहिए।

- पहली वर्षा होते ही एक अच्छी जुताई करके बुआई करें। मिट्टी में पर्याप्त नमी होनी चाहिये। भारी मिट्टी और खरपतवार से ग्रस्त खेतों में दो अच्छी जुताइयों की आवश्यकता होती है। बुआई के 2–3 सप्ताह पहले प्रति हैक्टेयर 10–12 टन गोबर की खाद डालें। जहां गोबर की खाद की व्यवस्था न हो सके वहां प्रति हैक्टेयर 10–15 किलो अतिरिक्त नत्रजन दीजिये।

बीजोपचारः गून्दिया या चेंपा से बचने हेतु बीज को नमक के 20 प्रतिशत् (1 किलो नमक प्रति 5 लीटर पानी) घोल में लगभग पांच मिनट तक डुबो कर हिलायें। तैरते हुए हल्के बीज व कचरे को जला दीजिये, शेष बचे हुए बीजों को साफ पानी से धोकर अच्छी प्रकार छाया में सुखाने के बाद बोने के काम में लें। उपरोक्त उपचार के बाद प्रति किलो बीज का 3 ग्राम थाइरमा दवा से उपचार करें।

- दीमक की रोकथाम हेतु 4 मिली. लीटर क्लोरपॉयरीफॉस 20 ई.सी. या 10 मिली. लीटर इमीडाक्लोप्रिड 600 एफ. एस. प्रति किलो बीज की दर से बीजोपचार करें।
- क्षारीय एवं लवणीय मिट्टी में बोने से पहले बाजरे के बीज को एक प्रतिशत् सोडियम सल्फेट में 12 घण्टे तक भिगोकर साफ पानी में धोकर छाया में सुखाने के बाद बीज को कवकनाशी से उपचारित कर बोयें। इस प्रकार से उपचारित बीज का खारी मिट्टी में बोने से अंकुरण ज्यादा अच्छा होगा।

बीज दर एवं बुआईः सामान्यतः चार किलो बाजरे का प्रमाणित बीज प्रति हैक्टेयर बोयें एवं कतार से कतार की दूरी 45–60 सेन्टीमीटर रखते हुए पौधों की संख्या 1.33 लाख प्रति हैक्टेयर रखें।

- बुआई जून की पहली वर्षा के साथ अवश्य कर दीजिये। बुआई का उपयुक्त समय जून मध्य से जुलाई के तृतीय सप्ताह तक है। वर्षा न होने पर यदि समय पर बुआई न हो सके तो जहां पानी पर्याप्त मात्रा में हो वहां बाजरे की रोपणी तैयार कर पौध की जुलाई के अन्त तक खेत में रोप देना लाभदायक रहेगा। बीज 3–5 सेन्टीमीटर गहरा बोयें जिससे अंकुरण सफलतापूर्वक हो सके और साथ ही बीज का उर्वरक से सम्पर्क भी न हो।
- सीड ड्रील के प्रत्येक हल के पीछे 4 कि.ग्रा. वजन के घूमने वाले रबड़ के पहियों द्वारा बोई गई कतारों के चोब की मिट्टी दबाने से बीज का अंकुरण अच्छा होता है तथा रोड़ होने की समस्या से बचा जा सकता है।
- बुआई के 15–20 दिन बाद छंटाई कर पौधों के बीच 13–17 सेंमी. की दूरी करें। जहां बीज न उगा हो, वहां रोपणी में तैयार हुए पौधें रोप दीजिए। अधिकतम उपज हेतु एक हैक्टेयर में पौधों की संख्या 1,33,000 तक रखें।

- बाजरा की फसल में बारानी फसल हेतु गर्मी एवं नमी की कमी से बचाने के लिए कतार से कतार की दूरी 60 सेंमी. तथा दाने के विकास अवस्था पर 0.2 प्रतिशत् पोटैशियम सल्फेट (K_2So_4) + 100 पीपीएम एस्कार्बिक अम्ल अथवा 0.2 प्रतिशत् पोटैशियम सल्फेट (K_2So_4) + 1000 पीपीएम थायोयूरिया का पानी के साथ छिड़काव करें।
- अनिश्चित वर्षा वाले क्षेत्रों में बाजरे को 30–30 सेन्टीमीटर की दूरी पर दो जुड़वाँ कतारों के बाद 30–30 सेन्टीमीटर की दूरी पर मोठ या ग्वार की चार कतारें बोयी जा सकती हैं।

खाद व उर्वरक –बाजरा की उपयुक्त आर्थिक स्तर की अधिक उपज लेने के लिये देशी खाद के साथ उर्वरक भी दें। सिंचित क्षेत्रों अथवा जहां वर्षा 600 मिलीमीटर या अधिक होती है वहां अधिकतम उपज के लिये 90 किलो नत्रजन एवं 30 किलो फास्फोरस प्रति हैक्टेयर दीजिये। जहां वर्षा 600 मिलीमीटर से कम हो वहां 30–60 किलो नत्रजन तथा 20–30 किलो फास्फोरस प्रति हैक्टेयर दें। 200 मिलीमीटर से कम वर्षा वाले क्षेत्रों में बुआई से पूर्व 10 किलो नत्रजन दें व फास्फोरस का उपयोग मिट्टी परीक्षण के आधार पर करें।

- जालौर खण्ड के जोन 2 बी के असिंचित क्षेत्रों में 40 किलो नत्रजन एवं 20 किलो फास्फोरस प्रति हैक्टेयर दें।
- नत्रजन की आधी मात्रा एवं फास्फोरस की पूरी मात्रा बुआई से पहले कतारों में 10 सेन्टीमीटर गहरा करके दें। बुआई के 25–30 दिन बाद, वर्षा वाले दिन नत्रजन की आधी मात्रा दें। अगर इस समय वर्षा न हो, तो उर्वरक न दें। उर्वरक की सही आवश्यकता जानने हेतु मिट्टी की जांच करानी चाहिए।

सिंचाई एवं निराई–गुड़ाई: सिंचित फसल की आवश्यकतानुसार समय–समय पर सिंचाई करें। पौधों में फुटान होते समय, सिट्टे निकलते समय तथा दाना बनते समय भूमि में नमी की कमी नहीं होनी चाहिए। वर्षा की कमी की स्थिति में पौधे पीले पड़ने से पहले ही सिंचाई करें।

- बुआई के तीसरे चौथे सप्ताह तक खेत में निराई कर खरपतवार अवश्य निकाल दें। इसके पश्चात् आवश्यकतानुसार खरपतवार निकालते रहें। गुड़ाई करते समय ध्यान रखें कि पौधों की जड़ें नहीं कटें।
- निराई–गुड़ाई करना सम्भव न हो तो बाजरे की शुद्ध फसल में खरपतवार नष्ट करने हेतु बुआई के तुरन्त बाद अथवा अंकुरण से पूर्व प्रति हैक्टेयर आधा किलो एट्राजिन सक्रिय तत्व का पानी में घोल बनाकर छिड़काव करें। छिड़काव के बाद भी निराई करके एक बार हाथ से खरपतवार अवश्य निकालें।

- रूखड़ी प्रभावित बाजरे के खेतों में चावल या मूंग को फसल चक्र में सम्मिलित करें। बाजरे की खड़ी फसल में रूखड़ी के नियन्त्रण हेतु 2,4–डी 500 मिली. लीटर प्रति हैक्टेयर की दर से बुआई के एक महीना बाद कतारों के बीच नोजल को सतह से 6 इंच ऊपर रखकर छिड़काव करें।
- जहां अन्तर्पस्यावर्तित फसल हो वहां केवल निराई–गुड़ाई करके खरपतवार निकालें। गुड़ाई 5 सेन्टीमीटर से अधिक गहरी नहीं करें।

फसल संरक्षण

रूट बग: जहां रूट बग का प्रकोप हो वहां कीट प्रकोप दिखाई देते ही 25 किलो मिथाइल पैराथियॉन 2 प्रतिशत् अथवा फैन्वलरेट 0.4 प्रतिशत् अथवा मेलाथियोन 5 प्रतिशत् अथवा क्यूनालफॉस 1.5 प्रतिशत् चूर्ण का 25 किग्रा. प्रति हैक्टेयर की दर से भुरकाव करें। जहां रूट बग का प्रकोप प्रतिवर्ष होता है वहां यह उपचार अवश्य अपनायें।

- बाजरा में पत्ती भक्षक कीटों के नियंत्रण हेतु क्यूनालफॉस 1.2 प्रतिशत् चूर्ण 25 किलो प्रति हैक्टेयर भुरकें या एक लीटर क्यूनालफॉस 25 ई.सी. का पानी में घोल बनाकर प्रति हैक्टेयर की दर से छिड़काव करें।

जोगिया (ग्रीन ईयर) या हरित बाल रोग: रोगरोधी राज 171, एच एच बी 67, आर एच बी 121 आदि किस्में बोयें। फसल में रोगग्रस्त पौधे खेत में नहीं रहने चाहिये।

- संकर बीज उत्पादन हेतु बीज को 6 ग्राम मेटालेक्सिल 35 एस डी से प्रति किलो बीज की दर से उपचारित करें। खड़ी फसल में खेतों में जहां जोगिया दिखाई दे वहां बुआई के 21 दिन बाद मैन्कोजेब 2 किलो प्रति हैक्टेयर की दर से छिड़कें।

अरगट: फसल को बचाने हेतु सिट्टे निकलते समय ढाई किलो जाइनेब या डेढ़ से दो किलो मैन्कोजेब के तीन–तीन दिन के अन्तर पर 2–3 छिड़काव करने से प्रकोप कम होगा।

- बाजरे के खेत में और उसके आसपास अनाज घास द्वारा फैलाता है। अगर चरी बाजरा बोया हुआ हो तो इसकी कटाई करते रहें तथा उसमें सिट्टे नहीं आने दें, क्योंकि इससे आसपास की बाजरे की फसल पर रोग तेजी से फैलता है।
- सिट्टे निकलते समय अरगट, काग्या एवं हरित बाल रोग का पता लगाने के लिये फसल का सावधानी से निरीक्षण करें। अरगट व हरित बाल रोगग्रस्त पौधों को उखाड़ कर नष्ट करें।
- अरगट रोग ब्लिस्टर बीटल या चेफर बीटल द्वारा भी फैलता है। अतः सिट्टे आने के समय इनकी रोकथाम हेतु कार्बेरिल 5 प्रतिशत या मिथाइल पैराथियॉन 2 प्रतिशत चूर्ण 25 किलो प्रति हैक्टेयर की दर से भुरकें।

- बाजरे की बुआई जुलाई के दूसरे सप्ताह में किये जाने पर अरगट के प्रकोप में स्वतः कमी होना पाया गया है।
- एक हैक्टेयर में छिड़काव के लिये लघु आयतन फव्वारे से 200 लीटर पानी एवं बहु आयतन फव्वारे से 1000 लीटर पानी की आवश्यकता होगी।
- **ध्यान रखें**: अरगट ग्रसित अनाज विषैला होने के कारण मनुष्य व पशु दोनों के लिये घातक होता है। अतः अरगट ग्रसित उपज को निकालने के बाद दानों को लगभग पांच मिनट तक नमक के बीस प्रतिशत् घोल (एक किलो नमक, पांच लीटर पानी) में डालें। तैरते हुए कचरे एवं हल्के बीज को निकाल कर जला दीजिये। बचे हुए अनाज को साफ पानी से धोयें। अरगट ग्रस्त खेत से फसल काटने के बाद उसमें मिट्टी पलटने वाले हल से गहरी जुताई करें ताकि रोगाणु जमीन में दब जाये और बीमारी आगे न फैलें।
- बाजरे की बुआई जीरे के बाद ऐसी स्थिति में नहीं करें जब जीरे में पेन्डामिथेलिन दवा खरपतवार हेतु काम में ली गयी हो, क्योंकि इस दवा का खरीफ में बाजरे के अंकुरण पर विपरीत प्रभाव पड़ता है।

बाजरे की फसल में थायोगलाईकोलिक अम्ल (टीजीए) 100 पीपीएम के पर्णीय छिड़काव क्रमशः 50 प्रतिशत् सिट्टा आने व दाना बनने की अवस्था पर करने से बाजरे की उपज में 15 प्रतिशत् की वृद्धि होती है।

ज्वार

उन्नत किस्में एवं विशेषतायें

सी.एस.एच. 5 (1976): 100–115 दिन की अवधि में पकने वाली, मध्यम व अधिक वर्षा वाले क्षेत्रों के लिये उपयुक्त इस संकर किस्म की पैदावार 40–50 क्विंटल प्रति हैक्टेयर होती है। इसका पौधा 150–200 सेन्टीमीटर ऊंचा, चारे की पैदावार 80–100 क्विंटल प्रति हैक्टेयर तथा दाना सफेद गेहूंआ मध्यम आकार का होता है। यह किस्म भारी मिट्टी और वर्षा व पानी की सुनिश्चित सुविधा वाले क्षेत्रों के लिये उपयुक्त है।

एस.पी.वी. 96 (आर.जे. 96) (1995): 85–90 दिन में पकने वाली इस अगेती किस्म के पौधों की ऊंचाई 150–160 सेन्टीमीटर होती है। इसका दाना मोटा व चमकीला, औसत उपज 30–40 क्विंटल प्रति हैक्टेयर होती है।

सी.एस.एच.–23 (2005): शीघ्र पकने वाली (लगभग 103 दिन) संकर किस्म, दाना सफेद, पौधे की ऊँचाई लगभग 180 सेंमी.।

सी.एस.वी.–17 (2009): शीघ्र पकने वाली, (80 से 85 दिन) शूट फ्लाई एवं तना छेदक प्रतिरोधी, 150–160 सेंमी. ऊँचाई।

हरे चारे हेतु किस्में

एस.एस.जी. 59–3: इसकी 2–3 कटाई आसानी से ली जा सकती है। पहली कटाई 55–60 दिन बाद और बाद की प्रत्येक कटाई 35–40 दिन बाद ली जा सकती है। इससे लगभग 350–400 क्विंटल चारा प्रति हैक्टेयर प्राप्त किया जा सकता है।

एम.पी. चरी (1976): चारे की कटाई लेने के लिये उपयुक्त इस किस्म की पहली कटाई–बुआई के 55–60 दिन बाद और बाद की प्रत्येक कटाई 35–40 दिन बाद ली जा सकती है। इससे लगभग 350–400 क्विंटल चारा प्रति हैक्टेयर प्राप्त हो सकता है।

राजस्थान चरी–1 (1985): एक कटाई देने वाली इस किस्म के पौधों की ऊँचाई 190–220 सेन्टीमीटर होती है। इसकी कटाई 85–90 दिन में की जा सकती है। अधिक एवं सुनिश्चित वर्षा वाले क्षेत्रों के लिये उपयुक्त इस किस्म से प्रति हैक्टेयर 400–500 क्विंटल चारा प्राप्त किया जा सकता है।

राजस्थान चरी–2 (1985): एक कटाई देने वाली इस किस्म के पौधों की ऊँचाई 190–220 सेन्टीमीटर होती है। यह किस्म लगभग 70 दिन में कटाई के लिये तैयार हो जाती है। सामान्य एवं कम वर्षा वाले क्षेत्रों के लिये उपयुक्त इस किस्म से प्रति हैक्टेयर 300–350 क्विंटल चारा प्राप्त होता है।

खेत की तैयारी: ज्वार के लिये जल निकास की व्यवस्था युक्त खेत का चुनाव करें। पानी के भराव वाले क्षेत्रों में ज्वार नहीं बोयें। जहाँ 40–50 सेन्टीमीटर के लगभग वर्षा होती है वहाँ संकर ज्वार असिंचित फसल के रूप में बोई जा सकती है।

- वर्षा से पूर्व देशी हल या त्रिफाली या बक्खर से अच्छी तरह जुताई कर खेत तैयार करें। बीज के अंकुरण के लिये मिट्टी में पर्याप्त नमी होनी चाहिए। जुताई के 20 दिन पूर्व प्रति हैक्टेयर 20–25 गाड़ी गोबर की खाद खेत में डालकर अच्छी तरह से मिला दें।

बीज उपचार: बीज उपचारित न हो तो 3 ग्राम थाइरस या 4 ग्राम गन्धक प्रति किलो बीज की दर से बीज को उपचारित करके ही बोयें।

- एजेक्टोबेक्टर कल्चर से भी बीजोपचार करें। इससे 20 किलो नत्रजन की प्रति हैक्टेयर बचत की जा सकती है।

बीज दर एवं बुआई: प्रति हैक्टेयर 9–10 किलो ज्वार का प्रमाणित बीज होना चाहिए। वर्षा शुरू होते ही 45 सेंटी. दूरी की कतारों में बीज ऊर दें। भारी मिट्टी में बुआई कतारों के ऊपर बक्खर चलायें। ध्यान रखें, बीज 4–5 सेन्टीमीटर से गहरा न बोयें। पौधे की दूरी 12–15 सेन्टीमीटर रखें। पौधों की संख्या प्रति हैक्टेयर डेढ़ से पौने दो लाख होनी चाहिये।

- चरी ज्वार की बुआई के लिये 25 किलो बीज प्रति हैक्टेयर काम में लें।
- अंकुरण के बाद घने पौधे दिखाई दे तो बीच–बीच से पौधों को उखाड़ कर नष्ट करें। उखाड़े हुए पौधों को जानवरों को नहीं खिलायें, क्योंकि ये जहरीले होते है। यदि वर्षा कम हो तो कतारों में पौधों की छंटाई करें।

अन्तर्राशष्यः ज्वार के साथ दलहन फसलों की अन्तर्राशष्य जहां भी सम्भव हो, लें। ज्वार की दो कतारें 30–30 सेन्टीमीटर की दूरी पर तथा ऐसे दो जोड़ों के बीच 60 सेन्टीमीटर में एक कतार दलहनी फसल ही बोयें।

उर्वरकः भारी वर्षा वाले क्षेत्रों में सिंचित फसल में 80 किलो नत्रजन एवं 40 किलो फास्फोरस प्रति हैक्टेयर दें। असिंचित क्षेत्र में 30 किलो नत्रजन एवं 20 किलो फास्फोरस प्रति हैक्टेयर दें। उर्वरकों की सही आवश्यकता जानने के लिये मिट्टी की जांच कराने के बाद परीक्षण परिणाम अनुसार उर्वरक का प्रयोग करना चाहिये।

- नत्रजन की आधी व फास्फोरस की पूरी मात्रा बुआई पूर्व कतारों में 10 सेन्टीमीटर गहरी ऊर कर दें। शेष आधी नत्रजन बुवाई के एक माह बाद वर्षा होने पर अथवा सिंचाई के साथ दें। यदि पूर्व फसल में फास्फोरस दिया गया हो तो फास्फोरस देने की आवश्यकता नहीं है।

सिंचाई एवं निराई–गुड़ाईः वर्षा न हो तो खड़ी फसल में उर्वरक देने के बाद और सिट्टे आते समय पौधों को सिंचाई अवश्य दें।

- बुआई के 15–20 दिन बाद निराई–गुड़ाई कर खरपतवार निकालें। गुड़ाई के समय ध्यान रखें कि पौधों की जड़ें न कटें, अतः पौधों के ज्यादा नजदीक गुड़ाई नहीं करें। निराई–गुड़ाई से खरपतवार नियंत्रण के साथ ही जड़ों में वायु संचार भी हो जाता है। बक्खर/कुली चलाने से खरपतवार नियंत्रण के साथ नमी संरक्षण भी हो जाता है।
- शुद्ध फसल में खरपतवार नष्ट करने हेतु आधा किलो एट्राजीन बुआई के तुरन्त बाद 600 लीटर पानी में घोलकर छिड़कें। छिड़काव के बाद भी निराई करके एक बार खरपतवार अवश्य निकाल दें। ध्यान रखें, जिन खेतों में रूखड़ी की समस्या हो वहां एट्राजिन का ही छिड़काव करें। ज्वार के साथ बोयी गयी दलहनी/तिलहनी फसलों में एट्राजीन नहीं छिड़कें।

जे.के.सी.एच.–1947ः अमेरिकन कपास की बीटी संकर किस्म है जो चित्तीदार सूंडी, अमेरिकन सूंडी एवं गुलाबी सूंडी के प्रति अवरोधी है। इस किस्म में द्वितीय शाखाओं की संख्या अपेक्षाकृत अधिक होती है। अतः इसके पौधों की ऊँचाई अधिक होती है। इसमें टिण्डों का औसत वजन 4–4.5 ग्राम होता है। इसकी औसत पैदावार लगभग 25–30 क्विंटल प्रति हैक्टेयर होती है। इसकी मोटाई लगभग 35 प्रतिशत् होती है।

एन.इ.सी.एच.–6: यह चित्तीदार सूंड़ी, अमेरिकन सूंड़ी एवं गुलाबी सूंड़ी के प्रति अवरोधी बीटी संकर किस्म है। इसमें प्राथमिक शाखायें औसतन 4–5 एवं द्वितीय 20–25 शाखायें होती हैं। इसमें टिण्डे अन्य बीटी किस्मों से छोटे होते हैं। औसत वजन 3–3.15 ग्राम होता है। इसकी औसत पैदावार लगभग 25–27 क्विंटल प्रति हैक्टेयर होती है। इसके रेशों की औसत लम्बाई लगभग 27 मिमी. होती है।

एम.आर.सी.–7017 बीजी–11: यह एक अधिक उपज देने वाली अमेरिकन कपास की बीटी संकर किस्म है। यह किस्म चित्तीदार सूंड़ी अमेरिकन सूंड़ी एवं गुलाबी सूंड़ी के अतिरिक्त तम्बाकू वाली सूंड़ी (स्पोडोपटेरा) के प्रति अवरोधी हैं। इस किस्म की उत्पादन क्षमता 25–30 क्विंटल प्रति हैक्टेयर होती है। इसमें द्वितीय शाखायें अपेक्षाकृत अधिक होती हैं। इसके रेशों की औसत लम्बाई लगभग 32 मिमी. होती है।

खेत की तैयारी

कपास के लिये चिकनी मिट्टी अधिक उपयुक्त रहती है। जिन खेतों में पानी भरे रहने व क्षारीयता की सम्भावना हो वहां नरमा नहीं बोना चाहिये। एक बार मिट्टी पलटने वाले हल तथा बाद में त्रिफली या हैरो से दो तीन बार जुताई कर भूमि तैयार करें।

खाद एवं उर्वरक

- बुआई से तीन चार सप्ताह पहले 25–30 गाड़ी गोबर की खाद प्रति हैक्टेयर की दर से जुताई कर भूमि में अच्छी तरह मिला दें।
- अमेरिकन एवं बी.टी. किस्मों में प्रति हैक्टेयर 75 किलो नत्रजन और 35 किलो फास्फोरस की आवश्यकता होती है।
- पोटाश उर्वरक मिट्टी परीक्षण के आधार पर दें। फास्फोरस और पोटाश की पूरी मात्रा और नत्रजन की आधी मात्रा बुआई से पहले दें। नत्रजन की शेष आधी मात्रा फूलों की कलियाँ बनते समय दें।

बीज दर एवं बीज उपचार

- देशी कपास की बुआई हेतु 12–15 किलोग्राम बीज/हैक्टेयर काम में लें। अमेरिकन कपास की बआई हेतु 15–16 किलोग्राम बीज/हैक्टेयर काम मे लें। बी.टी. कपास की बुआई हेतु 2 किलोग्राम बीज/हैक्टेयर की आवश्यकता पड़ती है।
- कपास के बीज में छुपी हुई गुलाबी सूंड़ी को नष्ट करने के लिये बीजों को धूमित कर लीजिये। 40 किलो तक बीज को धूमित करने के लिये एल्यूमीनियम फॉस्फॉइड

की एक गोली बीज में डालकर उसे हवा रोधी बनाकर चौबीस घण्टे तक बन्द रखें। धूमित करना सम्भव न हो तो तेज धूप में बीजों को पतली तह के रूप में फैलाकर 6 घण्टे तक तपने दें।

- बीजों से रेशे हटाने के लिये जहां सम्भव हो, 10 किलो बीज के लिये एक लीटर व्यापारिक गंधक का तेजाब पर्याप्त होता है। मिट्टी या प्लास्टिक के बर्तन में बीज डालकर तेजाब डालिये और एक–दो मिनट तक लकड़ी से हिलाइये। बीज काला पड़ते ही तुरन्त बीज को बहते हुए पानी में धो डालिये और ऊपर तैरते हुए बीज को अलग कर दीजिये। गंधक के तेजाब से बीज के उपचार से अंकुरण अच्छा होगा। यह उपचार कर लेने पर बीज को प्रधूमन की आवश्यकता नहीं रहेगी।
- फसल को बीजजनित रोग न हो, इसके लिये बीज को 10 लीटर पानी में एक ग्राम स्ट्रेप्टोसाइक्लिन या ढाई ग्राम एग्रीमाइसिन के घोल में 8–10 घण्टे तक भिगोकर सुखा लीजिये और फिर बोने के काम में लें।
- जहाँ पर जड़ गलन रोग का प्रकोप होता है वहां बीजों को 3 ग्राम थाईरस या 2 ग्राम कार्बेण्डाजिम से प्रति किलो बीज के हिसाब से उपचारित करके बोयें।
- असिंचित स्थितियों में कपास की बुआई के लिये प्रति किलो बीज को 10 ग्राम एजेक्टोबेक्टर कल्चर से उपचारित कर बोने से उपज में वृद्धि होती है।

बुआई का समय तथा विधिः कपास की बुआई का उपयुक्त समय अप्रैल के द्वितीय पखवाड़े से मई के प्रथम सप्ताह तक है। अमेरिकन किस्मों में कतार से कतार की दूरी 60 सेन्टीमीटर एवं पौधे की दूरी 45 सेन्टीमीटर रखनी चाहिये। देशी किस्मों में कतार से कतार की दूरी 45 सेन्टीमीटर एवं पौधे से पौधे की दूरी 30 सेन्टीमीटर रखनी चाहिए। आर एस टी 9 की बुआई मई के प्रथम सप्ताह में करें एवं कतार से कतार की दूरी 70 सेन्टीमीटर एवं पौधे से पौधे की दूरी 45 सेन्टीमीटर रखें। बी.टी. किस्मों में कतार से कतार की दूरी 100 सेन्टीमीटर एवं पौधे की दूरी 60 सेन्टीमीटर रखें।

पॉलीथिन की थैलियों में पौध तैयार कर रिक्त स्थानों पर रोप कर वांछित पौधों की संख्या बनाये रख सकते हैं। लवणीय भूमि में यदि कपास बोई जाये तो मेड़ बनाकर मेड़ों की ढाल पर बीज बोइए।

सिंचाई एवं निराई–गुड़ाईः बुआई के बाद 5–6 सिंचाई करें। उर्वरक देने के बाद और फूल आते समय सिंचाई अवश्य करें। दो फसली क्षेत्र में 15 अक्टूबर के बाद सिंचाई नहीं करें।

- अंकुरण के बाद पहली सिंचाई 20–30 दिन में कीजिये। इससे पौधों की जड़ें ज्यादा गहराई तक बढ़ती हैं। इसी समय पौधों की छंटनी भी कर दीजिये। बाद की सिंचाइयाँ 20–25 दिन बाद करें।

कपास में खरपतवार नियंत्रण के लिये एक माह बाद एक अच्छी निराई–गुड़ाई अवश्य करनी चाहिये। इसके बाद आवश्यकतानुसार दूसरी निराई–गुड़ाई करें। यदि फसल में बोई किस्म के अलावा दूसरी किस्म के पौधे मिले हुए दिखाई दें तो उन्हें निराई के समय उखाड़ दीजिए, क्योंकि मिली हुई कपास का मूल्य कम मिलता है।

कपास की चुनाईः कपास में डोडे पूरे खिल जाये तब उनकी चुनाई कर लीजिये। प्रथम चुनाई 50–60 प्रतिशत् टिण्डे खिलने पर शुरू करें एवं दूसरी शेष टिण्डों के खिलने पर करें।

मिलवाँ खेती एवं फसल क्रम

कपास की कतारों के बीच एक कतार बैसाखी मूंग की बोना लाभप्रद है। बारानी क्षेत्र में अन्तस्य अपनाना उपयुक्त है। जुड़वां कतार विधि से अन्तस्य अधिक लाभप्रद रहती है। सिंचित क्षेत्र में निम्न फसल–चक्र लाभप्रद व उपज में वृद्धि करने वाले पाये गये है।

1. कपास – गेहूँ (एक वर्ष)
2. मक्का – गेहूँ कपास–मैथी (दो वर्ष)
3. मक्का – सरसों–कपास–मैथी (दो वर्ष)
4. ग्वार – गेहूँ–चारा–कपास (दो वर्ष)

फसल संरक्षण

अमेरिकन कपासः सिंचित क्षेत्र

प्रथम छिड़काव

सफेद मक्खी, ग्रे–वीविल, जैसिड थ्रिप्स, चेंपा एवं मकड़ी की रोकथाम हेतु कीट दिखाई देते ही एक लीटर डाईमिथोएट 30 ई.सी. या मिथाइल डिमेटोन 25 ई.सी. या सवा लीटर मैलाथियान 50 ई.सी. में से किसी एक दवा का छिड़काव करें।

दूसरा छिड़काव

उपर्युक्त रस चूसने वाले कीड़ों, पत्ती मोड़क व अन्य कीटों के लिये दूसरा छिड़काव जुलाई के दूसरे या तीसरे सप्ताह तक फिर कीजिये। उपर्युक्त दवाओं के अतिरिक्त मिथाइल पैराथियान 2 प्रतिशत् चूर्ण 20 किलोग्राम या क्यूनालफॉस 25 ई.सी. या मोनोक्रोटोफॉस 36 एस.एल. एक लीटर या कार्बेरिल 50 डब्लयू पी ढाई किलो प्रति हैक्टेयर की दर से काम में लिये जा सकते हैं।

तीसरा छिड़काव

सवा लीटर क्यूनालफॉस 25 ई.सी. या ढाई किलो कार्बेरिल 50 प्रतिशत् घुलनशील चूर्ण या एक लीटर मोनोक्रोटाफॉस 36 एस एल या 400 से 450 मिलीलीटर साईपरमेथ्रिन 10 ई.सी. या 450 मिलीलीटर फेनवेलरेट 20 ई.सी. या एक लीटर क्लोरोपायरीफॉस 20 ई. सी. का प्रति हैक्टेयर की दर से अगस्त के पहले सप्ताह में छिड़काव करें।

चौथा छिड़काव

सितम्बर के प्रथम से तृतीय सप्ताह तक ढाई किलो कार्बेरिल 50 प्रतिशत् घुलनशील चूर्ण, या एक लीटर मोनोक्रोटोफॉस 36 डब्लयू एस सी या क्यूनालफॉस 25 ई.सी. या क्लोरोपायरीफॉस 20 ई.सी. या 400 मिलीलीटर साईपरमेथ्रिन 25 ई.सी. या 450 मिलीलीटर फेनवेलरेट 20 ई.सी. का प्रति हैक्टेयर छिड़काव करें।

पांचवां छिड़काव

यदि कीटों का प्रकोप अधिक दिखाई दे तो अक्टूबर मे उपर्युक्त में से या निम्न दवाओं में से किसी एक का छिड़काव और करें:

- 200 मिलीलीटर साईपरमैथ्रिन 25 ई.सी. या 500 मिलीलीटर साईपरमैथ्रिन 10 ई. सी. या फेनवेलरेट 10 ई.सी. या 400 मिलीलीटर डेकामैथ्रिन 2.8 ई.सी. या बिटा सिफ्लूथ्रिन 25 ई.सी. या 240 मिलीलीटर एल्फामैथ्रिन 10 ई.सी.

बालवर्म की प्रभावी रोकथाम करने के लिये कपास की फसल लेने के तुरन्त बाद इसके डंठल जला दें।

ब्लैक आर्म (जीवाणु अंगमारी): रोकथाम हेतु दूसरे, तीसरे एवं चौथे छिड़काव में काम में ली जाने वाली दवा के साथ 8 ग्राम स्ट्रेप्टोसाइक्लीन या 20 ग्राग एग्रीगाईसिन तथा 2 किलो तांबा युक्त फफूंदनाशी दवा मिलाकर छिड़काव करें।

जड़ गलन रोग: रोग की रोकथाम हेतु प्रति किलो बीज को 2 ग्राम कार्बण्डाजिम से उपचारित करके बोयें। रोगग्रस्त खेतों में कपास और मोठ की मिश्रित फसल लीजिए। रोग का प्रकोप अधिक हो तो रोगग्रस्त खेतों में दो वर्ष तक कपास की फसल न लें।

अमेरिकन कपास: असिंचित क्षेत्र

प्रथम छिड़काव

ग्रे–वीविल, जैसिड, सफेद मक्खी, तेला, पत्ती मोडक आदि कीड़ों की रोकथाम के लिए जुलाई के आखिरी अथवा अगस्त के पहले सप्ताह में डाईमिथोएट 30 ई.सी. या मिथाइल

डिमेटोन 25 ई.सी. एक लीटर या मैलाथियान 50 ई.सी. सवा लीटर या मिथाइल पैराथियान 2 प्रतिशत् चूर्ण 20 किलो का प्रति हैक्टेयर छिड़काव/भुरकाव करें।

द्वितीय छिड़काव

बालवर्म, जैसिड ग्रे–वीविल आदि की रोकथाम के लिये अगस्त के अन्तिम अथवा सितम्बर के पहले सप्ताह में मोनोक्रोटोफॉस 36 एस.एल. एक लीटर या कार्बेरिल 50 प्रतिशत् घुलनशील चूर्ण ढाई किलो प्रति हैक्टेयर की दर से छिड़काव करिये। इसके साथ 8 ग्राम स्ट्रेप्टोसाइक्लिन या 20 ग्राम एग्रीमाइसिन भी मिलायें।

तृतीय छिड़काव

सितम्बर के तीसरे या चौथे सप्ताह में द्वितीय छिड़काव के लिये दी गई दवाओं को काम में लेते हुए तीसरा छिड़काव करें।

देशी कपासः देशी कपास के लिये असिंचित क्षेत्र में अमेरिकन कपास के लिये दिये गये अन्तिम दो छिड़काव कर देना ही काफी रहता है।

उपजः कपास की उपज 20–25 क्विंटल प्रति हैक्टेयर एवं संकर कपास की उपज 28–32 क्विंटल प्रति हैक्टेयर ली जा सकती है।

❑❑❑

अध्याय 9

मूंगफली

उन्नत किस्में

मूंगफली की तीन अलग–अलग प्रजातियाँ होती हैं। हल्की मिट्टी के लिये फैलने वाली और भारी मिट्टी के लिये झुमका किस्म के पौधों वाली जातियाँ हैं, जो भूमि के अनुसार बोने के काम में ली जाती हैं। कम फैलने वाली या फैलने वाली प्रजाति के पौधों की शाखायें फैल जाती हैं तथा मूंगफली दूर–दूर लगती है। जबकि झुमका प्रजाति की फलियाँ मुख्य जड़ के पास लगती हैं और इनका दाना गुलाबी या लाल रंग का होता है। इसकी पैदावार फैलने वाली प्रजाति से कम आती है, परन्तु ये जल्दी पकती है। उपयुक्त किस्मों की विशेषताओं का विवरण निम्न प्रकार हैः

एच.एन.जी. 10 (1999)ः अर्द्ध विस्तारी किस्म, अच्छी वर्षा या जहां जीवनरक्षक सिंचाई जल उपलब्धता वाले क्षेत्रों के लिए उपयुक्त है। इसकी पत्तियां गहरी हरी तथा पौधे मध्यम फैलाव वाले होते हैं। यह किस्म 125–130 दिन में पक कर लगभग 20 क्विंटल प्रति हैक्टेयर उपज देती है। इसकी फली में औसतन दो दाने होते हैं। 100 दानों का वजन 45 ग्राम के लगभग होता है तथा इनमें तेल की मात्रा 50–51 प्रतिशत् होती है।

टी.जी. 37 ए. (2004)ः यह एक गुच्छेदार, मध्यम ऊंचाई तथा सीधी बढ़ने वाली किस्म है जो 120–125 दिन में पक कर लगभग 20 क्विंटल प्रति हैक्टेयर उपज देती है। इसके दाने गुलाबी रंग के होते हैं तथा 100 दानों का वजन 48 ग्राम होता है। इनमें 48 प्रतिशत् तेल तथा 23 प्रतिशत् प्रोटीन की मात्रा होती है।

जी.जी. 20ः यह एक अर्द्ध विस्तारी किस्म है जो 115 से 120 दिन में पक जाती है। इसकी फली में समान्यतया 2 से 3 दाने होते हैं। 100 दानों का वजन 42 ग्राम के लगभग तथा दानों में 48 प्रतिशत् तेल होता है। इसकी औसतन उपज 25 से 30 क्विंटल होती है।

खेती की तैयारीः मूंगफली विभिन्न प्रकार की मिट्टियों में उपजाई जा सकती है। रेतीली दोमट एवं भारी मटियार दोमट भूमि में अलग–अलग जाति की मूंगफली बोई जाती है। एक बार मिट्टी पलटने वाले हल से तथा बाद में देशी हल से या हैरा से 2–3 बार खेती की जुताई करें ताकि भूमि भुरभुरी हो जाये। इसके बाद पाटा चला कर बुआई के लिये खेत तैयार करें।

मित्र फफूंद द्वारा दीमक नियंत्रण: 5 किलों मात्र फफूंद बावेरिया बसियाना पाउडर को 125 किलो गोबर की खाद प्रति हैक्टेयर की दर से मिलाकर बआई पूर्व खेत में डालें।

उर्वरक: मूंगफली के प्रति हैक्टेयर 60 किलो फास्फोरस और 15 किलो नत्रजन बुआई के पहले ऊर कर दें। सिंचित क्षेत्रों में अन्तिम जुताई से पूर्व भूमि में प्रति हैक्टेयर 250 किलो जिप्सम मिलाएँ। फास्फोरस तत्व की पूर्ति सिंगल सुपर फास्फेट द्वारा किया जाना उचित रहता है। मूंगफली के बड़े दानों वाली किस्मों से अच्छी पैदावार प्राप्त करने के लिये नत्रजन 20 कि.ग्रा. एवं फास्फोरस 75 कि.ग्रा. / हैक्टेयर के साथ 7.5 टन गोबर की देशी खाद दें।

बीज उपचार

फफूंदनाशी से उपचार: मूंगफली में कोलर रॉट की रोकथाम के लिए बीज को 2 ग्राम कार्बेण्डेजिम व 2.5 किग्रा. टाईकोड्र्मा हरजीयानम को 100 किग्रा. गोबर के साथ मिलाकर बीज उपचारित करें।

कीटनाशी से उपचार: सफेद लट की रोकथाम के लिये प्रति 40 किलो बीज को एक लीटर क्लोरपायरीफॉस 20 ई.सी. या क्यूनॉलफॉस 25 ई.सी. की दर से उपचारित करें। दीमक के लिये बीज को 4–5 मिलीलीटर क्लोरपायरीफॉस 20 ई.सी. से उपचारित करके बोयें या मात्र फफूंद बावेरिया बासियाना 8 ग्राम प्रति किलो बीज के हिसाब से उपचारित करें।

फफूंदनाशी, कीटनाशी और राईजोबियम शाकाणु संवध (कल्चर) से बीजोपचार उपर्युक्त क्रम में ही करें

बीज दर एवं बुआई

- झुमका (गुच्छेदार) किस्म का 100 किलो बीज (गुली) प्रति हैक्टेयर बोयें। झुमका किस्मों में कतार से कतार की दूरी 30 सेन्टीमीटर तथा पौधे से पौधे की दूरी 10–15 सेन्टीमीटर रखें।
- मूंगफली की झुमका किस्मों (टी.जी. 39, टी.जी. 37 ए) की बुआई का उचित समय मध्य जून है।
- फैलने वाली (अर्द्ध विस्तारी एवं विस्तारी) किस्म का 60–80 किलो बीज प्रति हैक्टेयर बोयें। फैलने वाली किस्मों में कतार से कतार की दूरी 40–50 सेन्टीमीटर एवं पौधे की दूरी 10–15 सेंमी. रखें।
- मूंगफली की फैलने वाली किस्मों की बुआई का सही समय जून के प्रथम से दूसरे सप्ताह तक है।

सिंचाई एवं निराई–गुड़ाई

- सूखा पड़ने पर आवश्यकतानुसार 1–2 सिंचाई खासतौर पर फूल आने और दाना बनते समय अवश्य करें। एक ही सिंचाई के लिये पानी उपलब्ध हो, तो इस सिंचाई को 55–75 दिन की अवधि में दें।
- खेत में खरपतवार निकालते रहें। 30 दिन की फसल होने पर निराई–गुड़ाई पूरी कर लें। बुआई के एक माह बाद झुमका किस्म के पौधों की जड़ों पर मिट्टी चढ़ायें। जमीन में सुइया बनाना शुरू होने के बाद गुड़ाई बिल्कुल न करें।
- मूंगफली की फसल की फसल में रासायनिक तरीके से खरपतवार नियन्त्रण हेतु 1.0 किलोग्राम पेंडीमिथालिन/हैक्टेयर को 600 लीटर पानी में घोलकर कट नोजल द्वारा मूंगफली उगने से पहले (बुआई के दूसरे–तीसरे दिन) छिड़काव करें तथा उसके बाद 20 दिन की फसल अवस्था पर एक हल्की निराई–गुड़ाई भी करें।

दीमकः खड़ी फसल में दीमक का प्रकोप दिखाई देने पर 4 लीटर क्लोरोपायरीफॉस 20 ई. सी. प्रति हैक्टेयर सिंचाई के पानी के साथ दीजिये।

मोयलाः मिथाईल पैराथियॉन 2 प्रतिशत् चूर्ण 25 किलो प्रति हैक्टेयर की दर से भुरकाव करें या मैलाथियॉन 50 ई.सी. सवा लीटर या मिथाईल पैराथियॉन 50 ई.सी. 750 मिली लीटर या मिथाईल डिमेटॉन 25 ई.सी. एक लीटर दवा का पानी में घोल बनाकर प्रयोग करें।

क्राउन रॉटः बचाव के लिये बीज को 3 ग्राम थाइरम दवा प्रति किलो बीज की दर से बीजोपचार करें।

मूंगफली कॉलर रॉटः नियन्त्रण हेतु मात्र फफूंद ट्राईकोडर्मा विरिडी 10 ग्राम प्रति कि.ग्रा. बीज की दर से बीजोपचार व 2.5 कि.ग्रा. प्रति हैक्टेयर (100 कि.ग्रा. गोबर की खाद में मिलाकर) बुआई पूर्व भूमि में दें।

मकड़ीः मकड़ी का प्रकोप कहीं दिखाई देने पर गंधक चूर्ण 16–20 किलो प्रति हैक्टेयर की दर से भुरकें।

टिक्का रोगः टिक्का रोग फसल उगने के 40 दिन बाद दिखाई देता है। इस रोग से पत्तियों पर मटियाले रंग के/गहरे भूरे धब्बे पड़ जाते हैं। रोकथाम हेतु रोग दिखाई देते ही कार्बेण्डाजिम आधा ग्राम प्रति हैक्टेयर छिड़काव करें। इसके बाद 10–15 दिन के अन्तर पर ऐसे दो छिड़काव और करें।

पीलिया रोगः जिन खेतों में मूंगफली में पीलिया रोग लगता है वहां तीन साल में एक बार बुआई से पूर्व 250 किलो जिप्सम या भूमि परीक्षण/सर्वे रिपोर्ट के आधार पर हरा

कसीस प्रति हैक्टेयर डालें। इसके अभाव में गन्धक के तेजाब के 0.1 प्रतिशत् घोल का फसल में फूल आने से पहले एक बार तथा पूरे फूल आ जाने के बाद दूसरी बार छिड़काव करके भी पीलिये का नियंत्रण किया जा सकता है। पीलिया की रोकथाम के लिये बुआई के 40–55 दिन पर हरा कसीस (फेरस सल्फेट) का 0.5 प्रतिशत् का छिड़काव करें। इस घोल में चिपकना पदार्थ जैसे साबुन आदि अवश्य मिलाएं।

खुदाई: मूंगफली पकने का समय अक्टूबर अन्त से नवम्बर मध्य तक है। फसल पकते समय भी हरी रहती है। अतः खोद कर देख लें कि फलियां पक गयी हैं या नहीं। अगर 80 प्रतिशत् फलियां पक गई हों और पत्तियां पीली पड़ जायें तो खुदाई कर लें। खेत में सिंचाई करके अथवा बत्तर आने पर पौधे को उखाड़ लीजिये। इन पौधों को ढेर के रूप में 7–10 दिन तक धूप में सुखायें और उसके बाद मूंगफली को तोड़कर अलग निकाल लें।

भण्डारण: मूंगफली को अच्छी तरह सुखाकर ही भण्डारण करें। मूंगफली के दानों में नमी की मात्रा 8 से 10 प्रतिशत् से अधिक नहीं होनी चाहिये, अन्यथा बीज पर एस्परजिलस नामक फंफूद लगने से एक विषैला पदार्थ (एफ्लाटोक्सिन) जमा होना शुरू हो जाता है। इससे ग्रस्त बीजों को खाना घातक सिद्ध होता है।

❑❑❑

अध्याय 10

तिल

आर.टी. 46 (1990): यह 100–125 सेन्टीमीटर ऊंची किस्म है, जिसमें पत्ती व फली छेदक कीट तथा गॉलमक्खी कम लगती है एवं गमोसिस रोग कम लगता है। फूल 30–35 दिन में आते है तथा पौधों में 4–6 शाखायें होती है। फसल 75–90 दिन में पकती है तथा औसत उपज 600–800 किलो प्रति हैक्टेयर है। बीज का रंग सफेद तथा तेल की मात्रा 49 प्रतिशत् होती है। इसका दाना मध्यम आकार (1000 दानों का वजन 2.55 ग्राम) का होता है। शुष्क खेती व सिंचित क्षेत्रों दोनों के लिये उपयुक्त इस किस्म में मेक्रोफोमिना व आल्टरनेरिया पत्ती धब्बा रोग के लिये अधिक प्रतिरोधक क्षमता है।

आर.टी. 125 (1995): भारी मिट्टी के लिये उपयुक्त 90 से 120 सेन्टीमीटर ऊंची इस किस्म में 3 से 5 शाखायें होती हैं। 75 से 85 दिन में पकने वाली इस किस्म के बीज सफेद एवं इसकी सभी फलियाँ एक साथ पकती हैं, इसलिये झड़ने से नुकसान कम होता है। औसत उपज 9–12 क्विंटल प्रति हैक्टेयर है। इसकी यह विशेषता है कि इसकी पत्तियाँ, तना व फलियाँ सहित सम्पूर्ण पौधा पकने की अवस्था पर पीला पड़ जाता है। यह बीमारियों व कीटों के प्रति सहनशील है। इस किस्म में फिल्लोडी का प्रकोप आर टी 46 किस्म की तुलना में कम होता है। इसके 1000 दानों का वजन लगभग 2.5 से 3.15 ग्राम एवं तेल की मात्रा 48.8 प्रतिशत् होती है।

आर.टी. 127 (2001): यह एक सूखा रोधी किस्म, जिसके पौधों की ऊँचाई 90–135 सेंमी. है। इस किस्म में गॉल मक्खी व तरूशी (माइटस) का प्रकोप अन्य किस्मों की तुलना में अपेक्षाकृत कम होता है। इसमें जड़ व तना गलन रोग, फिलोड़ी एवं जीवाणु पत्ती धब्बा रोग के प्रति सहनशीलता है। इस किस्म में फूल 30–35 दिन में आते हैं तथा फसल 75–84 दिन में पककर तैयार हो जाती है तथा इसकी औसत उपज 600–900 किलोग्राम प्रति हैक्टेयर है। इसके बीज सफेद, चमकदार, सुडौल होते हैं, जिसमें तेल की मात्रा 49.5 प्रतिशत् होती है। इस किस्म की निर्यात गुणवत्ता उच्च है।

आर.टी. 351 (2011): सफेद चमकीले बीज वाली तिल की इस किस्म के पौधों पर फलियों पर चौगर्धी लगती हैं तथा फसल लगभग 85 दिन में पक जाती है। इसके बीजों में तेल की मात्रा 50 प्रतिशत् तथा औसत उपज 7–10 क्विंटल प्रति हैक्टेयर होती है।

यह किस्म पर्ण कुंचन, फिलोडी तथा तना, जड़ गलन रोगों के लिए प्रतिरोधी तथा सर्कोस्पोरा पत्ती धब्बा व फली छेदक कीड़े के प्रति मध्यम प्रतिरोधी होती है।

खेत की तैयारी: मानसून की पहली वर्षा आते ही 1–2 बार खेत की जुताई करके भूमि तैयार कर लें।

बीज की मात्रा एवं बुआई: शाखा वाली किस्मों के लिये दो से ढाई किलो बीज की मात्रा एक हैक्टेयर क्षेत्र के लिये पर्याप्त होती है।

- तिल की बुआई मानसून की प्रथम वर्षा के बाद जुलाई के प्रथम सप्ताह में करें। बुआई में देरी करने में क्रमानुसार उपज में कमी हो जाती है।
- तिल की बुआई रेतीली मृदा एवं कम वर्षा वाले क्षेत्रों में 45x10 सेंटीमीटर की दूरी पर करने से अधिक उपज प्राप्त की जा सकती है।

बीज उपचार: बुआई से पूर्व बीज को 1 ग्राम कार्बेण्डाजिम +2 ग्राम थाईरम या 2 ग्राम कार्बेण्डाजिम या 4 ग्राम ट्राइकोडरमा विरिडी प्रति किलो बीज की दर से उपचारित करें। जीवाणु अंगमारी रोग से बचाव हेतु बीजों को 2 ग्राम स्ट्रेप्टोसाइक्लिन का 10 लीटर पानी में घोल बनाकर बीजोपचार करें। तिल में जड़ एवं तना गलन रोग की रोकथाम के लिए ट्राईकोडर्मा 4 ग्राम प्रति किलो बीज की दर से बीजोपचार तथा ट्राईकोडर्मा 2.5 किलो प्रति हैक्टेयर को ढाई टन गोबर की खाद के साथ बुआई पूर्व भूमि में देना प्रभावी पाया गया।

कीट नियन्त्रण हेतु बीज को इमिडाक्लोप्रिड 70 डब्लू एस. की 7.5 ग्राम अथवा थायमेथोक्साम 25 डब्ल्यू जी 5 ग्राम प्रति किलोग्राम बीज की दर से उपचारित कर बुआई करें।

खाद व उर्वरक: तिल के लिये निश्चित वर्षा वाले क्षेत्रों में 40 किलो नत्रजन व 25 किलो फास्फोरस प्रति हैक्टेयर की दर से दें। तिल की फसल में पैदावार बढ़ाने के लिये बुआई के समय 250 किलोग्राम जिप्सम प्रति हैक्टेयर, 2.5 टन गोबर की खाद के साथ एजोटोबेक्टर व फास्फोरस विलय बैक्टीरिया 5 किलोग्राम प्रति हैक्टेयर एवं बीज को ट्राईकोडर्मा विरीडी 4 प्रतिशत् द्वारा उपचारित कर बुआई करें। तिल में बुआई पूर्व नीम की खली 250 किलो प्रति हैक्टेयर तथा मात्र फफूंद ट्राईकोडर्मा 0.4 प्रतिशत से बीजोपचार तथा 2.5 किलो प्रति हैक्टेयर को भूमि में मिलाने से जड़ एवं तना गलन रोग में कमी तथा उपज में वृद्धि होती है।

- नत्रजन की आधी मात्रा एवं फास्फोरस की पूरी मात्रा बुआई के समय कतारों में इस प्रकार दें कि उर्वरक बीज से 4–5 सेन्टीमीटर नीचे रहे। शेष आधी नत्रजन बुआई के 4–5 सप्ताह बाद हल्की वर्षा के समय खेत में भुरक दें।

- कम वर्षा होने कि अवस्था में नत्रजन टॉप ड्रेसिंग नहीं करें।
- पोटाश का प्रयोग भूमि परिक्षण के आधार पर करें। बुआई से पूर्व 250 किलो जिप्सम/हैक्टेयर देना लाभदायक रहता है।
- तिल में उपज स्थिरीकरण हेतु सिफारिश उर्वरकों की 75 प्रतिशत् मात्रा के साथ 2 प्रतिशत् यूरिया का फूल आने के समय एक पर्णीय छिड़काव लाभदायक रहता है।

निराई–गुड़ाई एवं अन्तर्राशयः खरपतवारों की रोकथाम हेतु बुआई के 3–4 सप्ताह बाद निराई कर खरपतवार निकालें। तिल की छोटी अवस्था में अगर निराई–गुड़ाई करना सम्भव नहीं हो सके तो एलाक्लोर 2 किलो दाने या 1.5 लीटर तरल प्रति हैक्टेयर की दर से बुआई से पूर्व प्रयोग करें। इसके बाद 30 दिन पर एक निराई–गुड़ाई अवश्य करें। तिल को मोठ या मूंग के साथ 2:2 कतारों में बोने से दूसरी फसलों की अपेक्षा अधिक उपज व आमदनी मिलती है।

पौध संरक्षण

पत्ती व फली छेदकः तिल में मुख्यतः पत्ती व फली छेदक का प्रकोप जुलाई से अक्टूबर तक रहता है। इसकी सूंड़ी पत्तियों, फूल व फलियों को हानि पहुंचाती है। कीट की लटें जाला बनाती हैं जिससे पौधों के कोमल बढ़ने वाले भाग एवं पत्तियाँ आपस में जुड़ जाती हैं तथा पौधों की बढ़ोतरी रूक जाती है। नियंत्रण हेतु क्यूनालफॉस 25 ई.सी. एक लीटर या कारबोरिल 50 प्रतिशत्, घुलनशील चूर्ण 2–3 किलो या सेवीमोल ढाई से तीन किलो प्रति हैक्टेयर की दर से फूल व फली आते समय छिड़काव करें, आवश्यकता पड़ने पर छिड़काव 15 दिन के अन्तर पर दोहरायें।

- जोन 1 ए में तिल की फसल में लगने वाले कीटों के नियंत्रण के लिए बुआई के 35 दिन बाद क्यूनालफॉस 25 ई.सी. एक लीटर प्रति हैक्टेयर पानी में घोल बनाकर छिड़कें। इसके बाद 45 दिन की अवस्था पर नीम के तेल की 10 मिली लीटर प्रति लीटर पानी में घोल बनाकर छिड़कें।
- तिल के साथ मूंग की मिश्रित खेती करने से तिल में पत्ती व फली छेदक कीट का प्रकोप कम होता है और पैदावार अधिक होती है।
- तिल में कीट नियन्त्रण हेतु प्रोफेनोफॉस 50 ई.सी. दवा 2 मि.ली. प्रति लीटर या स्पाईनोसेड 45 एस. सी. दवा 0.15 मि.ली. प्रति लीटर की दर से फसल पर 30–40 तथा 45–55 दिन की अवस्था पर छिड़काव करें।
- तिल के पौधे, यदि पत्ती व फली छेदक कीट से 10 प्रतिशत् या अधिक ग्रसित हो, तो सिफारिशानुसार किसी एक कीटनाशक का प्रयोग करना लाभदायक होता है।

गॉल मक्खी, सैन्य कीट, हॉक मॉथ एवं फड़का: गॉल मक्खी की लटों के कारण फलियां फूल कर गांठ का रूप धारण कर लेती हैं। उपचार के लिये मैलाथियॉन 5 प्रतिशत् चूर्ण या मिथाइल पैराथियॉन 2 प्रतिशत् चूर्ण 20–25 किलो प्रति हैक्टेयर की दर से भुरकें। पानी की सुविधा वाले क्षेत्रों में कारबेरिल 50 प्रतिशत् घुलनशील चूर्ण 0.1 प्रतिशत् या मोनोंक्रोटोफॉस 0.04 प्रतिशत् के घोल का छिड़काव करें। वैसे फली छेदक कीट नियंत्रण हेतु किये गये दवाओं के छिड़काव से इनका नियंत्रण स्वतः हो जाता है।

झुलसा एवं अंगमारी: बीमारी की शुरुआत पत्तियों पर छोटे भूरे रंग के शुष्क धब्बों से होती है। बाद में ये बड़े होकर पत्तियों को झुलसा देते हैं और तने पर भी इसका प्रभाव भूरी धारियों के रूप में दिखाई देता है। अधिक प्रकोप की स्थिति में शत्–प्रतिशत् हानि होती है। रोग के प्रथम लक्षण दिखाई देते ही मैन्कोजेब या जाईनेब डेढ़ किलो या कैप्टान दो से ढाई किलो का प्रति हैक्टेयर की दर से 15 दिन के अन्तर से छिड़काव करें।

छाछ्या: सितम्बर माह के आरम्भ में पत्तियों की सतह पर सफेद सा पाउडर जमा हो जाता है एवं ज्यादा प्रकोप होने पर पत्तियाँ पीली पड़ कर सूखने लगती हैं तथा झड़ने लग जाती हैं। फसल की वृद्धि ठीक से नहीं हो पाती है। लक्षण दिखाई देते ही 20 किलो गन्धक चूर्ण का प्रति हैक्टेयर भुरकाव करें अथवा 200 ग्राम कार्बेण्डाजिम या 2 किलोग्राम घुलनशील गंधक का प्रति हैक्टेयर की दर से छिड़काव करें। छिड़काव/भुरकाव 15 दिन के अन्तर से दोहरायें।

जड़ व तना गलन: रोगग्रस्त पौधे की जड़ व तना भूरे हो जाते हैं। रोगी पौधों को ध्यान से देखने पर तने, शाखाओं पत्तियों व फलियों पर छोटे–छोटे काले दाने दिखाई देते हैं। रोगी पौधे जल्दी पक जाते हैं। रोकथाम हेतु बुआई से पूर्व बीज को 1 ग्राम कार्बेण्डाजिम + 2 ग्राम थाइरम या 2 ग्राम कार्बेण्डाजिम या 4 ग्राम ट्राइकोडरमा विरीडी प्रति किलो बीज की दर से उपचारित करके ही बोयें।

पत्तियों के धब्बे: जीवाणु द्वारा होने वाले इस रोग में पत्तियों पर भूरे तारानुमा धब्बे दिखाई देते हैं जो पूरी पत्ती पर फैल जाते हैं। रोकथाम हेतु बुआई से पूर्व बीजों को 2 ग्राम स्ट्रेप्टोसाइक्लिन या 10 ग्राम के 10 लीटर पानी के घोल में दो घण्टे डुबोकर, सूखाने के बाद खेत में बोयें। बुआई के डेढ़ से दो महीने बाद 20 ग्राम स्ट्रेप्टोसाइक्लिन प्रति हैक्टेयर की दर से 15–15 दिन के अन्तर से 2–3 बार छिड़काव करें।

पत्ती विषाणु रोग: फूल आने के समय रोग के लक्षण प्रकट होते हैं। यह विषाणु रोग कीड़ों द्वारा फैलता है अतः कीट नियंत्रण हेतु क्यूनालफॉस 25 ई.सी. एक लीटर प्रति हैक्टेयर की दर से दो बार बुआई के 25 दिन बाद एवं 40 दिन बाद छिड़काव करना लाभप्रद रहता है।

पर्ण कुंचन (लीफ कर्ल): प्रारम्भिक लक्षण में संक्रमित पौधों की पत्तियाँ नीचे की तरफ मुड़ जाती है। रोगी पौधों की पत्तियाँ गहरी हरी छोटी हो जाती हैं, जिसके निचली सतह पर शिरायें मोटी होकर स्पष्ट हो जाती हैं। उग्र रूप में पौधे छोटे रह जाते हैं और बिना फलियाँ बने ही सूखकर नष्ट हो जाते हैं। यह रोग विषाणु से होता है तथा सफेद मक्खी द्वारा फैलता है। खेत में रोगी पौधे दिखाई देते ही रोगी पौधों को खेत से निकाल कर नष्ट कर दें तथा मिथाइल डिमेटॉन 25 ई.सी. 1 मि.ली. प्रति लीटर पानी में मिलाकर या थायोमिथोक्साम 25 डब्ल्यू. जी. 100 ग्राम प्रति हैक्टेयर तथा ऐसिटामेप्रिड 20 एस. पी. 100 ग्राम प्रति हैक्टेयर पानी के घोल को छिड़काव करें, आवश्यकतानुसार 15 दिन बाद दोहराएँ।

तिल में समन्वित रोग नियंत्रण हेतु तिल के बीजों को थाइरम 0.2 प्रतिशत् + कार्बेन्डाजिम 50 डब्ल्यू. पी. 0.1 प्रतिशत् से बीजोपचार कर 30 से 45 दिन की फसल पर मेन्कोजेब 0.2 प्रतिशत् + क्यूनालफॉस 0.05 प्रतिशत् घोल का छिड़काव करें तथा इस छिड़काव को 45 से 55 दिन की फसल अवस्था पर आवश्यकतानुसार पुनः दोहराएँ।

तिल में जैविक समन्वित कीट रोग प्रबन्धन हेतु बुआई पूर्व नीम की खली 250 किलो. प्रति हैक्टेयर तथा मात्र फफूंद ट्राईकोडर्मा विरीडी 4 ग्राम प्रति किलोग्राम बीज से बीजोपचार व 2.5 किलोग्राम प्रति हैक्टेयर को भूमि में मिलाकर, फसल पर 30–40 दिन तथा 40–55 दिन की अवस्था पर नीम आधारित कीटनाशी (एजेडिरीक्टीन 3 मि.ली. प्रति लीटर) का छिड़काव करें।

अरण्डी

अरण्डी मुख्यतः सिंचित भूमि में व मिर्ची आदि के साथ अन्तर्राशस्य के रूप में ली जाती है। इसकी खेती सभी प्रकार की जलवायु में की जा सकती है। यह लम्बे समय तक सूखे के साथ–साथ अधिक वर्षा को भी सहन कर सकती है, परन्तु निकास अच्छा न हो तो जड़ गलन व उखटा रोगों का प्रकोप होने की सम्भावना बढ़ जाती है।

कृषि पारिस्थितिकी स्थितिवार किस्में

ए.ई.एस–1	ए.ई.एस–2	ए.ई.एस–3	ए.ई.एस–4
–	–	–	आर एच सी – 1 जी सी एच – 4 जी सी एच – 5 डी सी एस– 9 (ज्योति) जी सी एच – 7

जी सी एच–4 (1988): इस संकर किस्म की मुख्य शाखा की ऊँचाई 120–170 सेंमी. होती है। इसमें 50–60 दिन में फूल आ जाते हैं। दाना भूरा तथा तने का रंग लाल होता है तथा फल पर कम कांटे होते हैं। तेल की मात्रा 48 प्रतिशत् एवं पैदावार बारानी क्षेत्रों में 9–10 क्विंटल तथा सिंचित क्षेत्रों में 20–30 क्विंटल होती है। लेकिन औसत उपज 12–18 क्विंटल प्रति हैक्टेयर होती है। मुख्य शाखा 90–110 दिन में पकना प्रारम्भ हो जाती है। परन्तु इसकी पकाव अवधि 210–240 दिन है। यह किस्म उखटा एवं जड़ विगलन रोग रोधी है।

जी सी एच (1997): यह एक संकर किस्म है जो कि सिंचित क्षेत्र में बुआई के लिये उपयुक्त है। इस किस्म के तने का रंग मटमैला लाल तथा फल कांटेदार होता है। तने तथा पत्तियों की नीचे की सतह पर मोमनुमा परत पाई जाती है। पौधों की ऊंचाई लगभग 200–230 सेंमी. तथा मुख्य असीमाक्ष (सिट्टे) तक तने पर 15–18 गांठें पायी जाती हैं। इस किस्म के 100 बीज का भार 30–32 ग्राम तक होता है। सिंचित क्षेत्र में उपज 30–35 क्विंटल प्रति हैक्टेयर होती है। बीज में तेल की मात्रा 49.6 होती है। यह संकर किस्म उखटा रोगरोधी है एवं इसमें हरे तेल का प्रकोप भी कम पाया जाता है।

आर एच सी–1 (2002): यह एक संकर किस्म है जो कि सिंचित तथा असिंचित क्षेत्र में बुआई के लिये उपयुक्त है। इस किस्म के तने का रंग मटमैला लाल, फल कांटेदार, पत्तियों की दोनों सतह (ऊपर एवं नीचे) एवं तने पर मोमनुमा परत पाई जाती है। तने पर मुख्य असीमक्ष (सिट्टे) तक 13–17 गांठें होती हैं। बीज का रंग हल्का चाकलेटी, आकार मध्यम एवं 100 बीज का वजन 26–28 ग्राम तक होता है।

- सिंचित क्षेत्र में उपज 32–36 क्विंटल प्रति हैक्टेयर होती है। बीज में तेल मात्रा 49.3 प्रतिशत् होती है। लवणीय एवं क्षारीय क्षेत्र के लिए भी यह किस्म उपयुक्त पाई गई है। यह संकर किस्म उखटा रोग रोधी है तथा इसमें हरे तेल का प्रकोप भी कम पाया जाता है।

डी सी एस 9 ज्योति (1995): इस उन्नत किस्म के तने का रंग गहरा लाल, फल कांटेदार, तने एवं पत्ती की निचली सतह पर मोमनुमा वैक्स परत पाई जाती है। तने पर मुख्य असीमास सिट्टे तक 14–15 गांठें होती हैं। तने की मुख्य शाखा की लम्बाई लगभग 45–55 सेंमी. एवं सिट्टे की औसत लम्बाई 35 सेंमी. होती है। इस किस्म के 100 दानों का भार 26–29 ग्राम तथा औसत उपज सिंचित अवस्था में 25–27 क्विंटल प्रति हैक्टेयर एवं असिंचित अवस्था में औसत उपज 10 क्विंटल प्रति हैक्टेयर होती है। बीज में तेल की औसत मात्रा 45 प्रतिशत् होती है। यह किस्म उखटा रोग के प्रति सहनशील है।

जी सी एच–7 (2006): इस संकर किस्म के तने का रंग मटमैला लाल तथा फल कम कांटेदार होते हैं तने, शाखाओं, पत्तों तथा फल पर मोमनुमा परत पाई जाती है। तने

पर मुख्य असीमाक्ष (सिकरा) तक औसतन 18 गांठें होती हैं। मुख्य असीमाक्ष में 57–60 दिन की अवधि में फूल आ जाते हैं। 100 बीजों का वजन 32–34 ग्राम तथा सिंचित अवस्था में औसत उपज 32–36 क्विंटल प्रति हैक्टेयर प्राप्त होती है। उखटा रोग व सूत्र कृमी के प्रति उच्च रोधक क्षमता के अलावा हरा तेल का प्रकोप कम होता है।

खेत एवं उसकी तैयारीः अरण्डी हेतु बलुई मिट्टी वाला खेत जिसमें जल निकास की पूरी व्यवस्था हो, चुनिये। भराव वाले क्षेत्र एवं क्षारीय भूमि इसके लिये उपयुक्त नहीं है। खरपतवार ग्रस्त खेतों में दो अच्छी जुताइयों की आवश्यकता होती है।

खाद एवं उर्वरक

- सिंचित क्षेत्रों में 80 किलो नत्रजन एवं 40 किलो फास्फोरस प्रति हैक्टेयर दे। आधी नत्रजन एवं पूरा फास्फोरस बुआई से पूर्व ऊर कर दें। शेष आधी 40 किलो नत्रजन को दो भागों में विभाजित करते हुए 35 दिन एवं 90 दिन की फसल पर दें।
- असिंचित क्षेत्र में 40 किलो नत्रजन और 20 किलो फास्फोरस प्रति हैक्टेयर दें। जिसमें से 20 किलो नत्रजन व 20 किलो फास्फोरस बुआई के समय तथा शेष 20 किलो नत्रजन खड़ी फसल में 30 दिन की अवस्था पर दें।
- अरण्डी की फसल में बुआई के पहले 20 किलोग्राम सल्फर प्रति हैक्टेयर को जिप्सम (200–250 किलोग्राम प्रति हैक्टेयर) के द्वारा देने से उपज व तेल की मात्रा में सार्थक वृद्धि होती है।
- सिंचित अरण्डी की फसल में समन्वित पोषक तत्व प्रबन्धन हेतु पोषक तत्वों की सिफारिश मात्रा में से नत्रजन का 75 प्रतिशत् भाग (60 किलो नत्रजन प्रति हैक्टेयर) व 40 किलो फास्फोरस प्रति हैक्टेयर अकार्बनिक उर्वरकों (डीएपी व यूरिया) द्वारा देने के साथ ही शेष नत्रजन का 25 प्रतिशत् भाग गोबर की सड़ी हुई खाद (5 टन प्रति हैक्टेयर) द्वारा पूर्ति करें। एजोस्पाइरिलियम जीवाणु कल्चर के बीजोपचार (100 ग्राम प्रति किलोग्राम बीज) करें और फास्फोरस घोलक जीवाणु कल्चर (600 ग्राम प्रति हैक्टेयर) को करीब 1 क्विंटल गोबर की नम खाद में मिलाकर बुआई के साथ लाइनों में मिलायें। ऐसा करने से उपज में वृद्धि होती है तथा मिट्टी की उर्वरा शक्ति में भी बढ़ोतरी होती है।
- **सिंचाईः** वर्षाकाल समाप्त होने बाद पौधों की आवश्यकता को देखते हुए सिंचाई प्रारम्भ करें। सामान्यता बुआई के 45–60 दिनों तक सिंचाई की आवश्यकता नहीं होती है। इसके बाद 18 से 20 दिन के अन्तराल पर सिंचाई करें। इस तरह सिंचाई करने से कुल 8–10 सिंचाइयों की आवश्यकता होती है।

अनियन्त्रित सिंचाई न करें, अन्यथा उखटा या जड़ विगलन के प्रकोप की सम्भावना बढ़ जाती है। अकाल व अनावशिष्ट की हालत में अरण्डी की बुआई के पश्चात् अंकुरण भी सिंचाई देकर करवाया जा सकता है।

अरण्डी में बूंद–बूंद सिंचाई पद्धति द्वारा खेत के बीच में ड्रिपर की मुख्य लाइन के दोनों तरफ 120 सेंमी. की दूरी पर छेदकर 50–50 मीटर लम्बी ड्रिपर लाइनें खेत में डाल कर मुख्य लाइन से जोड़ दें। ड्रिपर लाइनों के अन्दर 60 सेंमी. की दूरी पर जो छेद हैं, उन्हीं के पास अरण्डी की बुआई करें, उसके पश्चात् बूंद–बूंद सिंचाई पद्धति से 3 दिन के अन्तराल पर पानी छोड़ें। ड्रिप लाइनें 16 मि.मी. व्यास की लें तथा 1.25 किलो प्रति सेंमी. का दबाव रखकर 4 लीटर पानी प्रति ड्रिपर प्रति घण्टा, की सप्लाई दें, इस तरीके से अगस्त माह से आधा घण्टा, सितम्बर व अक्टूबर में 1.5 घण्टा नवम्बर, दिसम्बर व जनवरी में आधा से पौन घण्टा व फरवरी मार्च में 1.5–2 घण्टा सिंचाई करें। बूंद–बूंद सिंचाई पद्धति से पानी की बचत 35 प्रतिशत् व उपज में सार्थक वृद्धि होती है। इस सिंचाई पद्धति से कीटों, रोगों एवं खरपतवारों का प्रकोप भी कम होता है।

बीज दर एवं बुआईः बीज की मात्रा बीज के आकार एवं कतारों की दूरी पर निर्भर करती है। प्रति हैक्टेयर 12–15 किलो बीज की आवश्यकता होती है। चौभ कर बुआई करने पर 6–8 किलो बीज पर्याप्त रहता है। सिंचित क्षेत्र में कतारों एवं पौधों के बीच 90–120 x 60 सेन्टीमीटर तथा असिंचित क्षेत्र में 60 x 45 सेंमी. की दूरी रखें। बीज भूमि में 5 सेन्टीमीटर से अधिक गहरा नहीं बोना चाहिये।

बुआई का समयः जुलाई के द्वितीय सप्ताह से अगस्त के प्रथम सप्ताह तक।

बीज उपचारः बुआई पूर्व कार्बेन्डाजिम 2 ग्राम प्रति किलोग्राम से उपचारित करें।

अरण्डी में अंतराशस्यः अरण्डी की फसल में मूंग व मोठ की एक कतार लगाकर अतिरिक्त आमदनी प्राप्त की जा सकती है। इसके लिये अरण्डी को 120 सेंमी. पर लाइनों में बुआई करें और अरण्डी की दो लाइनों के बीच एक लाइन मूंग या मोठ की जल्दी पकने वाली किस्म की बुआई कर दें। मूंग के लिये के–851, आर एम जी–62 व मोठ के लिये आर एम ओ–40, आर एम ओ–257 किस्म का चुनाव करें।

निराई–गुड़ाईः प्रारम्भिक अवस्था में अरण्डी की फसल पर खरपतवारों का अधिक प्रभाव होता है। जब तक पौधा 60 सेन्टीमीटर का न हो जाये और पौधे अपने बीच की दूरी को ढंक न लें, तब तक समय–समय पर निराई–गुड़ाई करते रहना चाहिये। आवश्यकतानुसार दो बार निराई–गुड़ाई करें।

अरण्डी की फसल में खरपतवार नियन्त्रण हेतु 1.0 किलोग्राम पेंडीमेथालिन प्रति हैक्टेयर को 600 लीटर पानी में घोलकर बुआई के दूसरे–तीसरे दिन छिड़काव करें तथा उसके बाद 40 दिन की फसल अवस्था पर एक निराई–गुड़ाई करें।

फसल संरक्षणः पत्ती धब्बा एवं झुलसा इसके मुख्य रोग हैं। रोगों के नियंत्रण हेतु दो किलो मैन्कोजेब का पानी में घोल बनाकर प्रति हैक्टेयर छिड़कें। उखटा रोग की रोकथाम के लिए ट्राईकोडर्मा विरिड 10 ग्राम प्रति किलो बीज से बीजोपचार तथा ट्राईकोडर्मा 2.5 किलो प्रति हैक्टेयर गोबर की खाद के साथ बुआई पूर्व भूमि में देना प्रभावी पाया गया।

- सितम्बर से नवम्बर के बीच अरण्डी को सेमीलूपर व बिहार हेयरी कैटरपिलर नुकसान पहुंचाते हैं। नियंत्रण हेतु एक लीटर क्यूनालफॉस 25 ई.सी. पानी में घोलकर प्रति हैक्टेयर की दर से छिड़कें। जैसिड नियंत्रण हेतु मोनोक्रोटोफॉस 36 एस.एल. एक लीटर प्रति हैक्टेयर की दर से छिड़कें।
- पाले से फसल को बचाने के लिये पाला पड़ने की सम्भवित अवधि के पहले 1 लीटर गंधक के तेजाब को 1000 लीटर पानी में घोलकर प्रति हैक्टेयर की दर से छिड़काव कर दें। पाले से प्रभावित फसल में सिंचाई करें और उसमें 10 किलोग्राम अतिरिक्त नत्रजन/हैक्टेयर को यूरिया टोप ड्रेसिंग के रूप में दें।

कटाईः जब सिकरें हल्के पीले/भूरे हो जायें, तब कटाई करें। सिकरों के पूरे पकने का इन्तजार नहीं करना चाहिये, अन्यथा चटकने से उपज में हानि होती है। पहली तुड़ाई करीब 90–110 दिन में तथा बाद में हर एक माह बाद तुड़ाई करें। इसकी उपज असिंचित परिस्थितियों में 15–20 क्विंटल प्रति हैक्टेयर तथा सिंचित परिस्थितियों में 30–35 क्विंटल/हैक्टेयर तक होती है।

खरीफ की दालें

खरीफ की दालों की खेती सभी क्षेत्रों में बरानी स्थितियों के अन्तर्गत की जाती है। खरीफ में सामान्यतः मूंग, मोठ, उड़द चावल, अरहर आदि उगाई जाती है। सभी दानों के पौधे अपनी जड़ों से बैक्टीरिया द्वारा वायुमण्डलीय नत्रजन का स्थिरीकरण कर भूमि की उर्वरा शक्ति को बढ़ाते हैं। दालें फसल चक्र में सम्मिलित की जानी चाहिये जिससें भूमि की उत्पादकता बनी रहें। इस खण्ड में मूंग, उड़द, चावल व मोठ की खेती की जाती है।

ए.ई.एस–I	ए.ई.एस–II	ए.ई.एस–III	ए.ई.एस–IV
मोठ	**मोठ**	**मोठ**	**मूंग**
आर एम ओ–40	आर एम ओ–40	आर एम ओ–40	जी एम–4
आर एम ओ–257	आर एम ओ–257	आर एम ओ–257	चावल
आर एम ओ–435	आर एम ओ–435	आर एम ओ–435	चारा हेतु बुन्देल
मूंग	**मूंग**	**मूंग**	लोबिया–1
के–851	के–851	के–851	यू.पी.सी–9202
आर एम जी–62	आर एम जी–62	आर एम जी–62	
आर एम जी–268	आर एम जी–268	आर एम जी–268	
आर एम जी–344	आर एम जी–344	आर एम जी–344	
एस एम एल–668	एस एम एल–688	एस एम एल–688	
जी एम–4			
आर एम जी–492			
गंगा–1			

□□□

अध्याय 11

मूंग

उन्नत किस्में एवं उनकी विशेषताएं

मूंग के 851 (1982): जायद एवं खरीफ दोनों मौसम में बुआई के लिये उपयुक्त यह किस्म 60–80 दिन में पककर 7–10 क्विंटल प्रति हैक्टेयर उपज देती है। दाना मोटा व चमकदार होता है जिससे बाजार भाव अन्य की अपेक्षा अधिक रहता है। यह किस्म शुष्क खेती एवं असिंचित क्षेत्रों के लिये उपयुक्त है।

आर एम जी–62 (1991): इस किस्म के पौधे मध्यम ऊँचाई वाले सीधे होते हैं, तथा बीज चमकदार व हल्के हरे रंग के होते हैं। औसत उपज 10–12 क्विंटल प्रति हैक्टेयर एवं यह सूखे तथा जालिका झुलसा रोग रोधी है। यह किस्म खरीफ एवं जायद दोनों ही ऋतुओं के लिये उपयुक्त है।

आर एम जी 268 (1990): खरीफ एवं जायद दोनों ही ऋतुओं के लिये उपयुक्त यह किस्म 65–70 दिन में पकती है। इसकी फलियाँ पकने तक हरी तथा एक साथ पकती हैं। पौधे मध्यम कद के तथा दाने चमकदार मध्यम आकार वाले होते हैं। यह किस्म वेब ब्लाइट व पत्ती धब्बा रोग रोधी है तथा इसमें सूखा सहन करने की क्षमता है। इसकी उपज 10 से 12 क्विंटल प्रति हैक्टेयर होती है।

आर एम जी 344 (2001): यह किस्म भी 65–40 दिन में पकती है। पौधे मध्यम कद के तथा सीधे खड़े रहते हैं। इसकी फलियाँ समूह में एक साथ पकती हैं तथा दाने चमकदार, हरें रंग के, छोटे से मध्यम आकार वाले होते हैं। यह किस्म वेब ब्लाइट व पत्ती धब्बा रोग रोधी है तथा इसमें सूखा सहन करने की क्षमता होती है। फलियाँ पकने तक हरी रहती हैं और इसकी औसतन पैदावार 8–10 क्विंटल प्रति हैक्टेयर होती है।

एस एम एल 688: यह किस्म 2002 में जारी की गई। इस किस्म के पौधों में 40–42 दिन में फूल आने लगते हैं। इसकी पत्तियाँ चौड़ी तथा गहरे रंग की होती हैं। फलियाँ लम्बी, मोटी तथा झुकावदार तथा पकने पर गहरे रंग की हो जाती है। इसके दाने सुडौल तथा बड़े आकार के होते हैं। इसकी औसत उपज 7–8 क्विंटल प्रति हैक्टेयर है।

जी एम–4: इस किस्म के पौधों में 35–41 दिन में फूल आने लगते है तथा 61–68 दिन में पक जाती है। इसके पौधे 50–58 सेंमी. ऊँचे व सीधे होते हैं तथा इसकी फलियां

एक साथ पकती हैं, इसके दाने हरे रंग के तथा बड़े आकार के होते हैं। इसकी औसत उपज 13–14 क्विंटल प्रति हैक्टेयर होती है।

आर एम जी–492: यह किस्म 65 से 70 दिन में पक कर 7.5 से 9.25 क्विंटल प्रति हैक्टेयर उपज देती है। जायद मौसम हेतु अधिक उपयुक्त।

❐❐❐

अध्याय 12

मोठ

आर एम ओ 40 (1994): पीतिशिरा मोजेक विषाणुरोधक इस किस्म की पत्तियाँ चौड़ी, कम कटावदार व गहरे हरे रंग की होती हैं तथा पकने तक हरी रहती हैं पौधा सीधा, 30–40 सेन्टीमीटर ऊँचा, कम फैलाव वाला होता है। फलियाँ व दाने भूरे रंग के तथा पकाव अवधि 62–65 दिन हैं। इसमें सूखा सहन करने की क्षमता होती है। यह 6–9 क्विंटल दाने एवं 13–14 क्विण्टल सूखे चारे की उपज देती है जो अन्य प्रचलित किस्मों से 60–70 प्रतिशत् अधिक है। इसके 1000 दानों का वजन 29 से 30 ग्राम होता है।

आर एम ओ 435 (2002): यह एक जल्दी पकने वाली अर्द्ध विस्तारी किस्म है जो शुष्क व अर्द्ध शुष्क क्षेत्रों के लिये उपयुक्त है। इसके पौधों में 6 से 8 मुख्य शाखाएँ तथा पत्तियाँ चौड़ी, कम कटावदार व पकने तक हरी रहती हैं। इससे औसतन 6 से 8 क्विण्टल बीज तथा 14 से 17 क्विण्टल चारा प्रति हैक्टेयर मिलता है। यह किस्म बीमारियों से कम प्रभावित होती है।

आर एम ओ 257 (2007): यह भी जल्दी पकने वाली (65 दिन) किस्म है जो आर. एम. ओ. 40 की तुलना में पीतशिरा विषाणु तथा थ्रीप्स के प्रति अधिक सहनशील है। इससे औसतन 5.5 क्विंटल बीज तथा 13 से 14 क्विंटल चारा प्रति हैक्टेयर मिलता है।

खेत की तैयारी : वर्षा होने पर विशुद्ध फसल हेतु भूमि को एक दो बार आवश्यकतानुसार जोत कर खेत तैयार करिये। ध्यान रखें कि अन्तिम तैयारी के समय भूमि समतल हो जाये और जल निकास अच्छा हो। मोठ की बुआई, समय के अभाव में बिना जुताई भी हो सकती है।

बीज का उपचार: बीज को 3 ग्राम थाइरम या 2 ग्राम कार्बेन्डाजिम प्रति किलो बीज की दर से उपचारित करें। मोठ में 3 ग्राम कैप्टान प्रति किलो बीज की दर से उपचारित करें। मूंग में रस चूसक कीटों की रोकथाम के लिए 5 मि.ली. इमिडाक्लोप्रिड 600 एफ एस प्रति किलो बीज से उपचारित करें।

मूंग में सूखा जड़ गलन नियंत्रण हेतु कार्बेन्डाजिम 50 डब्ल्यू पी 2 ग्राम प्रति किलो बीज से बीजोपचार के पश्चात् मूंग की बुआई करें।

मोठ में सूखा जड़ गलन की रोकथाम के लिये ट्राईकोडर्मा 4 ग्राम प्रति किलो बीज व राइजोबिया द्वारा बीज उपचार तथा ट्राईकोडर्मा 2.5 किलो प्रति हैक्टेयर को 1.25 क्विंटल सड़ी हुई गोबर की खाद के साथ देना प्रभावी पाया गया।

राइजोबियम कल्चर से उपचारः कल्चर से बीजोपचार पुस्तिका के अन्त में दिये गये विवरण के अनुसार अपनायें।

भूमि उपचारः Part-2, अध्याय–19 में भूमि उपचार शीर्षक में दिये गये विवरण के अनुसार उपाय अपनायें।

उर्वरकः मूंग के लिये प्रति हैक्टेयर 30–40 किलो फास्फोरस व 10–15 किलो नत्रजन बुआई से पहले नायले से ऊर कर दीजिये। मोठ हेतु 20 किलो फास्फोरस व 10 किलो नत्रजन बुआई के समय ऊर कर दें। जहाँ पोटाश की कमी हो, वहाँ भूमि परीक्षण के आधार पर पोटाशयुक्त उर्वरक डालें। बारानी क्षेत्रों में फास्फोरस उर्वरक की आधी मात्रा ही दें। फसल को देशी खाद देने की आवश्यकता प्रायः नहीं पड़ती है।

बीज एवं बुआईः उन्नत किस्म का निरोग बीज बोयें। बुआई मानसून की वर्षा के साथ हो या यदि वर्षा देरी से हो तो, 30 जुलाई तक भी की जा सकती है।

- मूंग अकेले बोने पर 15–20 किलो बीज प्रति हैक्टेयर बोयें और मिश्रित फसल के रूप में 8–10 किलो प्रति हैक्टेयर बीज काम में लें। कतारों के बीच की दूरी 30 सेन्टीमीटर और पौधे से पौधे की दूरी 10 सेंमी. रखें।
- मोठ का 10 किलो बीज प्रति हैक्टेयर के हिसाब से विशुद्ध फसल के लिये चाहिए। कतारों में बुआई करना अच्छा रहता है। कतारों के बीच 45 सेन्टीमीटर और पौधे के बीच 15–20 सेन्टीमीटर की दूरी रखिये।
- आर एम ओ 40 किस्म में बीज की मात्रा 15 किलो प्रति हैक्टेयर व कतारों व पौधों के बीच की दूरी 30x10–15 सेन्टीमीटर रखें।
- परीक्षणों से यह सिद्ध हुआ है कि मोठ के बीज को 500 पी.पी.एम. (आधा ग्राम प्रति लीटर पानी) थायोयुरिया के घोल से 2–4 घण्टे उपचारित करके बुआई करने से एवं थायोयुरिया 500 पी.पी.एम. के घोल का, फूल आने वाली अवस्था पर छिड़काव करने से उपज में वृद्धि होती है और अतिरिक्त लाभ होता है।

निराई–गुड़ाईः आवश्यकतानुसार खरपतवार निकालते रहें। 30 दिन की फसल होने तक निराई–गुड़ाई कर देनी चाहिये।

फसल संरक्षण

कातराः रोकथाम के उपाय इस पुस्तिका के अन्त में दिये गये विवरण के अनुसार अपनायें।

भूमि उपचारः Part-2, अध्याय–19 में भूमि उपचार शीर्षक में दिये गये विवरण के अनुसार उपाय अपनायें।

मोयला, हरा तेला व सफेद मक्खीः मैलाथियॉन 50 ई.सी. या डायमिथोएट 30 ई.सी. या मोनोक्रोटोफॉस 36 एस.एल. एक लीटर या मैलाथियॉन 5 प्रतिशत् चूर्ण 25 किलो प्रति हैक्टेयर की दर से प्रयोग करें।

ब्लैक लीफ वीविल एवं ब्ल्यू बीटल (लीफ बीटल)ः नियंत्रण हेतु 20–25 किलो प्रति हैक्टेयर की दर से मिथाइल पैराथियान 2 प्रतिशत् चूर्ण भुरकें।

फली छेदकः मोनोक्रोटोफॉस 36 एस एल या मैलाथियॉन 50 ई.सी. या क्यूनॉलफॉस 25 ई.सी. एक लीटर या कारबोरिल 50 प्रतिशत् घुलनशील चूर्ण ढाई किलो प्रति हैक्टेयर की दर से फूल व फली आते ही छिड़कें। आवशयकता हो तो हर 15 दिन के अन्दर छिड़काव दोहरायें। पानी की सुविधा नहीं होने पर मैलाथियोन 5 प्रतिशत् अथवा फैन्वलरेट 0.4 प्रतिशत् चूर्ण 25 किग्रा. प्रति हैक्टेयर की दर से भुरकाव करें।

मूंग फसल में रस चूसक कीड़े का प्रकोप होते ही इमिडाक्लोप्रिड़ 200 एस एल का भी 150 मिलीलीटर या एसिफेट 75 प्रतिशत् एस.पी. 500 ग्राम या इन्डेक्सोकार्ब 14.5 एस. एल. 1 लीटर या थायमेथक्जाम 25 डब्ल्यू 100 ग्राम या टराईजोफास 40 ई.सी. 1 लीटर प्रति हैक्टेयर की दर से छिड़काव करें तथा आवश्यकता होने पर दूसरा छिड़काव 15 दिन के अन्तराल पर करें।

चित्ती जीवाणु रोगः मूंग तथा मोठ में यह रोग जेन्थेमोनास जीवाणु द्वारा फैलता है। रोग में छोटे गहरे भूरे रंग के धब्बे पत्तों पर तथा प्रकोप बढ़ने पर फलियों और तने पर भी दिखाई देते हैं। इससे पौधे मुरझा जाते हैं। रोग दिखाई देते ही एग्रीमाईसीन 200 ग्राम या दो किलो ताम्रयुक्त कवकमार का प्रति हैक्टेयर की दर से छिड़काव करें। आवश्यकतानुसार छिड़काव दोहरायें। मोठ के बीज को 100 पी पी एम स्ट्रेप्टोसाइक्लिन के घोल में एक घण्टे भिगोकर सुखा लें और तत्पश्चात् केप्टान 3 ग्राम से उपचारित करें।

मूंग के सरकोस्पोरा पत्तीधब्बा व मेक्रोफोमिना पत्ती एवं तना झुलसा रोग का प्रकोप दिखाई देने पर खड़ी फसल में कार्बेन्डाजिम (एक ग्राम दवा प्रति लीटर पानी) के घोल का छिड़काव करें।

मूंग के चित्ती जीवाणु रोग की रोकथाम के लिए स्ट्रेप्टोसाईक्लिन 100 पी.पी.एम. (एक ग्राम दवा 10 लीटर पानी) के घोल का छिड़काव करें। बचाव के लिए स्ट्रेप्टोसाईक्लिन

दवा 300 पी.पी.एम. (3 ग्राम 10 लीटर पानी) के घोल में मूंग के बीज को 3 घण्टे डूबोकर सुखाने के पश्चात् बुआई करें।

पीतशिरा मोजेक (विषाणु) रोगः रोग की रोकथाम के लिये रोग का प्रकोप दिखाई देते ही डायमिथोएट 30 ई सी एक लीटर का प्रति हैक्टेयर की दर से छिड़कें। आवश्यकता हो, तो 15 दिन के अन्तर पर फिर छिड़काव करें।

छाछ्या रोग–पत्तियों की ऊपरी सतह पर शुरू में सफेद गोलाकार पाउडर जैसे धब्बे हो जाते हैं तथा बाद में पाउडर सारे तने तथा पत्तियों पर फैल जाता है। पत्तियाँ छोटी रहकर पीली पड़ जाती हैं। रोकथाम हेतु प्रति हैक्टेयर ढाई किलो घुलनशील गन्धक अथवा डाइनोकेप एक लीटर का पहला छिड़काव रोग के लक्षण दिखाई देते ही एवं दूसरा छिड़काव 10 दिन के अन्तर पर करें अथवा 25 किलो गन्धक चूर्ण भुरकें।

सरकोस्पोराः पत्तियों पर कोणदार भूरे लाल रंग के धब्बे बनते हैं जिनके बीच का भाग स्लेटी या हल्के हरे रंग का होता है। ऐसे धब्बे डंठलों तथा फलियों पर भी बनते हैं। रोगी पौधों की नीचे की पत्तियाँ पीली पड़कर सूखने लगती हैं। ऐसे पौधों का आधा भाग व जड़े भी सूख जाती हैं। रोग की रोकथाम के लिए कार्बेन्डाजिम 0.1 प्रतिशत् (एक ग्राम प्रति लीटर पानी) के घोल का छिड़काव करें। बचाव के लिये 3 ग्राम कैप्टान 75 एस डी या 2 ग्राम कार्बेन्डाजिम प्रति किलो बीज की दर से बीज को उपचारित करके बोयें।

स्टेम ब्लाईट (तना झुलसा): बीजोपचार के बाद जहां इस बीमारी का प्रकोप दिखाई दे वहां खड़ी फसल में बुआई के 30 दिन बाद चावल में एवं 30 से 40 दिन बाद मूंग की फसल में 2 किलो मैन्कोजेब का प्रति हैक्टेयर की दर से छिड़काव करें।

पीलिया रोगः जैसे ही फसल में पीलापन दिखाई दे, 0.1 प्रतिशत् गन्धक के तेजाब का या 0.5 प्रतिशत् हरा कशीश का छिड़काव किया जाये। यदि आवश्यकता हो, तो यह छिड़काव दोहरायें।

क्रिंकल विषाणु रोगः रोग में पत्तियाँ व्यांकुचित हो जाती हैं। फलियाँ बहुत कम या बनती नहीं हैं। नियंत्रण हेतु डायमिथेएट 30 ई. सी. एक लीटर अथवा मिथाइल डिमेटोन 25 ई.सी. 750 मिलीलीटर प्रति हैक्टेयर का छिड़काव बुआई के 15 दिन बाद करें।

मूंग की खड़ी फसल में जीवाणु पत्ती धब्बा, फफूंदी पत्ती धब्बा और विषाणु रोगों के लक्षण दिखने पर पहला पर्णीय छिड़काव कार्बेण्डाजिम (0.1 प्रतिशत) + स्ट्रेप्टोसाईक्लिन (0.1 प्रतिशत्) + मिथाईल डेमेटॉन 25 ई. सी. (1 मिली. प्रति लीटर पानी) को एक साथ मिलाकर पर्णीय छिड़काव करें तथा 15 दिन बाद में गौ–मूत्र व लहसुन कुली एवं नीम की ताजी पत्तियों (1:1:1 अनुपात) से बनाये 10 प्रतिशत् घोल का दूसरा पर्णीय छिड़काव करें।

मोठ में सफेद मक्खी द्वारा क्रिंकल विषाणु रोग फैलता है। इस रोग की रोकथाम के लिए लहसुन 5 प्रतिशत् व नीम बीज की गुली का 5 प्रतिशत् मिश्रण या नीम बीज की गुली

का 4 प्रतिशत् एवं गौमूत्र 10 प्रतिशत् मिश्रण के छिड़काव को रासायनिक रोकथाम के विकल्प के रूप में प्रयोग कर सकते हैं।

फसल की कटाई और पैदावारः फलियों के झड़कर गिरने से होने वाली हानि को रोकने के लिये फलियों को पूरी तरह पकने के बाद एवं झड़ने से पहले काट लें। इसके बाद एक सप्ताह या दस दिन तक सुखायें और फिर गुड़ाई कर दाना निकाल लीजिये।

❑❑❑

अध्याय 13

ग्वार

ग्वार की फसल प्रमुख रूप से चारे के लिये उगाई जाती है। किन्तु इसे गोन्द/गम के लिये पैदा करना ज्यादा लाभदायक है, क्योंकि इसका औद्योगिक महत्व है।

ए.ई.एस–I	ए.ई.एस–II	ए.ई.एस–III	ए.ई.एस–IV
आर जी सी–36	आर जी सी–936	आर जी सी–936	
आर जी सी–1002	आर जी सी–1002	आर जी सी–1002	
आर जी सी–1003	आर जी सी–1003	आर जी सी–1003	–
आर जी सी–1017	आर जी सी–1017	आर जी सी–1017	
आर जी एम–112	आर जी एम–112	आर जी एम–112	

उन्नत किस्में एवं विशेषतायें

आर जी सी 936 (1991): यह किस्म एक साथ पकने वाली प्रकाश संवेदनशील है। दाने मध्यम आकार के हल्के गुलाबी रंग के होते हैं। 80–110 दिन की अवधि वाली यह किस्म अंगमारी रोधक है। इसमें झुलसा रोग को सहने की क्षमता भी होती है। इसके पोधे शाखाओं वाले झाड़ीनुमा, पत्ते खुरदरे होते हैं। सफेद फूल इस किस्म की शुद्धता बनाये रखने में सहायक हैं। सूखा प्रभावित क्षेत्रों में जायद और खरीफ में बोने के लिये उपयुक्त, एक साथ पकने वाली यह किस्म 8–12 क्विंटल प्रति हैक्टेयर उपज देती है।

सूर्या ग्वार (आर जी एम 112) (2005): यह किस्म शुष्क व अर्द्ध शुष्क क्षेत्रों के लिये उपयुक्त है जिसको जायद और खरीफ दोनों परिस्थितियों में बोया जा सकता है। यह किस्म 85–99 दिन में पककर तैयार हो जाती है। इसके पौधे शाखाओं वाले, झाड़ीनुमा, पत्ते खुरदरे तथा एक साथ पकने वाली यह किस्म 10–12 क्विंटल प्रति हैक्टेयर उपज देती है। इस किस्म के फूलों का रंग नीला, फली मध्यम लम्बी, भूरे रंग की एवं दानों का रंग सलेटी होता है तथा इसमें बैक्टीरियल ब्लाईट सहन करने की क्षमता होती है।

आर जी सी 1002 (1999): इस किस्म का अनुमोदन शुष्क एवं कम वर्षा वाले सम्पूर्ण ग्वार पैदा करने वाले क्षेत्रों के लिए किया है। इसके पौधे 60–90 सेंमी. ऊँचे व अत्यधिक शाखाओं युक्त होते हैं। इसकी पत्तियाँ तीन पालियोयुक्त खुरदरी होती हैं तथा पत्ती के

किनारों पर स्पष्ट कटाव होते हैं। इस किस्म में 33–36 दिनों में हल्के गुलाबी रंग के फूल आते हैं। फली लम्बाई में 4.5–5.0 सेंमी. (माध्यम) होती है। यह शीघ्र पकने वाली किस्म (80–90 दिन) है। पैदावार लगभग 10–13 क्विंटल प्रति हैक्टेयर तक देती है। 100 दानों का वजन 3.10–3.57 ग्राम तथा रंग स्लेटी होता है। इस किस्म के दानों में एण्डोस्पर्म की मात्रा 35–37 प्रतिशत् तथा प्रोटीन की मात्रा 28–32 प्रतिशत् होती है।

आर जी सी 1003 (1997): इस किस्म के पौधे शाखाओं युक्त वाले होते हैं। पत्तियाँ खुरदरी व किनारा बिना दांतेदार होती हैं। इसमें फूल 28 से 42 दिनों में आते हैं तथा फसल 85 से 92 दिनों में पक जाती है। पौधों की ऊंचाई 51 से 83 सेन्टीमीटर होती है। बीज की उपज 8 से 14 क्विंटल प्रति हैक्टेयर होती है। बीज में गोंद की मात्रा 29 से 32 प्रतिशत् होती है। यह किस्म देश के शुष्क एवं अर्द्धशुष्क क्षेत्रों के लिये उपयुक्त है।

आर जी सी 1017 (2002): इस किस्म के पौधे अधिक शाखाओं वाले, ऊँचे कद (56–57 सेंमी.) पत्तियाँ खुरदरी एवं दांतेदार होती हैं। इसमें गुलाबी रंग के फूल 32–36 दिनों में आते हैं तथा फसल 92–99 दिनों में पक जाती है। इसके दाने औसत मोटाई वाले, जिसके 100 दानों का वजन 2.80–3.20 ग्राम के मध्य होता है। दानों में एण्डोस्पर्म की मात्रा 32–37 प्रतिशत् तथा प्रोटोन की मात्रा 29–33 प्रतिशत् तक पायी जाती है। इसकी अधिकतम उपज 10–14 क्विंटल प्रति हैक्टेयर है। यह किस्म देश के सामान्य रूप से अर्द्ध शुष्क एवं कम वर्षा वाले क्षेत्रों के लिये उपयुक्त है।

खेत की तैयारी: साधारणतया ग्वार की खेती सभी प्रकार की भूमि में की जा सकती है, लेकिन क्षारीय, समस्याग्रस्त जल भराव वाली भूमि इसकी खेती के लिये उपयुक्त नहीं है। ग्वार की खेती सिंचित व असिंचित दोनों ही स्थितियों में की जा सकती है। गर्मी के दिनों में एक या दो गहरी जुताई करें एवं मानसून की प्रथम वर्षा के साथ एक–दो जुताई कर पाटा लगाकर खेत तैयार करें। खेत तैयार करते समय ध्यान रखें कि खरपतवार व कचरा नष्ट हो जाये।

बीज उपचार: अंगमारी रोग की रोकथाम हेतु बुआई से पूर्व प्रति किलो बीज को 250 पी. पी. एम. एग्रीमाईसीन या 200 पी पी एम स्ट्रेप्टोसाईक्लीन के 0.02 प्रतिशत्/घोल में 3 घण्टे भिगोकर उपचारित करें। उत्पादन में वृद्धि हेतु 500 पी. पी. एम. थयोयूरिया (0.5 ग्राम प्रति लीटर पानी) को स्ट्रेप्टोसाईक्लीन के साथ भी मिलाया जा सकता है। जड़ गलन रोग नियंत्रण हेतु कार्बेडाजिम या थायोफनेट मिथाइल 70 डब्ल्यू. पी. 2 ग्राम प्रति किलो बीज से बीजोपचार करें। अथवा ट्राईकोड्र्मा 10 ग्राम प्रति किलो बीज + टाईकोड्र्मा 2.5 किग्रा. प्रति हैक्टेयर 100 किग्रा. गोबर की खाद के साथ प्रयोग करें। बीज को राइजोबिया कल्चर से अवशय उपचारित करें। राईजोबिया कल्चर से उपचार करने का विवरण पुस्तक के अन्त में पृथक से दिया गया है।

बीज एवं बुआईः उन्नत किस्म का निरोग बीज बोयें। वर्षा होने के साथ या यदि देर से वर्षा हो तो 30 जुलाई तक बुआई करना अच्छा रहता है। देरी से मानसून शुरू होने पर ग्वार अगस्त मध्य तक भी बोने हेतु सबसे अच्छी फसल है।

- ग्वार की अकेली फसल हेतु 15–20 किलो बीज प्रति हैक्टेयर बोयें, किन्तु मिश्रित फसल हेतु 8–10 किलो बीज पर्याप्त है। कतार से कतार की दूरी 30 सेन्टीमीटर व पौधे से पौधे की दूरी 10 सेन्टीमीटर रखें।
- ग्वार की फसल पर बुआई के 25 व 45 दिन बाद 0.1 प्रतिशत् थायोयूरिया के घोल का छिड़काव करने से ग्वार की उपज में काफी इजाफा होता है।

उर्वरकः अधिक उपज के लिये 10 किलो नत्रजन व 40 किलो फास्फोरस प्रति हैक्टेयर दें। फास्फोरस देने से छाछिया का प्रकोप कम हो जाता है।

सिंचाई एवं निराई–गुड़ाईः ग्वार बोने के तीन सप्ताह बाद,यदि अच्छी वर्षा न हो और सम्भव हो, तो सिंचाई कीजिये। इसके बाद यदि वर्षा न हो, तो बीस दिन बाद फिर सिंचाई करें।

पौध संरक्षण

कातराः नियंत्रण हेतु पुस्तक के अन्त में दिये गये विवरण के अनुसार उपाय अपनायें।

मोयला, सफेद मक्खी, हरा तैलाः ग्वार में प्रायः मोयला, सफेद मक्खी एवं हरा तेला कीट नुकसान पहुंचाते हैं। इनके नियंत्रण हेतु मोनोक्रोटोफॉस 36 एस एल एक लीटर प्रति हैक्टेयर का छिड़काव करें। आवश्यकतानुसार 15 दिन बाद छिड़काव दोहरायें।

सफेद मक्खी व तेला की रोकथाम हेतु ट्राईजोफास 40 ई. सी. 1.5 लीटर प्रति हैक्टेयर की दर से भुरकाव/छिड़काव करें।

कटाई एवं गहराईः अक्टूबर अन्त से नवम्बर अन्त तक फसल पक जाती है। फसल पक जाने पर काटने में देरी न करें, अन्यथा दाने बिखरने का डर रहता है। कटी हुई फसल को सुखा लें, वर्षा हो जाने से या फसल अच्छी तरह न सूखने पर दाना काला पड़ जाता है। फसल की औसत उपज 10 से 14 क्विंटल प्रति हैक्टेयर होती है। करीब इतनी ही मात्रा में चारा मिल जाता है।

बिजली की अनावश्यक खपत रोकें।
खेत में लगातार एक ही कुल की फसल न बोयें।।

❑❑❑

अध्याय 14

मिर्च

मिर्च एक नगद फसल है तथा हमारे भोजन का प्रमुख अंग है। स्वास्थ्य की दृष्टि से मिर्च में विटामिन ए एवं सी पाये जाते हैं एवं कुछ खनिज लवण भी होते हैं।

कृषि पारिस्थितिकी स्थितिवार किस्में

ए.ई.एस–I	ए.ई.एस–II	ए.ई.एस–III	ए.ई.एस–IV
–	–	–	आर एच सी–1

भूमि एवं जलवायु: अच्छी उपज के लिये उपजाऊ दोमट भूमि जिसमें पानी का अच्छा निकास हो, उपयुक्त रहती है। मिर्च पर पाले का प्रकोप अधिक होता है। अतः पाले की आशंका वाले क्षेत्रों में इसकी अगेती फसल लेनी चाहिये।

उन्नत किस्में

(चरपरी मसाले वाली) एन पी 46 ए, पूसा ज्वाला, (1993) मथानिया लोंग, पन्त सी 1 (1982), जी 5 (1978), हंगेरियन वैक्स (पीले रंग वाली), पूसा सदा बहार (निर्यात हेतु बहुवर्षीय) पंत सी– जवाहर (1989), आर सी एच–1 (2004)

शिमला मिर्च (सब्जी वाली): यलो वण्डर, कैलीफोर्निया वण्डर, बुलनोज व अर्का मोहिनी।

बुआई: मिर्च की वर्ष में तीन फसलें ली जा सकती हैं। प्रायः इसकी फसल खरीफ एवं गर्मी में ली जाती है। शिमला मिर्च की फसल गर्मी में ही ली जाती है।

पहले नर्सरी में बीज की बुआई कर पौध तैयार की जाती है। इसके लिये खरीफ की फसल हेतु मई–जून में और गर्मी की फसल हेतु फरवरी–मार्च में, नर्सरी में बीज की बुआई करें। एक हैक्टेयर क्षेत्र के लिये पौध तैयार करने हेतु एक से डेढ़ किलो बीज पर्याप्त रहता है।

बीजों की बुआई से पूर्व 3 ग्राम कैप्टान या थाइरम प्रति किलो बीज की दस से उपचारित करें जिससे बीजजनित रोगों को प्रकोप न हो सके। नर्सरी में सूत्रकृमि एवं

पौध पर लगने वाले रस चूसक कीटों के प्रभावी कीट नियंत्रण हेतु क्यारियों में 3 ग्राम फोरेट 10 प्रतिशत् कण प्रति वर्गमीटर या कार्बोयूरॉन 3 प्रतिशत् कण 8 से 10 ग्राम प्रति वर्ग मीटर के हिसाब से क्यारी की भूमि में मिलाकर सिंचाई करें। मिर्च की नर्सरी में बीज की बुआई से पहले आक्सीफ्लोरोफेन 100 ग्राम प्रति हैक्टेयर दर से छिड़काव करने से खरपतवारों का नियंत्रण किया जा सकता है। यदि बुआई के समय यह उपचार सम्भव नहीं हुआ हो, तो पौध की रोपाई से 2 सप्ताह पूर्व मिथाइल डिमेटोन 25 ई.सी. 0.02 प्रतिशत् या ऐसीफेट 75 प्रतिशत् घुलनशील चूर्ण का 0.05 प्रतिशत् का छिड़काव करें।

यदि नर्सरी में कीटनाशी औषधि का प्रयोग नहीं किया गया हो तो मोनोक्रोटोफॉस 36 एस एल के एक मिलीलीटर प्रति लीटर पानी के घोल में पौध को डुबोकर खेत में लगायें।

रोपाई: बुआई के 4 से 5 सप्ताह बाद पौध रोपने योग्य हो जाती है। इस समय इसके पौधों की रोपाई खेत में करें। गर्मी की फसल में कतार से कतार की दूरी 60 सेन्टीमीटर तथा पौधों के बीच की दूरी 30 से 45 सेन्टीमीटर रखें।

- खरीफ की फसल के लिये कतार से कतार की दूरी 45 सेन्टीमीटर और पौध से पौध की दूरी 30–45 सेन्टीमीटर रखें। रोपाई शाम के समय करें और रोपाई के तुरन्त बाद सिंचाई कर दें।

खाद एवं उर्वरक: अन्तिम जुताई के पूर्व प्रति हैक्टेयर लगभग 150 से 250 क्विंटल अच्छी सड़ी हुई गोबर की खाद भूमि में मिलाएँ। इसके अलावा 70 किलो नत्रजन, 48 किलो फास्फोरस तथा 50 किलो पोटाश की आवश्यकता होती है। नत्रजन की आधी मात्रा तथा फास्फोरस व पोटाश की पूरी मात्रा रोपाई से पूर्व दें तथा नत्रजन की शेष आधी मात्रा रोपाई के 30 दिन से 45 दिन बाद दो बराबर भागों में खेत में छिड़कर तुरन्त सिंचाई करें।

सिंचाई एवं निराई–गुड़ाई: गर्मी से 5 से 7 दिन के अन्तराल पर और बरसात में आवश्यकतानुसार सिंचाई करें। सिंचाई जब भी करें, हल्की करें। खरपतवार नियंत्रण हेतु समय–समय पर निराई–गुड़ाई करनी चाहिये जिससे खरपतवार नहीं पनपें। खरपतवार नियंत्रण हेतु 300 ग्राम आक्सीफ्ल्यूरोफेन का पौधरोपण से ठीक पहले छिड़काव (600 से 700 लीटर पानी प्रति हैक्टेयर) करें।

पौध संरक्षण

रोपाई बाद कीटनाशी उपचार कम: रस चूसक कीटों (थ्रिप्स, माईटस, सफेद मक्खी, मोयला हरा तेला) की रोकथाम हेतु फसल पर कीट प्रकोप शुरू होते ही (रोपाई के लगभग 3 सप्ताह बाद आवश्यकतानुसार) उपचार शुरू करें। फोरेट 10 प्रतिशत् कण 15 किलो/हैक्टेयर दर से पौधों की जड़ों के पास मिट्टी में गुड़ाई करके मिला दें व आवश्यकतानुसार सिंचाई करें। इस उपचार के लगभग 3 सप्ताह बाद क्यूनालफॉस 25 ई. सी. एक लीटर प्रति हैक्टेयर की दर से प्रयोग करें। तीसरे उपचार हेतु ऐसीफेट 75

घुलनशील चूर्ण 600 ग्राम प्रति हैक्टेयर दर से लगभग 3 सप्ताह पश्चात् आवश्यकतानुसार पानी में मिलाकर छिड़कें। अन्तिम छिड़काव लगभग 3 सप्ताह बाद फेजलोन 35 ई.सी. या क्यूनालफॉस 25 ई. सी. एक लीटर प्रति हैक्टेयर की दर से फूल व फल अवस्था में फल छेदक का नुकसान शुरू होते ही करें।

- उपरोक्त छिड़काव से पत्ती सिकुडन रोग (लीफ कर्ल) को प्रसार करने वाले कीटों की रोकथाम में कमी आ जाती है।

जैव विधियों द्वारा कीट प्रबन्धक माड्यूलः मिर्च फसल में प्रमुख नाशी कीटों एवं लीफ कर्ल के प्रबन्धन हेतु 30 व 40 दिन की फसल अवस्था पर आवश्यकतानुसार एजाडिरेक्टिन (0.03 प्रतिशत् ई.सी.) 3 मि.ली. प्रति लीटर पानी के साथ वर्टिसीलियम फफूँद 1 मि.ली. प्रति लीटर पानी का छिड़काव करें। दूसरा छिड़काव 50 दिन की फसल अवस्था पर केवल वर्टिसीलियम फफूँद 1 मि.ली. प्रति लीटर पानी का छिड़काव करें। अन्तिम दो छिड़काव 70 व 90 दिन की फसल अवस्था पर स्पाइनोसेड 45 एस.सी. 200 मि.ली. प्रति हैक्टेयर की दर से आवश्यक पानी में घोलकर छिड़काव करें।

मूल ग्रन्थि (सूत्र कृमि): इसके प्रकोप से पौधों की जड़ों में गांठें बन जाती हैं तथा पौधे पीले पड़ जाते हैं। पौधों की बढ़वार रूक जाती है जिससे पौधों की पैदावार में कमी हो जाती है। नियंत्रण हेतु पौध रोपण के समय पौधों की रोपाई के स्थान पर 25 किलो कार्बोफ्यूरान 3 प्रतिशत् कण प्रति हैक्टेयर की दर से भूमि में मिलायें अथवा पौधों की जड़ों को एक मिलीलीटर फॉस्फोमिडॉन 40 एस.एल. प्रति लीटर के घोल में आधा घण्टा तक भिगो कर खेत में रोपाई करें।

आर्द्र गलन (डेम्पिंग ऑफ): रोग का प्रकोप पौधे की छोटी अवस्था में होता है। जमीन की सतह पर स्थित तने का भाग काला पड़ कर कमजोर हो जाता है तथा नन्हें पौधे गिरकर मर जाते हैं। नियंत्रण हेतु बीज की बुआई से पूर्व थाइरम या केप्टान 3 ग्राम प्रति किलो बीज की दर से उपचारित कर बोयें। नर्सरी में बुआई से पूर्व थाइरम या कैप्टान 4–5 ग्राम प्रति वर्गमीटर की दर से मिलाएँ। नर्सरी, की भूमि आसपास की भूमि से 4 से 6 इंच उठी हुई होनी चाहिए।

छाछ्याः रोग के प्रकोप से पत्तियाँ पीली पड़कर झड़ जाती हैं। नियंत्रण हेतु डाइनोकेप (0.1 प्रतिशत्) या माइक्लोब्यूटानिल 10 डब्ल्यू. पी. 0.05 प्रतिशत्/घोल का छिड़काव करें व आवश्यकतानुसार 15 दिन के अन्तराल पर दोहराएँ।

श्यामवर्ण (एन्थ्रेक्नोज): पत्तियों पर छोटे–छोटे काले धब्बे बन जाते हैं तथा पत्तियाँ झड़ने लगती हैं। उग्र अवस्था में शाखायें शीर्ष से नीचे की तरफ सूखने लगती हैं। पके फलों पर भी बीमारी के लक्षण दिखाई देते हैं। नियंत्रण हेतु मेन्कोजेब या जाईनेब 2 ग्राम या कार्बेण्डाजिम आधा ग्राम या डाइफेन्कोनाझोल 25 ई. सी. आधा मिलीलीटर प्रति लीटर पानी के घोल के 2 से 3 छिड़काव 15 दिन के अन्तराल पर करें।

जीवाणु धब्बा रोगः रोग के प्रकोप से पत्तियों पर छोटे–छोटे जलीय धब्बे बनते हैं व बाद में गहरे भूरे से काले रंग के उठे हुए दिखाई देते हैं। अन्त में रोगग्रस्त पत्तियाँ पीली पड़कर झड़ जाती हैं।

- ❒ नियंत्रण हेतु स्ट्रेप्टोसाइक्लिन 200 मिलीग्राम, या कॉपर ऑक्सीक्लोराइड 3 ग्राम एवं स्ट्रेप्टोसाइक्लिन 100 मिलीग्राम प्रति लीटर पानी के घोल का छिड़काव आवश्यकतानुसार 15 दिन के अन्तर पर करें।

पर्णकुंचन व मोजेक (विषाणु रोग)ः पर्णकुंचन रोग के प्रकोप से पत्ते सिकुड़ कर मुड़ जाते हैं, छोटे रह जाते हैं व झुर्रियाँ पड़ जाती हैं। मोजेक रोग के कारण पत्तियों पर गहरे व हल्का पीलापन लिए हुए धब्बे बन जाते हैं। रोगों के प्रसारण में कीट सहायक होते हैं। नियंत्रण हेतु रोग ग्रसित पौधों को उखाड़ कर नष्ट करें। रोग को आगे फैलने से रोकने हेतु डाइमिथोएट 30 ई.सी. एम. मिली लीटर प्रति लीटर पानी के हिसाब से छिडकाव करना चाहिए। नर्सरी तैयार करते समय बुआई से पूर्व कार्बोयूरॉन 3 प्रतिशत् कण 8 से 10 ग्राम प्रति वर्ग मीटर के हिसाब से भूमि में मिलायें। पौध रोपण के समय स्वस्थ पौध काम में लें। पौध रोपण के 10 से 12 दिन बाद मिथाइल डिमेटोन 25 ई.सी. एम. मिली लीटर प्रति लीटर पानी की दर से घोल बनाकर छिड़काव करें व आवश्यकतानुसार 20 दिन बाद दोहरायें। फूल आने के बाद उपरोक्त कीटनाशी दवाओं के स्थान पर मैलाथियॉन 50 ई.सी. एक मिली लीटर प्रति लीटर पानी के हिसाब से छिड़कें।

उपजः हरी चरपरी मिर्च की लगभग 100 से 150 क्विंटल तथा शिमला मिर्च की 150 से 200 क्विंटल प्रति हैक्टेयर उपज ली जा सकती है।

- ❒ रोपाई के बाद रसचूसक कीटों (थ्रिप्स सफेद मक्खी, मोयला, हरा तेला, माइट्स आदि की रोकथाम हेतु फसल पर कीट प्रकोप शुरू होते ही रोपाई के लगभग तीन सप्ताह बाद (आवश्यकतानुसार) छिड़काव शुरू करें। माईट्स के प्रकोपनुसार पहला छिड़काव डाइकोफाल 18.5 ई.सी. 0.04 प्रतिशत् (सवा लीटर प्रति हैक्टेयर) रोपाई के तीन सप्ताह बाद करें। दूसरा छिड़काव पहले के लगभग 3 सप्ताह बाद आवश्यकतानुसार क्लोरपायरीफॉस 20 ई.सी. का 0.03 प्रतिशत् (डेढ़ लीटर प्रति हैक्टेयर) मे नीम आधारित कीटनाशी 0.05 प्रतिशत् (डेढ़ से दो लीटर प्रति हैक्टेयर) मिलकर करें, तीसरा छिड़काव आवश्यकतानुसार 3 सप्ताह बाद मिथाईल डिमेटन 25 ई. सी. का 0.025 प्रतिशत् (800 मिलीलीटर प्रति हैक्टेयर) में घुलनशील गन्धक 0.2 प्रतिशत् (2 किलो प्रति हैक्टेयर) मिलाकर करें। तीसरे छिड़काव के लगभग तीन सप्ताह बाद आवश्यकतानुसार क्यूनालफॉस 25 ई. सी. का 0.05 प्रतिशत् (एक लीटर प्रति हैक्टेयर) के साथ नीम आधारित कीटनाशी 0.05 प्रतिशत् (दो से सवा दो लीटर प्रति हैक्टेयर) की दर से मिलाकर करें।

उपरोक्त छिड़काव से पत्ते सिकुडन रोग (विषाणु एवं मोजेक) प्रसार करने वाले कीटों की रोकथाम से इस रोग में कमी आ जाती है।

पौध व्याधियाँः फसल में जीवाणु धब्बा, श्याम वर्ण या एन्थ्रेक्नोज एवं छाछ्या आदि रोगों की रोकथाम हेतु उपरोक्त चार छिड़काव की भांति निम्न कीटनाशी एवं फफूँदनाशी दवाओं के चार छिड़काव रोगों के लक्षण प्रकट होते ही आवश्यकतानुसार करें। कीटनाशी एवं फफूँदनाशी दवाओं को आवश्यकतानुसार मिलाया जा सकता है। पहले तीन छिड़काव स्ट्रेप्टोसाइक्लिन 0.01 प्रतिशत् (100 पीपीएम या एक ग्राम प्रति 10 लीटर पानी में) के साथ कार्बेन्डाजिम 0.05 प्रतिशत् (आधा ग्राम प्रति लीटर पानी में मिलाकर) रोपाई के लगभग एक माह बाद दो–तीन सप्ताह के अन्तर पर आवश्यकतानुसार करें। चौथा छिड़काव केवल कार्बेन्डाजिम का ही करें। पहले पैकेट पर फसल का नाम व उपयोग करने की अवधि अवश्य देख लें।

- बीज में मिलाने हेतु राइजोबिया शाकाणु संवर्ध पौध व्याधि (राइजोबिया) कृषि विभाग कृषि महाविद्यालय, उदयपुर से प्राप्त किये जा सकते हैं।

फास्फोरस विलेयक जीवाणु खाद का प्रयोग

पौध की उचित वृद्धि हेतु नत्रजन के साथ फास्फोरस उर्वरक भी महत्वपूर्ण है। इसकी आपूर्ति सुपर फास्फेट तथा डी ए पी उर्वरक के माध्यम से पौधों को कराई जाती है। जितनी भी मात्रा में भूमि को फास्फोरस उपलब्ध कराया जाता है, उसका 20–25 प्रतिशत् ही घुलनशील अवस्था में पौधों को उपलब्ध हो पाता है। शेष 75–80 प्रतिशत् भाग भूमि में अघुलनशील अवस्था में फास्फोरस यौगिकों के रूप में स्थिर हो जाता है, जिसे पौध ग्रहण नहीं कर पाते हैं, फलस्वरूप उत्पादन कम होता है।

मृदा में ऐसे कई लाभकारी सूक्ष्मजीव मौजूद होते है जो इस प्रकार अघुलनशील रूप में स्थित फास्फोरस को घुलनशील अवस्था में परिवर्तित कर पौधों के ग्रहण करने योग्य बनाते हैं जिससे भूमि में फास्फोरस की उपलब्धता बढ़ती है। फलस्वरूप अधिक उत्पादन प्राप्त होता है। फास्फोरस विलेयक जीवाणु ऐसे ही जीवाणुओं का समूह है जो लिग्नाइट धारक माध्यम में मिश्रित कर बीजोपचार हेतु उपलब्ध कराया जाता है। इसके प्रयोग से अधिक उत्पादन प्राप्त होता है।

बीजोपचार विधिः एक लीटर या आवश्यकतानुसार पानी में 125 ग्राम गुड़ या 5 से 10 ग्राम साधारण गोंद का घोल बनाकर कल्चर की आवश्यक मात्रा मिला लें। यदि घोलने हेतु गुड़ को गरम किया जाता है तो सर्वप्रथम उसे ठण्डा कर उसमें कल्चर मिलायें। इस घोल को बीज पर छिड़ककर अच्छी तरह मिला लें। उपचारित बीज को दस मिनट तक छाया में सुखाकर तुरन्त बुआई के काम में लें।

- **ध्यान रखें:** दो सौ ग्राम फास्फोरस विलेयक जीवाणु खाद एक एकड़ क्षेत्र के आवश्यक बीज को उपचारित करने के लिये पर्याप्त है।
- बीजोपचार करते समय ध्यान रखें कि बीज का छिलका नहीं उतरे।

बीजोपचार यदि कीटनाशी/कवकनाशी/अन्य कल्चर के साथ करना हो, तो पहले कवकनाशी, फिर कीटनाशी, उसके बाद राईजोबियम/एजेटोबेक्टर से तथा अन्त में फास्फोरस विलेयक जीवाणु खाद से करें एवं क्रम नहीं बदलें। इस क्रम में राईजोबिया/एजेक्टोबेक्टर से पहले फास्फोरस विलेयक जीवाणु खाद से भी उपचार किया जा सकता है। फास्फोरस विलेयक जीवाणु खाद सभी प्रकार के अनाज, दलहन तिलहन, चारा, सब्जियाँ, नकदी तथा अन्य फसलों में समान रूप से प्रभावकारी एवं उपयोगी है।

एजेटोबेक्टर जीवाणु खाद

हमारे चारों ओर वायुमण्डल में मौजूद मुक्त नत्रजन को पौधे इस रूप में ग्रहण नहीं कर पाते हैं। प्रकृति में कुछ विशेष प्रकार के जीवाणु हैं जो मुक्त नत्रजन को संश्लेषित कर पौधों द्वारा ग्रहण करने योग यौगिकों में बदल देते हैं।

- एजेटोबेक्टर कुकोकम गैर दलहनी धान्य फसलों, सब्जियों नकदी फसलों, तिलहन आदि के मूलतन्त्र के घेरे में मुक्त अवस्था में रहकर वायुमण्डल की नत्रजन को संश्लेषित करके यौगिक के रूप में बदल देते हैं। यह मुक्तजीवी एरोबिक, हेटेरोट्रेफिक है। 25–30 डिग्री सेल्सियस तापमान तथा 7.2–7.6 पी एच इसकी सामान्य वृद्धि में बाधक होती है। किन्तु सूक्ष्म मात्रा में मोलिबिडेनम तथा लोहा तत्व नत्रजन स्थिरीकरण में महत्वपूर्ण भूमिका अदा करते हैं।

भूमि में एजेटोबेक्टर जीवाणु काफी कम संख्या में होते हैं। इन जीवाणुओं द्वारा नत्रजन स्थिरीकरण की लाभप्रद स्थिति प्राप्त करने के लिये इनकी संख्या में पर्याप्त वृद्धि आवश्यक है। जीवाणुओं की भिन्न–भिन्न किस्मों की नत्रजन स्थिरीकरण वाले जीवाणुओं का उपयोग होता है। अतः जीवाणु का प्रयोगशाला में संवर्द्ध तैयार कर उनका लिग्नाइट धारक में मिश्रण बनाकर उपलब्ध करवाया जाता है ताकि बीज को इनसे उपचारित करने के बाद नवोदिभज के मूल तन्त्र के आसपास पर्याप्त संख्या में एजेटोबेक्टर मौजूद हो जाये।

एजेटोबेक्टर संवर्द्ध से लाभ

एजेटोबेक्टर संवर्द्ध से उपचारित कर बीज बोने से धान्य फसलों में 15–30 प्रतिशत् तथा नकदी फसलों में 10–20 प्रतिशत् की वृद्धि होती है। इस प्रकार करीब 10–20 किलो नत्रजन प्रति हैक्टेयर बचायी जा सकती है।

एजेटोबेक्टर भूमि में पर्याप्त मात्रा में जैव सक्रिय पदार्थ जैसे विटामिन्स (निकोटिनिक अम्ल, थाईमिन, बायोटिन, पैन्टाथेकि अम्ल) वृद्धि कारक जैसे आक्सिन्स और जिबरालिन्स स्त्रावित करती है। इसके कारण बीज का अंकुरण तथा पौधे की बढ़वार अच्छी होती है।

- एजेबेक्टर, मृदा में विभिन्न प्रति जैविक तथा कवक प्रतिरोधी पदार्थ उत्पन्न करती है जो फ्यूजेरियम, आल्टेनेरिया आदि रोगकारक कवकों की वृद्धि को नियन्त्रित करते हैं। एजेटोबेक्टर जीवाणु की मृत कोशिकाएं मृदा में कार्बनिक पदार्थ में वृद्धि करते हैं।

संवर्द्ध की उपयोग विधिः बीजों को बोने से पूर्व जीवाणु संवर्द्ध से उपचारित करने के लिये एक लीटर या आवश्यकतानुसार पानी में 125 ग्राम गुड़ घोलकर उसमें 500 ग्राम संवर्द्ध मिलाकर इस घोल को एक हैक्टेयर बीजों पर छिड़कते हुए हल्के हाथ से मिला देना चाहिये ताकि बीजों पर जीवाणु संवर्द्ध की एक बारीक परत जम जाये। ऐसे उपचारित बीजों को छाया में सुखाकर शीघ्र बो देना चाहिये।

जिन फसलों में रोपण करना पड़ता है, उन पौधों की जड़ों को रोपाई से पूर्व जीवाणु संवर्द्ध के घोल में लगभग 15 मिनट डुबोकर रखें, बाद में इनकी भूमि में रोपाई कर दें।

❑❑❑

अध्याय 15

भूमि उपचार

भूमिगत कीड़ों एवं दीमक की रोकथाम के लिये बुआई से पूर्व भूमि उपचार करना आवश्यक है। जहां सफेद लट का विशेष प्रकोप हो, वहां सफेद लट की रोकथाम हेतु की गई सिफारिश अपनानी चाहिये। दीमक का नियंत्रण उन्हीं कीटनाशकों से हो जायेगा। जिन क्षेत्रों में केवल दीमक का प्रकोप है वहां दीमक की रोकथाम हेतु क्यूनॉलफॉस 1.5 प्रतिशत् चूर्ण 25 किलो प्रति हैक्टेयर की दर से भूमि में बुआई से पूर्व मिलाना चाहिये। दीमक का प्रकोप कम करने के लिये खेत की पूरी सफाई जैसे सूखे डंठल आदि इकट्ठे कर हटा देना, कच्ची खाद का प्रयोग न करना आदि काफी सहायक होते हैं।

भूमि में पपड़ी की समस्या का प्रबन्ध

मरुस्थलीय भूमि में रेतीली मिट्टी होने के बावजूद भूमि पर पतली पपड़ी बनने की आम समस्या है। वर्षा की तेज बूंदों के काफी ऊँचाई से गिरने की गति से ऊर्जा उत्पन्न होती है जो मिट्टी के कणों को बिखेर देती है तथा कणों के वर्षा जल में घूमने की प्रक्रिया की वजह से बारीक कण (मृतिका) ऊपरी सतह पर जमा हो जाते हैं जिससे भूमि के सूखने पर सतह के ऊपर पतली पपड़ी का जन्म होता है। पपड़ी बनने की वजह से बीज के अंकुरण में रुकावट पैदा होती है तथा अधिकांशतः पौधों की संख्या नहीं के बराबर रह जाती है। यह समस्या खरीफ की फसलों खास तौर पर बाजरा में अत्यधिक होती है, जिसे स्थानीय भाषा में रोड़ जाना भी कहते हैं।

इस समस्या के निदान हेतु केन्द्रीय रूक्ष क्षेत्र अनुसंधान संस्थान, जोधपुर द्वारा एक तकनीक का विकास किया गया है। इस विधि में गोबर की सड़ी हुई खाद या मिंगणी की खाद को 10 टन प्रति हैक्टेयर के हिसाब से बाजरे की बुआई के तुरन्त बाद बोई गई कतारों पर डाला जाता है। खाद दो प्रकार से पौधों के अंकुरण में सहायता करती है। पहला खाद की पतली परत वर्षा की बूंदों की त्वरित शक्ति से मृदा कणों के समूह को टूटने से बचाती है तथा मिट्टी के कणों की वर्षाजल में घुमाव की प्रक्रिया में भी अवरोध का काम करती है। दूसरा खाद की परत कतारों में नमी की मात्रा करीब 2.5 प्रतिशत् अधिक रखती है जिससे पपड़ी बनने की प्रक्रिया में अवरोध पैदा होता है तथा इस दौरान पौधों का अंकुरण सन्तोषप्रद हो जाता है। अगर खाद की उपलब्धि बताये अनुसार न हो, तब भी कम मात्रा के प्रयोग

में अंकुरण में तुलनात्मक लाभ पाया गया है। जिन स्थितियों में खाद, बुआई की हुई कतारों में डालना सम्भव न हो, वहां खाद को भूमि की सतह पर बिखेर कर मिलाने से भी पपड़ी न बनने की प्रक्रिया में लाभ होता है, किन्तु यह लाभ उपरोक्त विधि के मुकाबले 20 से 25 प्रतिशत् कम होता है।

बाजरा फसल का बुआई क्षेत्रफल अधिक होने से देशी खाद की इतनी मात्रा में उपलब्धता सम्भव नहीं है। अतः बाजरा में रोड़ की समस्या के निदान हेतु कृषि अनुसंधान केन्द्र, मण्डोर द्वारा एक सरल तकनीक विकसित की गई है जिसमें बाजरा की बुआई के समय ट्रैक्टर चालित सीड ड्रील के प्रत्येक हल के पीछे 4 किलोग्राम वजन के घूमने वाला रबड़ का पहिया लोहे की पत्तियों के सहारे लगा दिया जाता है। इन पहियों द्वारा बोई गई कतारों के चोब की मिट्टी के दबने से बीज व मृदा जल का अच्छा सम्पर्क होने के कारण बीज का अंकुरण जल्दी होता है। साथ ही नमी के वाष्पीकरण में कमी तथा बुआई के एक सप्ताह पश्चात् तक यदि हल्की वर्षा भी हो जाए तो डालियों की मिट्टी चोब पर कम पड़ने की वजह से अंकुरित बीज से पौधों को सतह से बाहर निकलने में आसानी होती है जिससे बाजरा के पौधों का शुरुआती अवस्था में जमाव ठीक होता है। अतः किसान भाई वर्षा आधारित बाजरा की फसल की बुआई इस विधि द्वारा करने पर रोड़ की समस्या से बच सकते हैं और इसकी दुबारा बुआई नहीं करनी पड़ती है। इस तकनीक से मूंग, मोठ व ग्वार में भी शुरुवाती अवस्था में पौधों का जमाव अच्छा होता है।

विभिन्न फसलों पर कीटनाशी के प्रयोग पश्चात् उपज उपयोग की प्रतीक्षा अवधि

फसल प्रति	**कीटनाशी का समस**	**मात्रा दिनों में**	**छिड़काव**	**प्रतीक्षा अवधि हैक्टेयर**
बाजरा	मोनोक्रोटोफॉस 36 एस.एल.	एक लीटर	कीटों का प्रकोप दिखाई देने पर	0, दानों 0, दिन चारो में
चावल	मैलाथियॉन 50 ई.सी	सवा लीटर	फली लगने पर	2, हरी फली के उपयोग हेतु 0, दिन दाना पकने तक
	मोनोक्रोटोफॉस 36 एस.एल.	एक लीटर	फली लगने पर	11, हरी फली के उपयोग हेतु 0,दिन दाना पकने तक
	क्यूनालफॉस 25 ई.सी.	एक लीटर	एक लीटर आने पर	5 हरी फली के उपयोग हेतु 0, दिन फसल कटने के बाद दानों में
भिण्डी	मैलाथियॉन 50 ई.सी.	सवा लीटर	फल लगने पर	1, भिण्डी तोड़ने तक

	क्यूनालफॉस 25 ई.सी	एक लीटर	फल लगने पर	6, भिण्डी तोड़ने तक
	मिथाइल डिमेटॉन 25 ई.सी.	एक लीटर	फल लगने पर	9, फल तोडने तक
	डायमिथोएट ग 50 ई.सी.	एक लीटर	फल लगने पर	7, फल तोड़ने तक
टमाटर	डायमिथोएट 30 ई.सी.	एक लीटर	फल लगने पर	7, फल तोड़ने तक
	मैलाथियॉन 50 ई.सी	सवा लीटर	फल लगने पर	3, फल तोड़ने तक
मिर्ची	मैलाथियॉन	सवा लीटर	फल लगने पर	2, फल तोड़ने तक
	मिथाइल डिमेटॉन 25 ई.सी.	एक लीटर	फल लगने पर	16, फल तोड़ने तक
मूंगफली	फोरेट 10 जी	25 किलो	बुआई के समय भूमि में मिलाकर	0, दिन मूंगफली के दाने में
	क्लोरपायरीफॉस	चार लीटर	प्रथम वर्षा के एक माह पश्चात् सिंचाई के पानी के साथ	0, दिन मूंगफली के दाने में
	क्सूनालफॉस 25 ई.सी.	4 लीटर	प्रथम वर्षा के एक माह पश्चात् सिंचाई के पानी के साथ	0, दिन मूंगफली के दाने में
मूंग	फेनवेलरेट 0.4:	18.75 किलो	पहला भुरकाव फसल अंकुरण के 30 दिन बाद व दूसरा भुरकाव फली लगने पर	0, फसल कटने के दानों में 10 हरी फली के उपयोग हेतु
	डाईमिथोएट 30 ई.सी.	एक लीटर	फूल व फली आते ही	3, दिन फली के उपयोग हेतु 0 दिन मूंग की दाल व चारे में
	मोनोक्रोटोफॉस 36 एस.एल	एक लीटर	फूल व फली आते ही	9, दिन हरी फली उपयोग हेतु

लवणीय सिंचाई जल, लवणीय, क्षारीय एवं लवणीय क्षारीय मिट्टियों का सुधार एवं प्रबन्ध

1. यदि भूमि लवणीय हो तो भूमि की ऊपरी सफेद परत को फावड़े या ट्रैक्टर स्क्रेपर लगाकर खुरचकर अलग कर दें तथा उसके स्थान पर अच्छी मिट्टी डालें। जैविक खाद या गोबर की खाद का अधिक प्रयोग करें।
2. खरीफ में बरसात पूर्व खेत को समतल करें।
3. वर्षा से पूर्व खेत की गहरी जुताई करें जिससे भूमि में मौजूद कड़ी परत टूट जायें।
4. वर्षा जल को रोकने के लिए खेत में छोटी–छोटी क्यारियाँ बनायें। मेड़ों के बीच 1.5 से 2.0 फीट की दूरी रखें, ताकि ज्यादा से ज्यादा वर्षा के जल में लवण घुलकर नीचे चले जायेंगे। मिट्टी जांच सिफारिश के अनुसार जिप्सम का गहरी जुताई के बाद प्रयोग करें।
5. यदि सिंचाई की सुविधा न हो तो ढैंचा की पहली वर्षा के तुरन्त बाद अर्थात् जुलाई में ढैंचा की बुआई करें। ढैंचा की बीज 60 कि.ग्रा. प्रति हैक्टेयर की दर से छिड़काव विधि से बुआई करें। बुआई के 40–50 दिन बाद ढैंचा को खेत में मिट्टी पलटाऊ हल चलाकर मिट्टी में मिला दे। मिट्टी में मिलाने के ढाई से तीन माह तक खेत को वैसे ही खाली छोड़ दे, ताकि ढैंचा के पौधें उसमें सड़–गल कर अच्छी खाद के रूप में बदल जायें। आवश्यकतानुसार सिंचाई भी कर दें तो अच्छा रहता है, क्योंकि उचित नमी से सड़ने की क्रिया तीव्र होती है।
6. रबी में सहनशील फसलें एवं किस्में बोयें।
7. इस प्रकार की समस्याग्रस्त मिट्टी के लिए गेहूँ की राज 3077, खारचिया–65 जौ की बी.एल.–2, आर. डी.–103 उपयुक्त किस्में हैं। इस प्रकार की मृदाओं में ईसबगोल, अरण्डी, शलगम व पालक आदि की खेती भी की जा सकती है।
8. बीज की मात्रा 15–20 प्रतिशत् अधिक काम लें क्योंकि इस प्रकार की मिट्टियों में बीज का अंकुरण कम होता है।
9. समस्याग्रस्त भूमि में नत्रजन व फॉस्फोरस पोषक तत्वों की पूर्ति के क्रमशः अमोनियम सल्फेट एवं सिंगल सुपरफॉस्फेट उर्वरक का प्रयोग करें। नत्रजन की आधी मात्रा एवं फॉस्फोरस की पूरी मात्रा बुआई के समय ऊर कर लें।
10. इन फसलों की सूखी बुआई करके प्रथम भारी सिंचाई करें तथा बाद में हल्की सिंचाई करें।

11. मिट्टी व पानी की जांच कराएं।
12. यदि सिंचाई का पानी लवणीय हो, तो हल्की सिंचाई करें मगर अंतराल कम रखें।
13. समस्याग्रस्त भूमि में उचित फसल चक्र अपनाए एवं खेत को कभी भी खाली नहीं छोड़ें अर्थात् फसल लेते रहें।

❑❑❑

अध्याय 16

चूहा नियंत्रण

चूहों की विध्वंसक गतिविधियाँ बाजरे, मूंग, मूंगफली, उड़द, सोयाबीन, टमाटर, मिर्च आदि प्रमुख फसलों में 5 से 15 प्रतिशत् तक हानि पहुँचाती हैं। ये फसलें कट कर जब खलिहानों में आती हैं तो चूहे वहाँ भी पहुँच जाते हैं। वहाँ फसल को खाते भी हैं और बिलों में भी उठाकर ले जाते हैं। उपज के खलिहान से गोदाम तथा मण्डी तक पहुँचने तक चूहे इनका पीछा नहीं छोड़ते हैं।

चूहों की प्रजातियाँ	आवास स्थल
गिलहरी (फुनाम्बुलस पिनान्टी)	उद्यानों, पौधशालाओं तथा गृह वाटिका में
भारतीय जरबिल (बड़ी रतोल)(टटेरा इंडिका)	फसली खेतों तथा चारागाहों में
भारतीय मरु जरबिल (मेरियोनिस हरियानी)	फसली खेतों तथा चारागाहों में
नर्म रोम वाला चूहा (मिलार्डिया मेल्टाडा)	सिंचित क्षेत्रों में
रोम युक्त पैरों वाला जरबिल (छोटी रतोल) (जरबिल ग्लीडोइ)	रेतीले क्षेत्रों में मुख्यतः टिब्बों के आसपास
मैदानी चुहिया (मस बुडुगा)	फसली खेतों तथा चारागाहों में
छोटी पूंछवाला छछूंदरी चूहा (निसोकिया इंडिका)	इंदिरा गांधी नहर सिंचित क्षेत्रों
घरेलू चूहा (रेटस–रेटस)	रिहायशी क्षेत्रों व गोदामो मे
घरेलू चुहिया (मस मस्कुलस)	रिहायशी क्षेत्रों व गोदामों में

चूहा नियंत्रण के उपाय

चूहों की हानिकारक गतिविधियों का अनुमान उनके द्वारा खोदे गये बिलों की संख्या या की गयी वास्तविक क्षति द्वारा किया जाता है। इनके नियंत्रण के लिये मुख्यतया दो प्रकार की रणनीति प्रयोग में लाई जाती है।

1. बिना किसी विष के प्रयोग द्वारा

यह विधि मुख्यतः चूहों के आक्रमण से बचाव के लिये है। इनमें निम्न तरीके आमतौर पर काम में लिये जाते हैं:

क) पिंजरों का प्रयोग करके भण्डारण एवं आवासीय क्षेत्रों में चूहों को आसानी से पकड़ा जा सकता है। इन्हें पकड़ने के बाद जीवित चूहों सहित पिंजरों को 2–3 मिनट पानी में डुबो कर मार देना चाहिए। पकड़े गये चूहों को कभी भी किसी और स्थान पर जीवित नहीं छोड़ना चाहिये, अन्यथा से दुबारा वहीं जाकर बस जाते हैं।

ख) खरपतवार नियंत्रण से भी चूहों के आक्रमण में काफी कमी जा जाती है, क्योंकि जब खेतों में फसल नहीं होती है तो चूहे इन्हीं खरपतवारों को खाकर जीवित रह लेते हैं।

ग) चूहें ज्यादातर खेतों की ऊँची–ऊँची मेड़ों पर बिल बनाकर रहते हैं। अध्ययनों से पता चला है कि यदि ये मेड़ें जरुरत के मुताबिक छोटी कर दी जायें, तो भी चूहों का प्रकोप कम हो जाता है।

2. विष के प्रयोग द्वारा

जिंक फॉस्फाइड (काला जहर) तथा ब्रोमेडियोलोन प्रमुख चूहानाशी रसायन है जिसमें जिंक फॉस्फाइड, अत्यन्त तेज तथा ब्रोमेडियोलोन मध्यम असर कारक विष माने जाते हैं।

चुग्गा बनाने व प्रयोग की विधि

जिंक फॉस्फाइड

जिंक फॉस्फाइड एक अत्यन्त तेज असरकारक जहर होने की वजह से इनकी ग्राह्यता व नियंत्रण कार्यक्रम को प्रभावी बनाने के लिये विष चुग्गे से पहले चूहों को सादा चुग्गा खिलाया जाता है।

सादा चुग्गा

जितनी मात्रा में चुग्गा बनाना हो, उतना खाद्यान्न (मुख्यतः बाजरा, गेहूँ, ज्वार) एक अनुपयोगी बर्तन में ले लेते हैं। भार के अनुसार 2 प्रतिशत् खाने का तेल (मूंगफली / तिल / सरसों) अनाज में डाल कर हाथ से अच्छी तरह मिला लेते हैं। मान लीजिये हमें एक किलोग्राम चुग्गा बनाना है तो एक किलोग्राम अनाज में 20 ग्राम खाने के तेल (मूंगफली / सरसों / तिल) की जरुरत होगी। यह तेल चूहों को न केवल चुग्गे की ओर आकर्षित करता है, अपितु जहर को अनाज पर चिपकाने का कार्य भी करता है। यह प्रलोभन या सादा चुग्गा कहलाता है।

चूंकि चूहे खेतों में तरह–तरह की वस्तुएँ खाते हैं, इसलिये विष चुग्गा देने से पहले एक–दो दिन सादा चुग्गा दिया जाता है। इन चुग्गों को चूहों के ताजे बिलों में (10–15 ग्राम प्रति बिल की दर से) डाल देना चाहिये। ताजा बिलों की पहचान के लिए जरूरी है कि सर्वप्रथम खेत में व आसपास मौजूद सभी बिलों को बन्द करें। अगले दिन जितने बिल खुले मिले, उन्हें ताजा बिल कहा जाता है। सादा चुग्गा खाने के बाद चूहे वापस उसी जगह नयी वस्तु खाने की तलाश में आते हैं।

विष चुग्गा

विष चुग्गा बनाने के लिये ऊपर वर्णित विधि के अनुसार पहले सादा चुग्गा तैयार कर लें तथा उसमें निश्चित मात्रा में जिंक फॉस्फाइड (2 प्रतिशत) (अर्थात् लगभग 20–25 ग्राम प्रति कि.ग्रा. चुग्गा हेतु) बुरक देना चाहिये। फिर लकड़ी की छड़ी से उसे अच्छी तरह से मिलाना चाहिये ताकि विष पाउडर खाद्यान्न की तैलीय सतह पर एक जैसा चिपक जाये। लीजिये विष चुग्गा तैयार है। इस चुग्गे की 6 से 8 ग्राम मात्रा प्रति बिल की दर से चूहों के ताजे बिलों में खूब अन्दर तक धकेल देना चाहिए। इस बात का ध्यान अवश्य रखें कि जहरीले दाने बिलों के बाहर नहीं बिखरें वर्ना इनसे अन्य पशु–पक्षी या वन्यजीव को हानि पहुंच सकती है। अगले दिन सूर्योदय से पहले खेत में घूम कर मृत चूहों को इकट्ठा कर लें और उन्हें जमीन में गहरा दबा दें।

जिंक फॉस्फाइड चुग्गा देने के बाद भी कुछ चूहे (लगभग 20–25 प्रतिशत) नहीं मर पाते, क्योंकि वे विष की घातक मात्रा नहीं खा पाते हैं। ऐसी परिस्थिति में जिंक फास्फाइड का प्रयोग पुनः सफल नहीं रहता है, क्योंकि दूसरी बार इस चूग्गे को चूहे छूते तक नहीं हैं। इसे विष या चुग्गा शंकालुता कहते हैं। जिंक फास्फाइड चुग्गा देने के 4–5 दिन बाद बचे हुए शंकालु चूहों के नियंत्रण के लिए ब्रोमेडियोलोन नामक विष चुग्गे के प्रयोग में लेना चाहिए।

ब्रोमेडियोलोन

इसके लिए पहले इस क्षेत्र के सभी बिलो को पुनः बंद करें और दूसरे दिन खुले बिलों में ब्रोमेडियोलोन नामक दवा का चुग्गा 15–20 ग्राम प्रति बिल की दर से डालें। ब्रोमेडियोलोन दवा का चुग्गा बाजार में बने–बनाये चुग्गे के रूप में मिलता है। वैसे बाजार में यह विष सान्द्र रूप में भी मिलता है जिससे हम ताजा चुग्गा स्वयं बना सकते हैं। मान लीजिए हमें एक किलोग्राम चुग्गा बनाना है तो एक किलोग्राम अनाज में 20 ग्राम खाने के तेल (मूंगफली / सरसों / तिल) की जरुरत होगी। तत्पश्चात् इसमें 20 ग्राम ब्रोमेडियोलोन सान्द्र पाउडर डालकर अच्छी तरह से मिला कर ताजा विष चुग्गा तैयार किया जा सकता है। ब्रोमेडियोलोन चुग्गे के प्रयोग से पहले सादा चुग्गा देने की आवश्यकता नहीं है। इसे सीधे ताजे बिलों में डाला जा सकता है।

इस प्रकार जिंक फॉस्फाइड तथा ब्रोमेडियोलोन के क्रमवार प्रयोग से खेतों में चूहों को प्रभावी तरीके से नियंत्रित किया जा सकता है और फसलों को चूहों से बचाया जा सकता है।

अन्न भण्डारण, गोदामों तथा रिहायशी क्षेत्रों में चूहा नियंत्रण हेतु जिंक फॉस्फाइड चुग्गे का प्रयोग नहीं करें। ऐसे क्षेत्रों के लिये ब्रोमेडियोलोन का चुग्गा, चुग्गा पात्रों में 3–4 दिन के लिए प्रयोग करना चाहिए।

नियंत्रण कार्यक्रम की रूपरेखा (खेतों व खलिहानों में)

पहले दिन	बिलों का सर्वेक्षण, उन्हें बन्द करना, आवश्यक सामग्री की व्यवस्था।
दूसरे दिन	प्रलोभन चुग्गा (प्री–बेट) बनाना तथा ताजे बिलों में 10–15 ग्राम चुग्गा प्रति बिल की दर से डालना।
तीसरे दिन	यदि सम्भव हो, तो प्रलोभन चुग्गा पुनः डालना।
चौथे दिन	जिंक फॉस्फाइड विष चुग्गा बनाना एव 6–8 ग्राम चुग्गा ताजे बिलों में डालना, बचे हुए चुग्गे, प्रयोग में लाये गये पत्तों, लकड़ी आदि को जलाना अथवा नष्ट कर देना या जमीन मे गहरा दबा देना।
पांचवें दिन	मरे चूहों को सूर्योदय से पूर्व एकत्रित करके जमीन में गहरा दबा देना।
आठ से दसवें दिन	पुनः सभी बिलों को बन्द करना तथा खरपतवार को नष्ट करना एवं 15–20 ग्राम ब्रोमेडियोलोन (0.005) विष चुग्गा बचे ताजे बिलों में डालना।

विष चुग्गे का प्रयोग कब करें ?

वर्ष में दो बार, मई–जून तथा नवम्बर–दिसम्बर यानी खरीफ एवं रबी फसल की बुआई से पूर्व चूहा नियंत्रण कार्य करना अत्यधिक उपयुक्त रहता है। फलों के बागानों एवं गोदामों में नियंत्रण की रणनीति चूहों की संख्या के आधार पर होती है। वैसे भी इन क्षेत्रों में चूहा पकड़ने वाले पिंजरों का उपयोग उचित रहता है। इसके अतिरिक्त ब्रोमेडियोलोन के चुग्गे का प्रयोग भी किया जा सकता है। अतः इनका प्रयोग क्षति के आधार पर आवश्यकतानुसार किया जा सकता है। चूहा नियंत्रण की उपयुक्त विधियाँ अन्य कृषिकार्यों जैसे उन्नत बीज तथा उर्वरक, सिंचाई कीटनाशी दवाओं के उपयोग की भांति ही आवश्यक समझ कर करना चाहिये, क्योंकि बचाव हमेशा नियंत्रण की अपेक्षा श्रेष्ठ माना गया है।

चूहानाशी विष के प्रयोग के समय सावधानियाँ तथा उपचार

- चूहानाशी विष (रोडेन्टीसाइडस) मनुष्यों, पशुधन तथा अन्य पक्षियों व अन्य जीवों के लिये भी घातक होते हैं। अतः चूहा नियंत्रण कार्यक्रम में उनके भण्डारण तथा प्रयोग में विशेष सावधानियाँ रखनी चाहिये।

- कोशिश यही होनी चाहिए कि विष तथा चुग्गा तालेबन्द आलमारी में रखा जाये ताकि बच्चों की पहुँच से दूर रहे। डिब्बे में से जहर निकालते समय ध्यान रखना चाहिये कि पाउडर मुँह में तथा श्वास द्वारा शरीर में प्रवेश न कर सकें।
- विष चुग्गा खुली जगह अथवा हवादार कमरे में ही बनाना चाहिये ताकि जहरीली गैस एक जगह इकट्ठी न हो पाये। चुग्गा बनाने एवं बिलों में डालने हेतु प्रयोग में लाये गये बर्तन, लकड़ी की छड़ी अथवा पत्तों आदि को नष्ट कर देना चाहिये। खाली हुए डिब्बों को नष्ट करके जमीन में दबा देना चाहिए।
- पशु–पक्षियों, मुर्गियों तथा अन्य जीवों को ध्यान में रखते हुए विष चुग्गा सिर्फ बिलों के अन्दर गहराई में डालना चाहिये।
- विष चुग्गा बनाने वाले एवं बिलों में डालने वाले व्यक्तियों के हाथों में किसी प्रकार का घाव नहीं होना चाहिए। कार्य समाप्त होने के बाद हाथ साबुन से अच्छी तरह धोना चाहिए।
- विष चुग्गा उपयोग करते समय तम्बाकू, बीड़ी, सिगरेट तथा खाने–पीने की वस्तुओं का कभी भी उपयोग नहीं करना चाहिये।
- नियंत्रण कार्यक्रम के बाद सभी मरे चूहों को एकत्रित करके जमीन में गहरा दबा देना चाहिये, क्योंकि इन्हें खाकर कुत्ते, बिल्ली, चील–कौवे तथा अन्य परभक्षी जीव अकारण ही मर सकते हैं।

यदि किसी प्रकार भी अनजाने में विष मुँह अथवा श्वास द्वारा शरीर में प्रवेश कर जाये तो तुरन्त कुछ प्राथमिक उपचार अवश्य करना चाहिये। अलग–अलग जहर के लिये ये उपचार इस प्रकार हैं:

अ) जिंक फॉस्फाइड द्वारा पीड़ित व्यक्ति को फौरन उल्टियाँ करवानी चाहिये। इसके बाद छह ग्राम (आधा तोल के लगभग) लाल दवा (पोटैशियम परमैंगनेट) को गर्म पानी में घोल कर पिलाना चाहिये। इसके लगभग 10 मिनट बाद ही आधा चम्मच (छोटा) कॉपर सल्फेट (नीला थोथा) 250 मि.ली. पानी में मिलाकर पिलाना चाहिये। फिर कोई दस्तावर दवा जैसे इप्सम लवण पानी में घोल कर पिलायें तथा तुरन्त डाक्टर से सम्पर्क करें।

ब) ब्रोमेडियोलोन ज्यादा तेज विष नहीं होते हैं किन्तु, पीड़ित व्यक्ति के रक्त की नलिकाओं को बहुत कमजोर कर देते हैं। इससे व्यक्ति के अन्दर ही अन्दर खून बहता (रक्तस्त्राव) रहता है एवं व्यक्ति पीला व कमजोर पड़कर मर जाता है। यह विष यदि शरीर मे चला जाये तो तुरन्त डाक्टर को सूचित करना चाहिये। ऐसी अवस्था में पीड़ित व्यक्ति को विटामिन के–1 दिया जाना चाहिये। आवश्यक हो, तो खून भी चढ़ाया अथवा बदला जा सकता है।

उत्पादकता वृद्धि के 21 मूल मंत्र

1.	समय पर बुआई करें।	अधिकतम उत्पादन लें।
2.	प्रमाणित/उन्नत बीज ही बोयें।	20 से 25 प्रतिशत् उपज बढ़ायें।
3.	बीज उपचार (बीज का टीकाकरण) अवश्य करें।	कम खर्च में फसल रहे निरोग व स्वस्थ।
4.	मिट्टी की जाँच करवाकर सिफारिश के अनुसार संतुलित उर्वरक काम में लें।	उर्वरक पर पैसा बचायें।
5.	गर्मी मे भारी मिट्टी में गहरी जुताई अवश्य करें।	खरपतवार रोग व कीट के प्रकोप में कमी।
6.	उचित बीज दर रखें। कतार में बुआई करें। कतार से कतार की समुचित दूरी रखें।	पौधे की उचित संख्या व उचित दूरी से अच्छी बढ़वार व अधिक उपज पायें।
7.	ढलान के आड़े जुताई–बुआई करें।	वर्षा का ज्यादा पानी जमीन के अन्दर जाये।
8.	फसल बदल–बदल कर बोयें।	कीट रोग के प्रकोप में कमी।
9.	मिलवाँ फसलें (इन्टर क्रॉपिंग) लें।	जोखिम कम होगा।
10	दलहनी/तिलहनी फसलों में जिप्सम का उपयोग अवश्य करें।	भूमि की उर्वरा शक्ति बढ़े। उपज की गुणवत्ता बढ़े।
11.	फव्वारा, ड्रिप व पाइप लाइन इस्तेमाल करें।	पानी की बचत होगी व सिंचित क्षेत्र बढ़ेगा।
12.	फसल की क्रान्तिक अवस्थाओं पर सिंचाई अवश्य करें।	कम पानी की स्थिति में अच्छी पैदावार मिलेगी।
13.	मित्र कीटों का संरक्षण करें, प्रकाश –पाश व फेरोमोन ट्रेप काम में लें।	दवाई का प्रयोग कम होगा। बिना दवा के कीड़ों पर नियंत्रण होगा।
14.	जैविक खेती अपनायें।	उत्पादन लागत कम होगी।
15.	सिफारिश के अनुसार अगेती/पछेती फसलें लें।	विषम परिस्थितियों में भी आमदनी बढ़े।
16.	उपज को सुखाकर/छानकर/श्रेणीकरण (ग्रेडिंग) कर बाजार में ले जायें।	अधिक मूल्य मिले।
17.	खाद/बीज/दवा खरीदते समय बिल अवश्य लें।	धोखाधड़ी से बचेंगे। आदान की गुणवत्ता सुनिश्चित होगी।

18.	कृषि कार्यक्रमों में भागीदारी बढ़ायें।	नवीनतम जानकारी लें। समस्या का समाधान पायें।
19.	फसल बीमा करवायें।	जोखिम से बचें।
20.	उन्नत कृषि यंत्र अपनायें।	समय, श्रम एवं पैसा बचे।
21.	नगदी/उद्यानिकी फसलों को अपनायें।	निरन्तर आमदनी मिले।

❑❑❑

Part-3:
RABI CROPS

अध्याय 17

राया (सरसों)

राया राजस्थान की प्रमुख तिलहनी फसल है। इसकी खेती राज्य के सभी जिलों में की जाती है।

कृषि पारिस्थितिक स्थिति वार किस्में

असिंचित पेटा काश्त/ सेवज क्षेत्र	**सिंचित सामान्य जल एवं मृदा क्षेत्र**	**सिंचित लवणीय एवं क्षारीय जल एवं मृदा क्षेत्र**
टी–59,	टी–59,	टी–59,
आर एच– 30,	आर एच–30,	आर एच–30,
जे. एम–1	बायो–902	सी एस–52
जी. एम–2	जी. एम–2,	सी.एस–54
आर. आर. एन.–505	उर्वषी	
बायो–902,	आर आर एन–505	
उर्वशी	जे. एम–1,	
	नवगोल्ड	

उपयुक्त किस्में

टी 59 (1967): मध्यम कद वाली इस किस्म के पौधों की शाखायें फैली हुई होती हैं। यह 125–140 दिन में पक कर तैयार हो जाती है। इसकी फलियाँ चौड़ी व छोटी होती हैं। दाने मोटे तथा काले रंग के होते हैं। असिंचित में 10–15 क्विंटल एवं सिंचित अवस्था में 15–18 क्विंटल प्रति हैक्टेयर उपज होती है। इसमें तेल की मात्रा 36 प्रतिशत् होती है। यह सफेद रोली ग्रहणशील है, लेकिन इसमें मोयला पूसा कल्याणी की तुलना में कम लगता है।

आर एच 30 (1985): यह किस्म सिंचित व असिंचित दोनों ही स्थितियों में गेहूँ, चना, जौ के साथ मिश्रित खेती के लिये उपयुक्त है। यह देर से बुआई के लिये भी उपयुक्त है। पौधे 196 सेंमी. ऊँचे, 5–7 प्राथमिक शाखाओं वाले एवं पत्तियाँ मध्यम आकार की होती हैं। 45–50 दिन में फूल आने लगते हैं, और फसल 130–135 दिन में पक जाती है। दाने मोटे होते हैं। 15–20 अक्टूबर तक इसकी बुआई कर मोयले के प्रकोप से बच सकते हैं।

बायो 902 (1994): मध्यम कद की इस किस्म में 41–45 दिन में फूल आने लगते हैं एवं सफेद रोली, मुरझान व तुलासिता रोगों का प्रकोप अन्य किस्मों की अपेक्षा कम होता है। इसकी उपज 18–20 क्विंटल प्रति हैक्टेयर एवं पकाव अवधि 125–135 दिन होती है। इसके दाने अन्य किस्मों की तुलना में बड़े होते हैं। इसमें तेल की मात्रा 38–39 प्रतिशत् होती है। इसके तेल में इरूसिक एसिड या लिनोलिक एसिड की मात्रा कम होने के कारण तेल में असंतृप्त वसीय अम्ल कम होते हैं। इसलिये इसका तेल खाने के लिये उपयुक्त होता है।

जी. एम. 2 (1997): इस किस्म के पौधे 145–165 सेन्टीमीटर ऊंचे एवं 5–7 प्राथमिक शाखाओं वाले होते हैं। 45–50 दिन में फूल आ जाते हैं तथा 125 से 130 दिन में फसल पक जाती है। इस किस्म की उपज 24 क्विंटल प्रति हैक्टेयर होती है। दानों मे तेल की मात्रा 39 प्रतिशत् होती है। 1000 दानों का वजन 5.0–5.5 ग्राम होता है। यह किस्म फसल की प्रारम्भिक अवस्था में उच्च ताप के प्रति सहनशील है।

आर. आर. एन. 505: ये फसल 124 दिन में पक कर तैयार हो जाती है। इसकी औसत उपज 11–12 क्विंटल प्रति हैक्टेयर होती है। ये किस्में देरी से बुआई के लिए पाला सहिष्णु किस्म है। पौधों की शाखाएँ हरी होती हैं। जो फलियाँ बनने पर लालीयुक्त हो जाती है। इस फसल की प्रमुख विशेषताएँ हैं– 1. पाले के लिए उच्च प्रतिरोधकता है। 2. स्केलेरोटिनिया, तना गलन के लिए प्रतिरोधकता है। 3. सफेद रोली, आल्टरनेरिया झुलसा, डाउनी मिल्डयू और छाछ्या रोग कम लगता है। 4. इस किस्म में तेल प्रतिशत वरुणा और क्रांति किस्मों की अपेक्षा (40.2 प्रतिशत्) अधिक होता है।

नवगोल्ड (वाई. आर. एन.–6): यह पीली सरसों की देरी से बुआई के लिये उपयुक्त किस्म है। बीज का रंग पीला, पौधे सीधे एवं हल्के रंग के होते हैं। फलियाँ मोटी एवं सुडौल दानों वाली होती हैं। फसल की अवधि 130 दिन एवं उपज 14–14.5 क्विंटल प्रति हैक्टेयर, 100 ग्राम बीज का वजन 4.3 ग्राम। यह किस्म सफेद रोली, तना गलन व झुलसा रोग के प्रति मध्यम प्रतिरोधी है।

खेत का चुनाव व तैयारी: सरसों हेतु दोमट व हल्की मिट्टी अधिक उपयुक्त होती है। अच्छे जल निकास वाली मिट्टी जो लवणीय एवं क्षारीय न हो, ठीक रहती है। इसको हल्की ऊर भूमि में भी बो सकते हैं। सरसों की खेती बरानी एवं सिंचित दोनों ही प्रकार से की जाती है। बरानी खेती के लिये खेत को खरीफ में खाली छोड़ना चाहिए। पहली जुताई वर्षा ऋतु में मिट्टी पलटने वाले हल से करें। इसके बाद 3–4 जुताई करें। सिंचित खेती के लिये भूमि की तैयारी बुआई के 3–4 सप्ताह पूर्व प्रारम्भ करें।

भूमि उपचार: दीमक और अन्य कीड़ों की रोकथाम हेतु बुआई से पूर्व अन्तिम जुताई के समय क्यूनॉलफॉस 1.5 प्रतिशत् चूर्ण 25 किलो प्रति हैक्टेयर खेत में डालकर जुताई करना चाहिये। नमी को ध्यान में रखकर जुताई के बाद पाटा लगायें।

बीज की मात्रा, बीजोपचार एवं बुआईः बुआई के लिये शुष्क क्षेत्र में 4–5 किलो तथा सिंचित क्षेत्र में ढाई किलो बीज प्रति हैक्टेयर पर्याप्त रहता है। बुआई के पहले बीज को 2.5 ग्राम मैन्कोजेब प्रति किलो बीज की दर से उपचारित करके बोयें। सफेद रोली के प्रकोप से बचने के लिये बीज को एपरॉन 35 एस डी 6 ग्राम प्रति किलो बीज की दर से उपचारित करके बोयें।

पौधों के बीच की दूरी 10 सेन्टीमीटर रखते हुए कतारों में 5 सेन्टीमीटर गहरा बीज बोयें। कतार से कतार की दूरी 30 सेन्टीमीटर रखें। असिंचित क्षेत्रों में बीज की गहराई नमी के अनुसार रखें। बरानी में राया की बुआई 15 सितम्बर से 15 अक्टूबर तक कर देनी चाहिये। सिंचित क्षेत्रों में इसकी बुआई अधिक से अधिक अक्टूबर के अन्त तक कर देनी चाहिये। सिंचित क्षेत्र में बुआई पलेवा देकर ही करें। देर से बुआई करने पर उपज में भारी कमी हो जाती है, साथ ही चेंपा तथा सफेद रोली प्रकोप भी अधिक होता है। अधिक पैदावार लेने हेतु बीज को आधा ग्राम थायोयूरिया प्रति लीटर पानी के घोल में 3–4 घण्टे भिगोकर एवं छाया में सुखाने के उपरान्त बुआई करें या खड़ी फसल में 40 दिन की अवस्था पर एक ग्राम थायोयूरिया प्रति लीटर पानी में घोल बनाकर छिड़काव करें।

खाद एवं उर्वरक

जैविक खादः सिंचित फसल के लिए तीन वर्ष में एक बार प्रति हैक्टेयर 8–10 टन व असिंचित क्षेत्र में 4–5 टन सड़ा हुआ देशी खाद बुआई के कम से कम तीन–चार सप्ताह पूर्व खेत में डालकर खेत तैयार करें।

उर्वरक प्रयोगः सिंचित फसल के लिये 60 किलो नत्रजन, 30–40 किलो फास्फोरस एवं 250 किलो जिप्सम या 40 किलो गन्धक चूर्ण प्रति हैक्टेयर दें। हल्की भूमि में 80 किलो नत्रजन प्रति हैक्टेयर देना लाभदायक पाया गया है नत्रजन की आधी मात्रा व फास्फोरस की पूरी मात्रा बुआई के समय ऊर कर दें तथा शेष नत्रजन पहली सिंचाई के साथ दें। असिंचित क्षेत्रों में ऊपर बताये गये उर्वरकों की आधी मात्रा ही बुआई के समय काम में लीजिये। राया की फसल में जैव उर्वरकों, एजेक्टोबैक्टर/एजोस्पाईरीलम तथा फास्फेट घोलक जीवाणु (पी. एस.बी.) प्रत्येक 500 ग्राम प्रति हैक्टेयर की दर से बीज को उपचारित कर बुआई करने से उपज में वृद्धि होती है तथा 25 प्रतिशत् नत्रजन तथा फास्फोरस तत्वों की बचत की जा सकती है।

सिंचाईः राया को तीन सिंचाइयों की आवश्यकता होती है। पहली सिंचाई शाखा फूटते समय 21 से 30 दिन पर, दूसरी फूल आना शुरू होने पर 40–45 दिन एवं तीसरी सिंचाई फली बनते समय 70–80 दिन पर करें। यदि मिट्टी बालू है और पानी पर्याप्त मात्रा में हो तो चौथी सिंचाई दाना पकते समय 95 दिन की अवस्था पर दें।

फव्वारा विधि द्वारा तीन सिंचाइयाँ बुआई के 30,45 व 75 दिन की अवस्था पर चार घण्टे फव्वारा चलाकर दें।

निराई–गुड़ाईः पौधों की संख्या अधिक हो तो बुआई के 20 से 25 दिन बाद निराई के साथ छंटाई कर पौधे निकाल दें तथा पौधे से पौधे की दूरी 10 से 12 सेंमी. कर दें। सिंचाई के बाद गुड़ाई करने से खरपतवार नष्ट होने के साथ फसल की बढ़वार अच्छी होगी।

प्याजी व अन्य खरपतवार की रोकथाम के लिये फ्लूक्लोरेलिन एक लीटर प्रति हैक्टेयर भूमि में मिलायें। जहां पलेवा करके बुआई की जानी हो, वहां फ्लूक्लोरेलिन बुआई से पूर्व भूमि में मिला देना चाहिये, जबकि सूखी बुआई की स्थिति में पहले फसल की बुआई करें। इसके बाद फ्लूक्लोरेलिन का छिड़काव कर सिंचाई करें। प्याजी व जंगली पालक समस्याग्रस्त खेतों में राया–गेहूँ फसल चक्र अपनायें।

पौध संरक्षण

पेन्टेड बग व आरा मक्खीः अंकुरण के 7–10 दिन में ये कीट अधिक हानि पहुंचाते हैं। इनकी रोकथाम के लिये 5–7 ग्राम इमीडाक्लोप्रिड प्रति एक किलो बीज की दर से उपचारित कर बुआई करें। मिथाईल पैराथियॉन 2 प्रतिशत् चूर्ण 20 किलो या मोनोक्रोटोफॉस 36 डब्ल्यू एस सी एक लीटर प्रति हैक्टेयर की दर से भुरकें/छिड़कें।

हीरक तितलीः रोकथाम हेतु एक लीटर क्यूनालफॉस 25 ईसी प्रति हैक्टेयर के हिसाब से छिड़कें।

मोयलाः फसल में 50से 60 मोयला प्रति सेंमी. पौधे के केन्द्रीय शाखा या 30 प्रतिशत् पौधे ग्रसित होने पर नियंत्रण हेतु छिड़काव किया जाए। मोयला की रोकथाम हेतु मिथायल पैराथियॉन 2 प्रतिशत् या कारबोरिल 5 प्रतिशत् चूर्ण 25 किलो प्रति हैक्टेयर भुरकें।

अथवा

पानी की सुविधा वाले स्थानों में थायमैथोक्साम 25 डब्ल्यू. जी. या एसिटामिप्रिड 20 प्रतिशत् एस. पी. 100 ग्राम प्रति हैक्टेयर की दर से 500–600 लीटर पानी में घोलकर छिड़काव करें अथवा मैथाथियान 50 ई. सी. सवा लीटर या डाइमिथोएट 30 ई. सी. 875 मिलीमीटर या मिथाईल डिमेटोन 25 ई. सी. या फार्मोथियॉन 25 ई. सी. एक लीटर या कारबोरिल 50 प्रतिशत् घुलनशील चूर्ण ढाई किलो प्रति हैक्टेयर की दर से पानी में मिलाकर छिड़कें। राया में रासायनिक कीटनाशकों का कम से कम प्रयोग करके भी मोयले का प्रभावी नियंत्रण किया जा सकता है। इस हेतु प्रथम छिड़काव एजेडीरेक्टिन 0.03 ई. सी. (नीम आधारित कीटनाशक) का 2 लीटर प्रति हैक्टेयर का छिड़काव करें एव दूसरा छिड़काव मिथाईल डेमेटान 1 मिलीलीटर/लीटर पानी की दर से करें।

झुलसा, तुलासिता व सफेद रोली: रोगों के लक्षण दिखाई देते ही डेढ़ से दो किलो मैन्कोजेब प्रति हैक्टेयर को पानी में मिलाकर छिड़कें अथवा रिडोमिल एम जेड का 2 ग्राम प्रति लीटर पानी की दर से घोल बनाकर छिड़काव करें। आवश्यकतानुसार यह छिड़काव 20 दिन के अन्तर पर दोहराएँ।

छाछ्या: रोग दिखाई देते ही प्रति हैक्टेयर 20 किलो गन्धक चूर्ण भुरकें या ढाई किलो घुलनशील गन्धक या 750 मिलीलीटर डाइनोकेप पानी में मिलाकर छिड़कें।

आग्या: पराश्रयी पौधों को बीज बनने से पहले ही उखाड़ कर नष्ट करें तथा रोग रोधक किस्मों का प्रयोग करें, जैसे दुर्गामणि।

❑❑❑

अध्याय 18

गेहूँ

कृषि पारिस्थितिक स्थिति वार किस्में

असिंचित पेटा काश्त/ सेवज क्षेत्र	सिंचित सामान्य जल एवं मृदा क्षेत्र	सिंचित लवणीय एव क्षारीय जल एव मृदा क्षेत्र
लोक 1, राज 3077, राज 3765, सुजाता	राज 1482, लोक 1, राज 3077, राज 3765, राज 4037, राज 4083, राज 3777, राज 4120, राज 6560, राज 4079, के. आर. एल. 210	खारचिया–65, के. आर. एल. 1–4, के.आर. एल.–19

उपयुक्त किस्में

राज 1482 (1983): इस द्विजीन बौनी किस्म के पौधों में कल्ले काफी फूटते हैं। यह सामान्य समय पर बोई जाने वाली तथा सामान्य समय से कुछ पहले पककर तैयार हो जाने वाली रोली व करनाल बन्ट रोधक किस्म है। दाने लगभग गोल आकारज के सख्त एवं सुनहरी आभा वाले होते हैं। औसत उपज 45–50 क्विंटल प्रति हैक्टेयर तथा 1000 दानों का वजन 38 44 ग्राम होता है।

लोक 1 (1981): इस द्विजीन बौनी किस्म के पौधों की औसत ऊंचाई 85–90 सेन्टीमीटर होती है। यह 100 से 110 दिनों में पककर तैयार हो जाती है। इसके दाने सख्त व सुनहरी आभा वाले होते हैं। इसके 1000 दानों का वजन 45–55 ग्राम होता है। इसकी औसत उपज 40 से 45 क्विंटल प्रति हैक्टेयर होती है। जल्दी पकने के कारण इस किस्म की उपज सामान्य एवं पिछेती, दोनो बुआई की परिस्थितियों में अच्छी होती है।

राज 3077 (1989): यह एक बौनी 115–118 सेन्टीमीटर ऊंची, अधिक फुटान वाली रोली रोधक किस्म है। पौधों के तने मोटे व मजबूत होने के कारण यह किस्म आड़ी नहीं गिरती है। इसके दाने शरबती आभायुक्त सख्त मध्यम आकार के होते हैं। सामान्य एवं

पिछेती दोनों प्रकार की बुआइयों के लिये उपयुक्त होना इसकी विशेषता है। इसके अतिरिक्त साधारण लवणीय भूमि में भी इसकी खेती सफलतापूर्वक की जा सकती है। इसकी उपज 50–60 क्विंटल प्रति हैक्टेयर तक ली जा सकती है। 1000 दानों का वजन 40–50 ग्राम होता है तथा पकाव अवधि 100 से 105 दिन है।

खारचिया 65 (1970): राजस्थान में विकसित की गई इस किस्म में काली रोली के प्रति रोगरोधक गुण है। यह किस्म लम्बे कद, सिकुरदार बालियाँ सफेद तुशनीपत्र एवं लाल रंग के दानों वाली हैं। अधिक क्षार वाली भूमि में इसे आसानी से हर वर्ष उगाया जा सकता है तथा अधिक उपज ली जा सकती है। क्षारीय भूमि में भी इसकी औसत उपज 12–20 क्विंटल प्रति हैक्टेयर होती है, जहां कि दूसरी किस्म से इतनी उपज लेना बिल्कुल असम्भ्व है।

राज 3765 (1996): यह किस्म देरी से बुआई के लिए उपयुक्त है। इसकी बुआई दिसम्बर के तीसरे सप्ताह तक भी की जा सकती है। इसके पौधों की ऊँचाई 85–95 सेन्टीमीटर होती है। इसमें फुटान अधिक, तना मजबूत तथा पत्तियाँ हरे रंग की मोम रहित होती हैं। बालियाँ पकने तक दाने सफेद, शरबती चमकयुक्त मध्यम सख्त व बड़े आकार के होते है। यह तीनों प्रकार के रोली रोग के प्रति अच्छी प्रतिरोधकता युक्त किस्म है और उच्च ताप के लिए भी सहनशील है। इसकी औसत उपज 40–50 क्विंटल प्रति हैक्टेयर प्राप्त की जा सकती है।

राज 3777 (2003): यह किस्म 90 से 95 दिनों में पककर तैयार हो जाती है। इसकी औसत उपज 35–40 क्विंटल प्रति हैक्टेयर प्राप्त की जा सकती है।

राज 4120: यह किस्म 119 दिनों में पक कर तैयार हो जाती है। इसकी औसत उपज 47.5 क्विंटल प्रति हैक्टेयर हो सकती है। यह किस्म सिंचित तथा समय से बुआई के लिए उपयुक्त है। इस किस्म की पत्तियाँ गहरी हरी व बालियाँ मध्यम घनी होती हैं। इस किस्म की प्रमुख विशेषताएं हैं– 1. यह किस्म तना रोली रोधक है तथा विशेषतयाः रोली रोग की नई किस्म यू.जी. 99 के लिए प्रतिरोधक पाई गई है। साथ ही करनाल बन्ट रोग प्रतिरोधक भी है। 2. रोटी बनाने के लिए उपयुक्त है।

राज 4083 (2007): ये किस्म 98 दिनों में पक कर तैयार हो जाती है। इसकी औसत उपज 40–47 क्विंटल प्रति हैक्टेयर प्राप्त की सकती है। ये किस्म राजस्थान तथा प्रायद्वीप क्षेत्रों के लिए उत्तम पाई गई है। इसके दाने उच्च गुणवत्ता वाले होते हैं। इसकी प्रमुख विशेषताएँ हैं– 1. यह किस्म सभी प्रकार के रोली रोगों के लिए प्रतिरोधक है तथा उच्च ताप के प्रति अच्छी सहनशीलता रखती है। 2. शीघ्र पकने वाली किस्म है। 3. ग्लूटिन की मात्रा अधिक होने के कारण रोटी बनाने के साथ–साथ बेकरी उद्योग के लिए भी उपयुक्त है।

राज 4037 (2004): ये किस्म 120 दिनों में पक कर तैयार हो जाती है। इसकी औसत उपज 55–60 क्विंटल प्रति हैक्टेयर होती है। इस किस्म की पत्तियाँ हरी, मध्यम लंबाई वाली व नुकीली होती हैं। दानों का रंग शरबती तथा मध्य सख्त होता है। पकने पर बालियों का रंग मटमैला सफेद रहता है। इस किस्म को राजस्थान तथा प्रायद्वीप क्षेत्रों के लिए उत्तम पाया गया है। इस की विशेषता बीमारियों के लिए उच्च प्रतिरोधकता है।

राज 6560 (2005) (ड्यूरम): वर्ष 2005 मे बीकानेर राजस्थान से विकसित किस्म इस किस्म के पौधों की ऊंचाई 85 सेंमी. होती है। पकने की अवधि 130–135 दिन होती है। उपज 45–50 क्विंटल प्रति हैक्टेयर है। यह किस्म समय से बुआई एवं सिंचित अवस्था के लिए अनुकूल है। इस किस्म की पत्तियाँ मध्यम लम्बाई वाली, संकरी, नुकीली एवं सीधी खड़ी होती हैं। औरिकल हल्के रंग युक्त होता है। बालियाँ मध्यम आकार की एवं दाने सख्त, शरबती तथा चमकदार होते हैं।

केआरएल 1–4 (1990): केआरएल 1–4, केन्द्रीय मृदा लवणता अनुसंधान संस्थान द्वार विकसित गेहूँ की प्रथम प्रजाति है। इस प्रजाति को केंद्रीय प्रजाति जारी समिति ने वर्ष 1990 में जारी किया था। यह प्रजाति उत्तर–पश्चिम मैदानी भागों के लिये अत्यन्त उपयोगी है। इसका कद बौना है एवं यह 130–137 दिनों में पक जाती है। इसके दानों का आकार मध्यम एवं रंग गेहूँआ है। यह प्रजाति विभिन्न रतुआ रोगों के लिये भी प्रतिरोधी गुण रखती हैं। इस किस्म के गेहूँ के दानों में 12 प्रतिशत् प्रोटीन, हैक्टोलीटर भार 71.7 किग्रा. एवं अवसादन (सेडिमेंटेशन) भार 40 मिली. है। सामान्य मृदाओं में यह किस्म 40 से 50 क्विंटल प्रति हैक्टेयर तक एवं लवण ग्रसित मृदाओं में 25 से 35 क्विंटल प्रति हैक्टेयर तक उपज देने में सक्षम है। केआरएल 1–4 को खारचियां एवं डब्ल्यूएल 711 के संकरण के पश्चात् वंशावली वरण द्वारा विकसित किया गया। यह प्रजाति 7 डे. सी./मी. तक की लवणता एवं 9.3 पीएच. मान की ऊसरता को सहन कर सकती है। मुख्य रूप से यह प्रजाति उत्तर प्रदेश की लवणग्रस्त मृदाओं में उगाई जाती है। इसके अतिरिक्त राजस्थान की लवण ग्रसित मृदाओं के लिये भी यह प्रजाति उपयोगी है।

केआरएल 19–केआरएल 19, केन्द्रीय मृदा लवणता अनुसंधान संस्थान द्वारा विकसित नवीनतम प्रजाति है। यह प्रजाति पीडीडब्ल्यू 255 एवं केआरएल एवं केआरएल 1–4 के संकरण द्वारा वंशावली वरण प्रक्रिया से चयनित की गई थी। इस प्रजाति को वर्ष 2000 में जारी किया गया। यह प्रजाति 9.3 पीएच मान तक की क्षारीयता एवं 7 डेसी./मी. की लवणता को सहन कर सकती है। इसके अतिरिक्त यह प्रजाति उन भूमियों में भी अच्छी उपज दे सकती है जहां भूमि तो अच्छी है, परन्तु भूजल खारा (ई.सी. 15–20 डेसी./मी. अथवा आर. एस. सी. 12–14 मिली तुल्यांक/लीटर) होता है। इस किस्म के दानें गेहूंआ रंग के एवं मध्यम आकार के होते हैं। केआरएल 19 में प्रोटीन की मात्रा 12 प्रतिशत्, हैक्टो लीटर भार 77.4 किग्रा. एवं अवसादन (सेडिमेंटेशन) माप 47.4 मिली. होता है। यह प्रजाति सामान्य मृदा में भी अच्छी उपज (45–52 क्विंटल प्रति हैक्टेयर) देने में सक्षम हैं। लवण ग्रस्त

मृदाओं में इसकी उपज 25 से 35 क्विंटल प्रति हैक्टेयर तक हो सकती है। यह प्रजाति मुख्य रूप से उत्तर प्रदेश की लवणीय एवं क्षारीय भूमियों में उगाई जाती है।

केआरएल 210 (2012): यह किस्म केन्द्रीय मृदा लवणता अनुसंधान संस्थान करनाल द्वारा 2012 में विकसित किस्म है। पौधों की ऊँचाई 99 सेमी0 होती है। यह किस्म पीले एवं भूरे गेरुआ, अनावृत कण्डवा, पताका कण्डवा, करनाल बन्ट बीमारी के प्रति सहनशील होती है। फसल पकने पर आड़े नहीं पड़ती एवं बालियों से दाने नहीं बिखरते। पकाव अवधि 143 दिन होती है। इस किस्म की उत्पादन क्षमता 55 क्विण्टल/हैक्टेयर है। इस किस्म की उत्पादन क्षमता पीएच 9.3 तक तथा ई. सी. 6 डी.सी. तक की मिट्टी में 30–50 क्विंटल/हैक्टेयर है।

राज 4079 (2011): गेहूं की यह किस्म 75 से 80 सेन्टीमीटर ऊँची, अधिक फूटान वाली, गर्म तापक्रम सहनशीलता रखने वाली एवं रोली रोधक होती है। यह सामान्य बुआई व सिंचित क्षेत्र के लिए उपयुक्त है। मजबूत तने के कारण यह किस्म आड़ी नहीं गिरती है। इसके पकने का समय 115 से 120 दिन है। इसकी ऊपज 47 से 50 क्विंटल प्रति हैक्टेयर होती है। इसके दाने शरबती आभायुक्त, शख्त व मध्यम आकार वाले तथा 1000 दानों का वजन 42 से 46 ग्राम तक होता है। यह राजस्थान की गर्म जलवायु को सहन करने की क्षमता रखती है, और अधिक ऊपज देती है।

गेहूँ की बुआई

मिट्टी किस्म	बुआई की स्थिति सिंचित/असिंचित हैक्टेयर	बुआई का उचित समय	बीज दर किलो	कतार से कतार की सेन्टीमीटर दूरी
हल्की दोमट	सामान्य बुआई	नवम्बर का प्रथम पखवाड़ा	100 से 120	20 से 22
हल्की दोमट	सिंचित	नवम्बर के चौथे सप्ताह से दिसम्बर के प्रथम सप्ताह तक	125	20 से 25
हल्की दोमट	देर से बुआई सिंचित	नवम्बर के चौथे सप्ताह से दिसम्बर के प्रथम सप्ताह तक	125 से 150	22 से 22
भारी मिट्टी	सामान्य बुआई सिंचित	नवम्बर का प्रथम पखवाड़ा	100	20 से 25
भारी मिट्टी	देर से बुआई सिंचित	नवम्बर के चौथे सप्ताह से दिसम्बर के प्रथम सप्ताह तक	125	20 से 25

क्षारीय व लवणीय क्षेत्र	असिंचित	नवम्बर के चौथे सप्ताह से दिसम्बर के प्रथम सप्ताह तक	125	25
		अक्टूबर के अंतिम सप्ताह से नवम्बर के प्रथम सप्ताह तक	125	25

ध्यान रखें –सिंचित क्षेत्र में बीज को 5 सेन्टीमीटर से अधिक गहरा नहीं बोयें। बीज का समान रूप से उपयोग करें ताकि कोई खाली जगह नहीं रह पाये।

खेत की तैयारी एवं भूमि उपचार–खेती की अच्छी तैयारी करने के बाद दीमक एवं भूमि में रहने वाले अन्य कीड़ों की रोकथाम के लिये क्यूनॉलफॉस 1.5 प्रतिशत् चूर्ण 25 किलो प्रति हैक्टेयर की दर से बीज बोने से पहले अंतिम जुताई के समय खेत में अच्छी तरह मिलायें।

बीजोपचार

1. दीमक नियंत्रण हेतु 400 से 450 मिलीलीटर क्लोरोपायरीफॉस 20 ई सी का आवश्यकतानुसार पानी में घोलकर 100 किलो बीजों पर समान रूप से छिड़ककर उपचारित करें एवं छाया में सुखाने के बाद बुआई करें। घोल एकसार छिड़कने के लिये छिड़काव यन्त्र का प्रयोग करें।
2. बीजजनित रोगों से बचाव हेतु दो ग्राम पारद फफूंदनाशी या 3 ग्राम थाइरम या ढाई ग्राम मैन्कोजेब प्रति किलो बीज की दर से बीज को उपचारित कर बुआई के काम में लें। जिन खेतों मे अनावृत कण्डवा रोग का प्रकोप हो वहाँ नियंत्रण हेतु वीटावेक्स या कोर्बेन्डेजिम 2 ग्राम प्रति किलो बीज की दर से बीज को उपचारित कर बुआई के काम में लें।
3. लवणीय मिट्टी व खारे पानी वाले क्षेत्रों में बीज को सोडियम सल्फेट के तीन प्रतिशत् घोल (डेढ़ किलो सोडियम सल्फेट का 50 लीटर पानी में घोल) में 24 घण्टे डुबोना चाहिये। इसके बाद बीज से लवण की परत हटाने के लिये बीज को सादे पानी में अच्छी तरह धोकर सुखा दें।

   बीजोपचार करने से पूर्व खारी मिट्टी एवं खारे पानी का विस्तृत परीक्षण कराएँ। भूमि तैयार करते समय सिफारिश के अनुसार खाद एवं रासायनिक उर्वरकों का प्रयोग करें। भूमि का पी एच मान 8.5 से अधिक हो तो मई में आवश्यकतानुसार जिप्सम डालें एवं ढैंचा की हरी खाद काम में लें।

4. ईयर कोकल व टुण्डु रोग से बचाव के लिये बीज को (यदि बीज रोगग्रसित खेत का हो तो) 20 प्रतिशत् नमक के घोल में डुबोकर नीचे बचे स्वस्थ बीज को अलग छाँट कर साफ पानी में धोयें और सुखाकर बोने के काम में लें। ऊपर तैरते हल्के व रोगग्रस्त बीजों को काम में न लें। ऊपर तैरते हल्के व रोगग्रस्त बीजों को निकाल कर नष्ट करें। जिन खेतों में इस रोग का प्रकोप हो, उनमें अगले कुछ वर्षों तक गेहूँ न बोयें।
5. गेहूँ के बीजों को कल्चर से उपचारित करना लाभप्रद रहता है। नत्रजन की बचत के लिये बीज को एजेटोबेक्टर/एजोस्पाइरीलम तथा फास्फोरस के लिये पी एस बी कल्चर से उपचारित करना चाहिये। इसमें 10 से 15 किलो नत्रजन एवं 10 से 15 किलो फास्फोरस तत्व की बचत होती है।

जैविक खाद एवं उर्वरक प्रयोग

अच्छी सड़ी हुई 8–10 टन गोबर की खाद प्रति हैक्टेयर बुआई के एक माह पहले कम से कम हर तीन साल में एक बार अवश्य दें। जहाँ खरीफ फसल में इतनी मात्रा में यह खाद दिया जा चुका है वहां रबी में यह खाद देना आवश्यक नहीं है।

उर्वरकों की सिफारिशः विभिन्न स्तर एवं मात्रा

बुआई की स्थिति		**विभिन्न स्तरों पर उर्वरक मात्रा (किलो प्रति हैक्टेयर)**		
		नत्रजन	**फास्फोरस**	**पोटाश**
सामान्य	प्रथम	60	30	20
	द्वितीय	90	40	20
	तृतीय	120	40	20

मिट्टी परीक्षण द्वारा ज्ञात की गई भूमि में उपलब्ध पोषक तत्वों की मात्रा के आधार पर बुआई की स्थिति एवं गेहूँ की किस्म को देखते हुए उर्वरकों की सिफारिश की मात्रा निम्न तीन स्तरों में टेबल में दर्शायी जा रही है:

I प्रथम स्तर – प्रभावी दक्षता स्तर

II द्वितीय स्तर – उपयुक्त आर्थिक स्तर

III तृतीय स्तर – अधिकतम उपज स्तर, आर्थिक दृष्टि से हानिकारक नहीं।

उर्वरक उपयोग में ध्यान में रखने वाली बातें

1. सिंचित क्षेत्र में लम्बी किस्में जैसे खारचिया 65 में उर्वरक की मात्रा प्रत्येक स्तर पर आधी ही देनी चाहिए।

2. सिंचित गेहूं में नत्रजनीय उर्वरक की आधी मात्रा तथा फास्फोरस व पोटाश युक्त उर्वरकों की पूरी मात्रा बुआई के समय ओरने से ऊर कर दें।

   नत्रजनीय उर्वरक की शेष आधी माात्रा दो बार में पहली व दूसरी सिंचाई के साथ देनी चाहिए। हल्की भूमि वाले क्षेत्रों में पहली व दूसरी सिंचाई के साथ नत्रजन, यूरिया उर्वरक के रूप में दो समान मात्रा में देना चाहिये। यूरिया सिंचाई के बाद देना अधिक लाभप्रद रहता है।

3. असिंचित गेहूँ व तालाबी पेटा काश्त की भूमि में उर्वरक की सारी मात्रा बुआई से पूर्व सीधे भूमि में ऊर कर देनी चाहिये।

4. जस्ते की कमी वाले क्षेत्रों में बुआई से पूर्व प्रति हैक्टेयर 25 किलो जिंक सल्फेट या 10 किलो चिलेटेड जिंक नत्रजन के साथ मिलाकर दें। खड़ी फसल में 5 किलो जिंक सल्फेट प्रति हैक्टेयर का घोल बनाकर छिड़काव करें। यदि आवश्यक हो, तो छिड़काव को दोहरायें।

5. उर्वरकों की बचत हेतु गेहूँ के बीज को कल्चर से उपचारित करना लाभप्रद रहता है। नत्रजन की बचत के लिये बीज को एजेटोबैक्टर/एजोस्पाइरीलम तथा फास्फोरस के लिये पी एस बी कल्चर से उपचारित करना चाहिये।

6. जिन मृदाओं में पोटाश की कमी हो वहां 40 किलो पोटाश प्रति हैक्टेयर बुआई पूर्व देना लाभप्रद है।

7. मिट्टी का परीक्षण कराएँ एवं प्रयोगशाला द्वारा दी गई सिफारिशों के अनुसार खाद व उर्वरक प्रयोग करें।

8. थायोयूरिया का प्रयोग – फूटान की अवस्था पर आधा ग्राम थायोयूरिया प्रति एक लीटर पानी में घोल बनाकर छिड़काव करें।

9. यूरिया अथवा एन. पी. के. (धुलनशील) 19:19:19 (1.घोल) के दो पर्णीय छिड़काव फ़ुटान व पुष्पावस्था में करें।

सिंचाई–सामान्यतः गेहूँ की फसल को फसल स्थिति तथा भूमि में नमी की उपलब्धता को देखते हुए भारी मिट्टी में 4 से 6 सिंचाइयों और हल्की मिट्टी में 6 से 8 सिंचाइयों की आवश्यकता होती है। निम्न अवस्थाओं पर सिंचाई करना ज्यादा उपयुक्त पाया गया है:

1. शीर्ष जड़ जमने की प्रारम्भिक अवस्था – बुआई के 15 दिन बाद।
2. शीर्ष जड़ जमने की अंतिम अवस्था – बुआई के 25 दिन बाद।
3. फुटान की उत्तरावस्था – बुआई के 45 दिन बाद।
4. गाँठ बनते समय – बुआई के 55 दिन बाद।

5. बालियाँ आनी शुरू होने पर – बुआई के 70 दिन बाद।
6. दाना बनने की प्रारम्भिक अवस्था – बुआई के 85 दिन बाद।
7. दाने की दूधिया अवस्था – बुआई के 95 दिन बाद।
8. प्रारम्भिक डफ अवस्था – बुआई के 110 दिन बाद।

फसल की उपरोक्त अवस्थाएँ मौसम, तापक्रम, भूमि की किस्म एवं उर्वराशक्ति व अन्य कारणों से कुछ पहले व बाद में भी आ सकती है। उसी के अनुरूप सिंचाई करें। शीर्ष जड़ निकलने की अवस्था पर प्रथम सिंचाई आवश्यक है। प्रथम सिंचाई हल्की करें। गेहूँ में चार सिंचाई देनी आवश्यक है जो कि शीर्ष जड़ बनते समय, गांठ बनते समय, दाना बनते समय व दाना पकते समय देनी चाहिये। अगर सिंचाई कम है तो गेहूँ के बजाय जौ, सरसों बोना लाभदायक है। गेहूँ के लिये मध्यम भूमि में फव्वारा विधि द्वारा सात सिंचाइयाँ बुआई के 20, 40, 60, 75, 90, 105 व 115 दिन बाद चार घण्टा फव्वारा चलाकर दें। इससे क्यारी विधि की अपेक्षा बिना उत्पादन को प्रभावित किये करीब 37 प्रतिशत् पानी की बचत होती है।

निराई–गुड़ाई एवं खरपतवार नियंत्रणः प्रथम सिंचाई के 10 से 12 दिन के अन्दर कम से कम एक बार निराई–गुड़ाई कर खरपतवार अवश्य निकाल दें व बाद में भी खरपतवार निकालते रहें। चौड़ी पत्ती वाले खरपतवारों व प्याजी को नष्ट करने के लिये बौनी किस्मों में बुआई के 30 से 35 दिन व अन्य किस्मों में 40 से 50 दिन के बीच 500 ग्राम 2–4 डी एस्टर साल्ट या 750 ग्राम 2–4 डी अमाइन साल्ट सक्रिय तत्व खरपतवारनाशी रसायन प्रति हैक्टेयर की दर से 500 से 700 लीटर पानी में घोलकर छिड़काव करें।

गुल्ली डण्डा (फेलेरिस माइनर) व जंगली जई खरपतवार का प्रकोप जिन खेतों में गत वर्षों में अधिक रहा हो उन खेतों में गेहूँ की बुआई 30 से 35 दिन बाद आइसोप्रोअयूरान अथवा मेटाक्सिरॉन अथवा मेजोबेन्जाथाजोयूरॉन निदानीशी, हल्की मिट्टी हेतु पौन किलो तथा भारी मिट्टी हेतु सवा किलो सक्रिय तत्व का पानी में घोल बनाकर एक सार छिड़काव करें। मैटाक्सिरॉन का छिड़काव करने से घास कुल व चौड़ी पत्ती वाले सभी खरपतवार समूल नष्ट हो जाते हैं। ध्यान रखें, कहीं भी दोहरा छिड़काव न होने पाये। जिन खेतों में गत वर्षों में इन खरपतवारों का मामूली प्रकोप रहा हो, उन खेतों में जब खरपतवार बड़े हो जायें तब इन खरपतवारों को बीज बनने से पहले खेत से निकाल कर मवेशियों को खिला दें।

पौध संरक्षण

दीमकः खड़ी फसल में दीमक की रोकथाम हेतु क्लोरोपायरीफॉस 20 ई सी 4 लीटर प्रति हैक्टेयर सिंचाई के साथ दें।

शूट लाईः इससे बचने के लिये मध्य नवम्बर से मध्य दिसम्बर तक बुआई करें। अंकुरण के समय शूट लाई का प्रकोप होने पर मोनोक्रोटोफॉस 36 ई.सी. 500 मिलीलीटर या फोसोलोन 35 ई.सी. 750 मिलीलीटर का अंकुरण के तीन–चार दिन के अन्दर आवश्यक रूप से पानी में मिलाकर छिड़काव करना चाहिये।

मकड़ी, मोयला व तेलाः मकड़ी का प्रकोप मध्य दिसम्बर से शुरू होता है। पहली बार गेहूँ की लाल मकड़ी दिखाई देने पर फार्मोथियॉन 25 ई.सी. या मिथाईन डिमेटोन 25 ई.सी. या डायमिथोएट 30 ई.सी. एक लीटर प्रति हैक्टेयर की दर से छिड़काव करें। इस छिड़काव से मोयला व तेला कीट की रोकथाम भी हो जायेगी। आवश्यकतानुसार 15 दिन बाद छिड़काव को दोहरायें।

सैन्य कीट, चने वाली लट और पायरिलाः इन कीटों की रोकथाम हेतु मिथाई पैराथियॉन 2 प्रतिशत् चूर्ण 25 किलो प्रति हैक्टेयर भुरकें।

फली बीटल, फड़का एवं फिल्ड क्रिकेट्सः कीटग्रस्त खेत में मिथाईल पैराथियॉन 2 प्रतिशत् चूर्ण 25 किलो प्रति हैक्टेयर की दर से सुबह या शाम के समय भुरकाव करें।

झुलसा एवं पत्ती धब्बा रोगः झुलसा एवं पत्ती धब्बा रोग से बचाने के लिये जनवरी के प्रथम सप्ताह से 15 दिन के अन्तर पर दो किलो मैन्कोजेब का प्रति हैक्टेयर की दर से घोल बनाकर छिड़काव करें।

रोली रोगः रोग नियंत्रण का सर्वोत्तम उपाय रोलीरोधक किस्मों का प्रयोग करना है, जहाँ देशी किस्मों का उपयोग किया गया है, वहां सुरक्षात्मक उपाय के रूप में 25 किलो गन्धक चूर्ण का प्रति हैक्टेयर की दर से 15 दिन के अन्तर पर 2–3 बार सुबह या शाम को भुरकाव करें। 2 किलो मैन्कोजेब का प्रति हैक्टेयर की दर से घोल बनाकर छिड़काव करना उपयुक्त पाया गया है।

अनावृत्त कण्डवा रोग एवं पत्ती कण्डवा रोगः रोग दिखाई देते ही रोगग्रस्त बालियों वाले पौधों को उखाड़ कर जला दें ताकि रोग का और फैलाव न हो। इस रोग को समूल नष्ट करने के लिये मई और जून में बीज का सौ उपचार करें या बीज में बुआई से पूर्व दो ग्राम वीटावेक्स प्रति किलो बीज की दर से मिलाकर उपचारित करें।

मोल्या रोगः रोग से ग्रस्त गेहूँ के पौधे छोटे रहकर पीले पड़ जाते हैं और जड़ों में गांठें बन जाती हैं। रोग की रोकथाम के लिये एक या दो साल तक गेहूँ की फसल खेत में न लें। इसके स्थान पर जौ की मोल्या रोग रोधी राज किरण या आर.डी. 2035 किस्म काम ले या फसल चक्र में चना, सरसों, प्याज, सूरजमुखी, मैथी, आलू या गाजर की फसल बोयें। रोग की रोकथाम हेतु मई–जून की कड़ी गर्मी में एक पखवाड़े के अन्तर में खेतों में दो बार गहरी जुताई करें। जिन खेतों में रोग का अधिक प्रकोप हो वहां खेतों में बुआई से पहले 45 किलो कार्बोयूरॉन 3 प्रतिशत् कण प्रति हैक्टेयर की दर से 10 किलो यूरिया के साथ भूमि में ऊर कर बुआई करें।

ईयर कोकल एवं टुण्डू रोगः रोग के कारण पौधे छोटे रह जाते हैं और गेहूँ के दानों की जगह कोकल बन जाते हैं। ईयर कोकल एवं टुण्डू रोग में पत्तियों एवं बालियों में एक पीले रंग का गोंद जैसा चिपचिपा पदार्थ निकलता है। इसकी रोकथाम हेतु बीज को नमक के 20 प्रतिशत् पानी के घोल से उपचारित कर साफ पानी से धोकर छााया में सुखाने के उपरान्त बोना चाहिये। ऊपर तैरते कचरे को बाहर निकालकर जला दें।

पाले से बचावः पाले से बचाव हेतु फसल पर पाला पड़ने की सम्भावना दिखाई देते ही फसल पर 0.1 प्रतिशत् गन्धक के तेजाब का छिड़काव करें।

चूहा नियंत्रणः फसल के अंकुरित होते समय एवं पकते समय चूहे विशेष रूप से सक्रिय रहते हैं। इनकी रोकथाम हेतु एक भाग जिंक फास्फाईड को 47 भाग आटे और दो भाग तिल या मूंगफली के तेल में मिलाकर विषैला चुग्गा बनाकर तैयार करें। चूहों के आबाद बिलों का पता लगाने के लिये एक दिन पहले सभी बिलों को बन्द कर दें। पहले दो–तीन दिन तक शाम को विषहीन चुग्गा डालकर चूहों को बिना झिझक चुग्गा खाने की आदत डालनी चाहिए। प्रत्येक आबाद बिल के पास लगभग 6 ग्राम या आवश्यक हो तो अधिक चुग्गा रखें। अंतिम दिन विष मिला चुग्गा रखें और दूसरे दिन मरे हुए चूहों को उठाकर जमीन में गाड़ दें। चूहे मारने का अभियान सामूहिक रूप से अपनाया जाए।

ध्यान रखें

1. यदि जाईनेब या अन्य किसी औषधि के छिड़काव के तुरन्त बाद वर्षा आ जाये तो उपचार को दोहराना चाहिये।
2. यूरिया के घोल में जाईनेब/मैन्कोजेब मिलाकर भी छिड़काव किया जा सकता है। ऐसा करने में अतिरिक्त खर्च व समय की बचत होती है।
3. मोल्या रोग की शिकायत हो तो उस खेत की मिट्टी का नमूना पोलिथीन की थैली में भरकर परीक्षण हेतु अपने निकट कृषि अनुसंधान केन्द्र की पौध व्याधि प्रयोगशाला के पौध व्याधिविज्ञ को भेजें। नमूने के साथ फसल का विवरण और पूरा पता भेजें।
4. गेहूँ के बीजों को अगले साल में बोने के लिये यदि भण्डार करना हो तो डेकामैथ्रिन 2.5 ई.सी. दवा से 8 मिलीलीटर प्रति क्विंटल की दर से उपचारित करने पर गोदाम को कीड़ों से सुरक्षित रख सकते हैं। उपचार करने हेतु इस दवा को एक लीटर पानी में घोलकर एक क्विंटल गेहूँ के साथ मिलायें। इसके बाद गेहूँ को अच्छी तरह से सुखाकर ही भण्डारित करें। उपचारित बीजों को किसी भी प्रकार से भण्डार में रख सकते हैं। इस बीज को कभी खाने के काम में न लायें।

❑❑❑

अध्याय 19

जौ

कृषि पारिस्थितिक स्थिति वार किस्में

असिंचित पेटा काश्त/ सेवज क्षेत्र	सिंचित सामान्य जल एवं मृदा क्षेत्र	सिंचित लवणीय एवं क्षारीय जल एवं मृदा क्षेत्र
आर. डी. 2035	आर.डी. 2052	आर.डी. 2035
	आर.डी. 2508	बिलाड़ा–2
	आर.डी. 2035	
	आर.डी. 2624	
	आर.डी. 2715	
	आर.डी. 2592	
	आर.डी. 2508	
	आर.डी. 2552	
	आर.डी. 2660	

जौ की खेती सामान्यतः सभी परिस्थितियों में की जाती है, लेकिन विपरीत परिस्थितियों जैसे पिछेती बुआई एवं बारानी स्थिति, कम उर्वरा, भूमि, क्षारीय और लवणीय भूमि में भी उगाया जा सकता है। खाद एवं उर्वरकों को प्रयोग कर इसकी उपज को काफी सीमा तक बढ़ाया जा सकता है। इस खण्ड के लिये उपयुक्त किस्में निम्न हैं–

उन्नत किस्में

आर.डी. 2052 (1991): 120–125 दिन में पकने वाली इस किस्म की ऊँचाई 85–95 सेण्टीमीटर की होती है एवं पत्तियाँ नीचे झुकी हुई होती हैं। दाना मध्यम मोटाई का पीले रंग का होता है। पकने पर इस किस्म की बालियां झुकी हुई होती हैं।

इसके 1000 दानों का वजन 40–50 ग्राम होता है। मोल्या रोगग्रस्त एवं सामान्य क्षेत्रों के लिये उपयुक्त इस किस्म की उपज 45–65 क्विंटल प्रति हैक्टेयर तक ली जा सकती है।

आर.डी. 2035 (1994): यह किस्म मध्यम ऊँचाई 75–85 सेन्टीमीटर 115–125 दिन में पकने एवं अधिक फुटान वाली किस्म है। इसकी बालियां मध्यम लम्बाई की एवं ऑन्स का सिरा हल्का भूरा रंग लिये होता है। दाना मध्यम मोटाई वाला भूरा पीले रंग का होता है। मोल्या रोधक इस किस्म के 1000 दानों का वजन 40–45 ग्राम होता है। सामान्य बुआई वाले सिंचित क्षेत्रों के लिये उपयुक्त इस किस्म की उपज 65–75 क्विंटल प्रति हैक्टेयर तक होती है।

आर.डी. 2624: इस किस्म की पकने की अवधि 126 दिन है। इस किस्म की औसत उपज 28 क्विंटल प्रति हैक्टेयर होती है। बारानी अवस्थाओं में समय से बुआई के लिए जारी की गई इस किस्म के पौधे बौने तथा सीधे होते हैं। दाने पीलापन लिए हुए मध्यम मोटाई वाले होते हैं। पकने पर यह आड़ी नहीं गिरती, साथ ही बालियों से दाने भी झड़कर नहीं गिरते हैं। इस किस्म की निम्न प्रमुख विशेषताएँ हैः 1. यह पीली रोली रोग रोधी किस्म है। 2. दाने उच्च गुणवत्ता रखते हैं।

आर.डी. 2715: यह किस्म 119 दिनों के भीतर–भीतर पक कर तैयार हो जाती है। इस किस्म की औसत उपज 26.3 (दाना) 177.7 (हरा चारा) क्विंटल प्रति हैक्टेयर होती है। यह द्विपयोगी किस्म सिंचित एवं समय की बुआई के लिए मध्य भारत के लिए उपयुक्त है। पत्तियाँ चौड़ी गहरी हरी होती हैं। पौधों की ऊँचाई लगभग 65 सेमी. तथा बालियां पकने पर पीली पड़ जाती हैं। इस किस्म की प्रमुख विशेषताएं हैं– 1. प्रत्येक बाली में दानों की संख्या अधिक होती है। 2. पीली व भूरी रोली रोग के प्रति उच्च प्रतिरोधकता रखती है। 3. यह चारे के लिए भी उपयुक्त पाई गई है।

आर.डी. 2592: यह किस्म 117–131 दिनों में पककर तैयार हो जाती है। इस किस्म की औसत उपज 43–53 क्विंटल प्रति हैक्टेयर होती है। यह किस्म राजस्थान प्रदेश में सामान्य बुआई तथा सिंचित अवस्थाओं के अन्तर्गत बोयी जाती है। पत्तियाँ हल्की हरी सीधी खड़ी, मोमयुक्त एवं बालियां लम्बी व मोम रहित होती हैं। कल्ले अधिक तथा दाने हल्के पीले रंग के होते हैं। इस किस्म की प्रमुख विशेषताएं यह हैं कि 1. सूत्र कृमि से प्रभावित भूमियों में इस किस्म को सफलतापूर्वक लिया जा सकता है। 2. पीली व भूरी रोली रोग के प्रति उच्च प्रतिरोधकता।

आर.डी. 2508: यह किस्म 118–120 दिनों में पककर तैयार हो जाती है। इस किस्म की औसत उपज 30–35 क्विंटल प्रति हैक्टेयर होती है। यह किस्म असिंचित तथा देरी से बुआई के लिए उपयुक्त है। इसके पौधों की ऊँचाई 80–90 सेमी. बालियाँ लम्बी और सामान आकार के पीले, पतले छिलके वाले मोटे दानोंयुक्त होती हैं। इस किस्म की प्रमुख विशेषताएं निम्न हैं– 1. पीली व भूरी रोली तथा मोयला रोग की प्रतिरोधी किस्म है। 2. उच्च ताप के लिए सहनशील है।

आर.डी. 2552 (2000): कृषि अनुसंधान केन्द्र, दुर्गापुरा, जयपुर से वर्ष 2000 में विकसित किस्म। यह किस्म आर.डी. 2035 एवं डी.एल.–472 किस्म से विकसित की गई है। यह किस्म सिंचित, लवणीय मिट्टी एवं समय पर बुआई हेतु उपयुक्त है। पकने की अवधि 120–127 दिन। पौधों की ऊँचाई 85 सेंमी.। पीली व भूरे रोली बीमारी के प्रति रोग रोधी। उपज सामान्य बुआई में 50–60 क्विंटल तथा लवणीय व क्षारीय भूमि में 30–37 क्विंटल प्रति हैक्टेयर है।

आर.डी. 2660: कृषि अनुसंधान केन्द्र, दुर्गापुरा, जयपुर से विकसित किस्म। यह किस्म आड़े नहीं पड़ती तथा पकने पर दाने बिखरते नहीं हैं। यह किस्म सिंचित एवं समय पर बुआई हेतु उपयुक्त है। पकने की अवधि 115–120 दिन। पौधों की ऊँचाई 77 से 95 सेंमी.। यह किस्म आर.डी.–2052 एवं आर.डी.–2566 किस्म से विकसित की गई है। किस्म की सामान्य अवस्था में पैदावार 24–25 प्रति क्विंटल प्रति हैक्टेयर है। यह किस्म गैरूआ बीमारी के प्रति प्रतिरोधी है।

खेती की तैयारी एवं भूमि उपचार: खेत अच्छी तरह तैयार करें। आखिरी जुताई के पहले भूमिगत कीड़ों की रोकथाम हेतु प्रति हैक्टेयर 25 किलो क्यूनॉलफॉस 1.5 प्रतिशत् चूर्ण मिट्टी में मिला दें।

बीजोपचार

1. बीज द्वारा फैलने वाली बीमारियों जैसे आवृत्त कण्डवा एवं पत्तिधारी रोग फसल को बचाने हेतु बीज को 2 ग्राम फफूंदनाशी या 2.5 ग्राम मैन्कोजेब या 3 ग्राम थाइरम प्रति किलोग्राम बीज की दर से उपचारित करना चाहिये। जहां अनावृत्त कण्डवा का प्रकोप हो रहा हो वहां दो ग्राम वीटावेक्स प्रति किलो बीज की दर से बीजापचार करें। वीटावेक्स से बीज उपचार करने के बाद अन्य किसी फफूँदनाशी से उपचार की आवश्यकता नहीं है।
2. यदि सिर्फ दीमक का ही प्रकोप हो तो 400 मिलीलीटर क्लोरोपायरीफॉस 20 ई.सी. को 5 लीटर में घोलकर 100 किलो बीज पर समान रूप से छिड़क कर बीजों को उपचारित करें एवं छाया में सुखाने के बाद बुआई करें।

क्षेत्रानुसार किस्में, बीज की मात्रा एवं बुआई

बुआई की स्थिति सिंचित/असिंचित	बुआई का उचित समय	बीज की मात्रा किलोकतार प्रति हैक्टेयर	कतार से दूरी सेन्टीमीटर
सामान्य बुआई सिंचित भारी मिट्टी	मध्यम अक्टूबर से नवम्बर तक	100	22.5
सामान्य बुआई सिंचित	मध्यम अक्टूबर से नवम्बर तक	100	25
देर से बुआई सिंचित	मध्यम दिसम्बर तक	125	25
पानी के भराव वाले क्षेत्र	मध्यम अक्टूबर से दिसम्बर तक	125	30

टिप्पणीः— ट्रैक्टर द्वारा बुआई में कतारों की दूरी 22.5 सेन्टीमीटर रखें।

ध्यान रखेंः— बीज को बिना उपचार किये नहीं बोयें।

जैविक खाद एवं उर्वरक प्रयोग

प्रति हैक्टेयर 8 से 10 टन अच्छी सड़ी हुई खाद कम से कम तीन साल में एक बार बुआई से एक माह पहले अवश्य दें। अगर खरीफ फसल में इतना खाद दिया जा चुका हो तो रबी में यह खाद देना आवश्यक नहीं है।

उर्वरकों का प्रयोग

प्रथम स्तर —प्रभावी स्तर **द्वितीय स्तर** —उपयुक्त आर्थिक स्तर

आर्थिक स्तर —अधिकतम् उपज स्तर

मिट्टी की किस्म, बुआई की स्थिति एवं बीज की किस्म के अनुसार

बुआई की स्थिति एवं किस्म	स्तर मात्रा	उर्वरक तत्व किलो प्रति हैक्टेयर		नत्रजन देने का समय व मात्रा किलो प्रति हैक्टेयर	
		नत्रजन	फास्फोरस	बुआई पूर्व खड़ी	फसल में
सामान्य बुआई सिंचित					
प्रथम	40	20		20	20
द्वितीय	60	20		30	30
तृतीय	80	40		40	40
पानी के भराव वाले क्षेत्र (असिंचित व लवणीय क्षेत्र)					
प्रथम	20	–		20	
द्वितीय	25	15		25	
तृतीय	30	15		30	

उर्वरक प्रयोग में सावधानी

1. जहां मिट्टी की जांच की गई है वहां मिट्टी परीक्षण प्रयोगशाला द्वारा दी गई सिफारिशों के अनुसार ही उर्वरक प्रयोग करें।

2. फास्फोरस एवं पोटाशधारी उर्वरकों की पूरी मात्रा तथा नत्रजन उर्वरकों की बुआई के समय दी जाने वाली आधी मात्रा को ओरने से ऊर कर दें। शेष आधी नत्रजन की मात्रा खड़ी फसल में पहली तथा दूसरी सिंचाई के बाद दें। नत्रजनीय उर्वरकों की मात्रा कतारों में छिड़क कर देनी चाहिये।

3. असिंचित क्षेत्रों में सभी उर्वरकों की पूरी मात्रा बुआई के समय ही दें।

4. थायोयूरिया 0.05 प्रतिशत् का फूल आने व दाना भरने की अवस्था में दो बार छिड़काव करें।

सिंचाई: जौ को सामान्यतः हल्की एवं दोमट मिट्टी में 4 से 5 सिंचाई की एवं भारी मिट्टी में 2 से 3 सिंचाइयों की आवश्यकता पड़ती है। बुआई के 25 से 30 दिन बाद पहली सिंचाई दें। इसके बाद आवश्यकतानुसार सिंचाई करते रहना चाहिये। फूल आने एवं दाने की दूधिया अवस्था में पानी की कमी नहीं रहनी चाहिये, अन्यथा इसका कुप्रभाव पैदावार पर बहुत अधिक पड़ता है।

निराई–गुड़ाई एवं खरपतवार नियंत्रणः प्रथम सिंचाई के 10 से 20 दिन के अन्दर कम से कम एक बार निराई–गुड़ाई कर खरपतवार अवश्य निकाल दें। बाद में भी आवश्यकतानुसार खरपतवार निकालते रहें।

चौड़ी पत्ती वाले खरपतवारों को नष्ट करने पर बौनी किस्म में बुआई के 30–35 दिन व अन्य किस्मों में 40–50 दिन के बीच प्रति हैक्टेयर आधा किलो 2–4 डी एस्टर साल्टर या 750 ग्राम 2–4 डी अमाइन साल्ट या मेटाक्सूरॉन 250 ग्राम (सक्रिय तत्व) निदानाशी रसायन को पानी में घोलकर छिड़कें। उर्वरक निराई–गुड़ाई के बाद दें।

गुल्ली डण्डा (फेलेरिस माइनर) व जंगी जई खरपतवार का प्रकोप जिन खेतों में गत वर्षों में अधिक रहा हो उन खेतों में बुआई के 30 से 35 दिन बाद आइसोप्रोटयूरॉन अथवा मैटाक्स्यूरॉन अथवा मैजोबेन्जाथायोजूरॉन नीदानाशी हल्की मिट्टी हेतु पौन किलो तथा भारी मिट्टी हेतु सवा किलो सक्रिय तत्व को पानी में घोलकर एक साथ छिड़काव करें। यह ध्यान रहे कि छिड़काव समान रूप से हो, कहीं दोहरा छिड़काव न होने पाए। मैटाक्स्यूरॉन का छिड़काव करने पर घास कुल व चौड़ी पत्ती वाले सभी खरपतवार समूल नष्ट हो जाते हैं।

जिन खेतों में गत वर्षों में खरपतवारों का मामूली प्रकोप रहा हो उन खेतों में जब खरपतवार बढ़ जाये तब इन खरपतवारों को बीज बनने से पहले खेत से निकाल दे।

पौध संरक्षणः

ब्ल्यू बीटल और फील्ड क्रिकेटस–कीटग्रस्त खेतों में प्रति हैक्टेयर 25 किलो मिथाईल पैराथियॉन 2 प्रतिशत् चूर्ण का सुबह या शाम के समय भुरकें।

मरड़ी मोयला व तेलाः–पहली बार मकड़ी का प्रकोप दिखाई देने पर फार्मोथियॉन 25 ई. सी. या मिथाईल डिमेटोन 25 ई. सी. या डायमिथोट 30 ई. सी. एक लीटर प्रति हैक्टेयर की दर से छिड़काव करें। इस छिड़काव से मोयला कीट की रोकथाम भी हो जायेगी। यदि आवश्यकता हो तो 15 दिन बाद इस छिड़काव को दोहरायें।

मोयला के नियंत्रण हेतु–ट्राइजोफॉस 40 ई.सी. एक लीटर / हैक्टेयर या थायमैथोक्साम 25 डब्ल्यू जी 100 ग्राम / हैक्टेयर या ऐसीफेट 75 एस पी 500 ग्राम / हैक्टेयर की दर से छिड़काव करें।

दीमक–यदि आवश्यकता हो तो खड़ी फसल में दीमक नियंत्रण हेतु क्लोरोपायरीफॉस 20 ई. सी. चार लीटर प्रति हैक्टेयर सिंचाई के साथ दें।

रोली रोग–रोली के लक्षण दिखाई देते ही 25 किलो गंधक चूर्ण प्रति हैक्टेयर की दर से सुबह या शाम के समय भुरकाव करें। यह भुरकाव 15 दिन के अन्तर से 3 से 4 बार करें। भारी प्रकोप होने पर कैलेक्सिन 750 मिलीलीटर प्रति हैक्टेयर छिड़कें।

मोल्या रोग—इस रोग से ग्रस्त पौधे छोटे रहकर पीले पड़ जाते हैं और जड़ों में गांठें बन जाती हैं। रोग की रोकथाम हेतु एक या दो साल तक गेहूँ या जौ की फसल न लें। जौ की मोल्या रोग रोधी आर डी 2035/आर डी 2052 किस्म काम में लें या फसल चक्र में चना, सरसो, प्याज, सूरजमुखी, मैथी, आलू या गाजर की फसल बोयें। इसके अतिरिक्त रोग की रोकथाम हेतु मई—जून की कड़ी गर्मी में एक पखवाड़े के अन्तर से खेतों की दो बार गहरी जुताई करें। जिन खेतों में रोग का अधिक प्रकोप हो वहां खेतों की बुआई से पहले 30 किलो कार्बोक्यूरॉन 3 प्रतिशत् कण प्रति हैक्टेयर की दर से भूमि में ऊर कर बुआई करें।

अनावृत्त कण्डवा रोग एवं पत्ती कण्डवा रोगः रोग दिखाई देते ही रोगग्रस्त पौधों को उखाड़ कर नष्ट कर दें ताकि रोग का और फैलाव न हो। इस हेतु बीजोपचार अवश्य करें।

चूहों की रोकथामः फसल अंकुरित होते समय एवं पकते समय चूहे विशेष रूप से नुकसान करते हैं। अतः इस समय इनकी रोकथाम हेतु एक भाग जिंक फास्फाइड को 47 भाग आटे और दो भाग तिल या मूंगफली के तेल में मिलाकर विषैला चुग्गा तैयार कर लें और प्रत्येक आबाद बिल के पास लगभग 6 ग्राम या आवश्यक हो तो अधिक चुग्गा रखें। दूसरे दिन मरे हुए चूहों को उठाकर जमीन में गाड़ दें। दवा मिला विषैला चुग्गा डालने से पहले दो—तीन दिन तक शाम के समय विषहीन चुग्गा खाने की आदत डालें। चूहा नियंत्रण अभियान सामूहिक रूप से अपनायें।

चारा उत्पादन

1. जौ की फसल की हरे चारे के लिये भी बुआई की जा सकती है। हरे चारे के लिये जौ की बुआई अक्टूबर मध्य में करनी चाहिये। इस हेतु 125—130 किलोग्राम प्रति हैक्टेयर बीज दर काम में लें। इसकी पहली कटाई बुआई के 75 दिन बाद तथा दूसरी कटाई पहली कटाई के 45 दिन बाद करें।
2. जौ, सरसों, की मिश्रित/इन्टरक्रोपिंग से हरे चारे की गुणवत्ता तथा उत्पादन में बढ़ोतरी होती है।

□□□

अध्याय 20

चना

कृषि पारिस्थितिक स्थिति वार किस्में

असिंचित पेटा काश्त/ सेवज क्षेत्र	सिंचित सामान्य जल एवं मृदा क्षेत्र	सिंचित लवणीय एवं क्षारीय जल एवं मृदा क्षेत्र
दोहद यलो,	दोहद यलो,सी–235,	–
आर.एस.जी–44	एच–208,आर.एस.जी–44	
आर.एस.जी–888	आर.एस.जी–945 (आशा)	
(अनुभव) आर.एस.जी –888	आर.एस.जी–973	
एच– 208	आर.एस.जी–963	
आर.एस.जी.–945	आर.एस.जी –902	
आर.एस.जी.–963	आर.एस.जी–931	
आर.एस.जी.–973	आर.एस.जी–895	
आर.एस.जी.–902	जीएनजी–469	
आर.एस.जी– 895	जीएनजी–1499	

चने की खेती के लिये लवण व क्षार रहित, अच्छे जल निकास वाली उपजाऊ भूमि उपयुक्त रहती है। चने की फसल अधिकतर बारानी क्षेत्र में ली जाती है। वर्षा का पानी अधिक से अधिक खेत में समान रूप से समा सके, इसके लिये हल्की मिट्टी वाले क्षेत्रों में वर्षा प्रारम्भ होते ही डोलों की मरम्मत कर लें। अच्छी वर्षा के बाद खरीफ में बाढ़ आते ही जुताई करें। जहां खेत में खरपतवार हों वहां दुबारा जुताई करना लाभकारी होगा। जुताई के कारण भूमि में जल का अधिक प्रवेश हो सकेगा और खरपतवार नष्ट होने में भी सहायता मिलेगी। मानसून के अन्त में व बुआई से पहले अधिक व गहरी जुताई न करें। जहां सिंचाई की व्यवस्था है और खरीफ की फसल के बाद चने की फसल ली जाती है, वहां आवश्यक हो तो हल्का पलेवा देकर खेत की तैयारी करें।

उन्नत किस्में

दोहद यलो: इस किस्म के पौधे 30–40 सेन्टीमीटर ऊंचे, तना व पत्तियाँ हरी, फलियाँ अण्डाकार, एक दाने वाली, हल्के हरे रंग की होती हैं।

पौधों में 70–80 फलियाँ लगती हैं। इसके दाने पीले, मोटे व फसल 90–105 दिनों में पक जाते हैं। औसत उपज 15–20 क्विंटल प्रति हैक्टेयर होती है।

एच 208: मध्यम कद की यह किस्म लगभग 130–150 दिन में पककर तैयार होती है। इसके दाने मध्यम आकार के गहरे कत्थई रंग के तथा बैंगनी रंग के होते हैं। इसकी उपज 15–20 क्विंटल प्रति हैक्टेयर होती है। असिंचित स्थितियों में इसकी उपज 10–15 क्विंटल प्रति हैक्टेयर होती है।

आर एस जी 44 (1991): सिंचित क्षेत्रों के लिये उपयुक्त इस किस्म में 80–85 दिन में फूल आते हैं तथा लगभग 125–135 दिन में यह पककर तैयार हो जाती है। इसके 100 दानों का वजन 14.5 ग्राम होता है। अतः यह मध्यम दर्जे की किस्म है। इसका दाना पीला एवं पैदावार 20–25 क्विंटल प्रति हैक्टेयर होती है। उखटा रोग के प्रति इसमें मध्यम स्तर की प्रतिरोधकता दर्शाई गयी है।

आरएसजी 888 (अनुभव) (2003): यह अर्ध सीधे दो फलियों वाली किस्म है जिसमें शुष्कता सहन करने की क्षमता है। इसकी उपज 20–25 क्विंटल प्रति हैक्टेयर तथा 130–135 दिन में पककर तैयार हो जाती है। यह उखटा, शुष्क जड़ गलन एवं सूत्रकृमि रोधी किस्म है।

आरएसजी 945: इस किस्म की पकने की अवधि 125–130 दिन है। इस किस्म की औसत उपज 18–22 क्विंटल प्रति हैक्टेयर होती है। देरी से बुआई हेतु विकसित यह किस्म सिंचित अवस्था में अच्छी उपज देती है। इसके पौधे अर्ध खड़े, बहुशाखित, बीज लालीयुक्त भूरे, मध्यम मोटे तथा फूल बैंगनी रंग के होते हैं। इस किस्म की निम्न प्रमुख विशेषताएँ यह हैं कि 1. यह शुष्क जड़ गलन व सूखा आदि बीमारियों तथा फलीछेदक व सूत्रकृमि के प्रति मध्यम प्रतिरोधी है। 2. भूमि में नमी की कमी से भी अधिक प्रभावित नहीं होती है।

आरएसजी 963: इस किस्म को तैयार होने में 125–130 दिन लगते हैं। इस किस्म की औसत उपज 15–20 क्विंटल प्रति हैक्टेयर होती है। यह किस्म देर से बुआई के लिए उत्तरी–पश्चिमी मैदानी क्षेत्र में सामान्य के साथ–साथ बारानी अवस्थाओं में उगाई जाती है। इस किस्म की बुआई नवम्बर के मध्य तक की जा सकती है। इसके पौधे अर्ध खड़े, बहुशाखित, संयुक्त गहरी हरी पत्तियों वाले तथा फूल छोटे और बैंगनी रंग के होते हैं। इसके बीज मध्यम मोटे लालीयुक्त भूरे तथा गोलाकार होते हैं। इस किस्म की प्रमुख विशेषता यह है कि शुष्क जड़ गलन, सूखा फल छेदक तथा सूत्रकृमि के प्रति मध्यम प्रतिरोधक क्षमता रखती है।

आरएसजी 973: यह किस्म 125 दिनों में पक कर तैयार हो जाती है। इस किस्म की औसत उपज 15.75 क्विंटल प्रति हैक्टेयर है। यह किस्म राजस्थान के बारानी क्षेत्रों के लिए अनुमोदित है। इसके पौधे अर्ध सीधे, संयुक्त हरी पत्तियों वाले होते हैं। बीज मध्यम मोटे एवं लाली युक्त भूरे रंग के होते हैं। यह किस्म सिंचित अवस्था में देरी से बुआई के लिए उपयुक्त है। इस किस्म की प्रमुख निम्न विशेषताएं यह हैं कि: 1. यह किस्म सूखा, जड़ गलन और उखटा के साथ–साथ फली छेदक और जड़ गांठ सूत्रकृमि के लिए प्रतिरोधक है। 2. सिंचित व देरी से बुआई के लिए भी अनुकूल है।

आरएसजी 902: यह किस्म 130–135 दिनों में पक कर तैयार हो जाती है। इस किस्म की औसत उपज 20–25 क्विंटल प्रति हैक्टेयर है। अधिक उपज देने वाली यह किस्म सभी फसलीय अवस्थाओं के लिए अनुमोदित की गई है, जैसे समय से बुआई, बारानी व देर से बुआई। इसके पौधे अर्ध खड़े व द्विफली वाले हैं। इस फसल की प्रमुख विशेषता यह है कि यह किस्म उखटा, सूखा जड़ गलन, जड़ गांठ सूत्रकृमि और फली छेदक के लिए प्रतिरोधक होती है।

आरएसजी 1499 (गौरी): यह काबुली चना की किस्म कृषि अनुसंधान केन्द्र, श्रीगंगानगर द्वारा वर्ष 2007 में विकसित की गई है। यह किस्म जीएनजी 421 एवं बीजी 267 से विकसित है। पौधों की ऊँचाई 41 से 73 सेमी0। पौधे बहुशाखित, अर्द्ध फैलाव वाले, फूलों का रंग सफेद, दानों का आकार बड़ा। फसल की पकाव अवधि 143 दिन है। यह किस्म समय से बुआई एवं सिंचित अवस्था हेतु उपयुक्त है। उपज 18 क्विंटल प्रति हैक्टेयर है। सूखा जड़ गलन एवं उखटा रोग के प्रति सहनशील। फलीछेदक कीट के प्रति सहनशील।

जीएनजी 469 (सम्राट): यह किस्म कृषि अनुसंधान केन्द्र, श्रीगंगानगर द्वारा विकसित की गई है। पकाव अवधि 145–147 दिन। पैदावार 20–25 क्विंटल प्रति हैक्टेयर है। पौधे झाड़ीनुमा, पौधों की ऊँचाई 50 से 55 सेंमी., शाखाओं की संख्या 4 से 6 होती है। फूलों का रंग गुलाबी। दानों का आकार बड़ा। यह किस्म झुलसा, जड़ गलन, उखटा, कोलररोट के प्रति सहनशील एवं फलीछेदक कीट के प्रति प्रतिरोधी है।

आरएसजी 895 (अर्पिता): वर्ष 1996 में कृषि अनुसंधान केन्द्र, दुर्गापुरा, जयपुर द्वारा विकसित यह किस्म बारानी तथा सिंचित क्षेत्रों हेतु उपयुक्त है। इसके पौधे अर्ध खड़े, बहुशाखित, संयुक्त हल्की हरी पत्तियों वाले तथा फूल मध्यम आकार व सफेद रंग तथा पौधे द्विफली वाले होते हैं। बीज मध्यम मोटाई वाले, पीले भूरे रंग के होते हैं। यह किस्म 130 से 135 दिन में पक जाती है तथा औसत उपज 14 से 15 क्विंटल प्रति हैक्टेयर है। यह किस्म सूखा जड़ गलन, उखटा, फलछेदक तथा सूत्रकृमि के मध्यम प्रतिरोधक क्षमता रखती है।

जैविक खाद एवं उर्वरक प्रयोग

1. मिट्टी परीक्षण की सिफारिश अनुसार उर्वरक प्रयोग करें। सिफारिश के अभाव में असिंचित क्षेत्रों में 10 किलो नत्रजन और 25 किलो फास्फोरस तथा सिंचित क्षेत्र अथवा जहाँ बहुत अच्छी नमी हो वहां बुआई से पूर्व 20 किलो नत्रजन व 40 किलो फास्फोरस प्रति हैक्टेयर 12–15 सेन्टीमीटर की गहराई पर आखिरी जुताई के समय खेत में ऊर कर दे।
2. थायोयूरिया 0.05 प्रतिशत् का घोल बनाकर खड़ी फसल में दो छिड़काव पहला पुष्पावस्था व दूसरा दाना बनने की अवस्था पर करें।

बीज उपचार

1. जड़ गलन व उखटा रोग की रोकथाम के लिये कार्बेन्डेजिम दो ग्राम प्रति किलो बीज की दर से बीज को उपचारित करें। यह उपचार तीन–चार सप्ताह तक प्रभावी रहता है।
2. जिन क्षेत्रों मे दीमक का प्रकोप हो, वहाँ 100 किलो बीज में 400 मिलीलीटर क्लोरोपायरीफॉस 20 ई.सी. मिलाकर बीज को उपचारित करें। वायरवर्म प्रभावित क्षेत्रों में बीज को 10 मिलीलीटर क्यूनालफॉस 25 ई.सी. प्रति किलो बीज की दर से मिलाकर उपचारित करने के बाद बोयें।
3. बीजों को राइजोबिया कल्चर से उपचार करने के बाद ही बोयें। एक हैक्टेयर के बीजों को उपचारित करने हेतु तीन पैकेट कल्चर पर्याप्त है। बीज उपचार करने हेतु आवश्यकतानुसार पानी को गर्म करके गुड़ घोलें। इस गुड़ में मिले पानी के घोल को ठण्डा करने के बाद कल्चर को इसमें भली प्रकार मिला दें। तत्पश्चात् इस कल्चर मिले घोल से बीजों को उपचारित करें एवं छाया में सुखाने के बाद शीघ्र बुआई करें। इसके बाद पी एस बी कल्चर से बीज उपचार करने से फास्फोरस उर्वरक की बचत होती है।

बीजोपचार उपरोक्त क्रम में ही किया जाना चाहिये अर्थात् सर्वप्रथम कवकमार, फिर कीटनाशी तथा इसके पश्चात् राइजोबिया कल्चर से बीजोपचार करें।

भूमि उपचारः दीमक व कटवर्म के प्रकोप से बचाव हेतु क्यूनालफॉस 1.5 प्रतिशत् 25 किलो प्रति हैक्टेयर की दर से आखिरी जुताई के समय खेत में मिलायें।

बुआईः प्रति हैक्टेयर 70 किलो उपचारित बीज बोयें। कतार से कतार की दूरी 30 सेन्टीमीटर रखें। सिंचित क्षेत्र में 5–7 सेन्टीमीटर गहरी व बारानी क्षेत्र में नमी को देखते हुए अधिक गहरी 7–10 सेन्टीमीटर तक बुआई कर सकते हैं। असिंचित क्षेत्रों में अक्टूबर के प्रथम सप्ताह तक एवं सिंचित में 20 अक्टूबर तक बुआई कर दें।

सिंचाई एवं निराई–गुड़ाई–चने की खेती अधिकतर बारानी क्षेत्र में की जाती है। परन्तु जहां पर सिंचाई की सुविधा उपलब्ध हो, वहां मिट्टी व वर्षा को ध्यान में रखते हुए पहली सिंचाई बुआई के 40–50 दिन बाद एवं दूसरी फली आने पर करें। यदि एक ही सिंचाई उपलब्ध हो तो 60 दिन पर दी जानी चाहिए। चने में हल्की सिंचाई करनी चाहिये। ध्यान रखें, खेत में कहीं पानी नही भरना चाहिये, वर्ना फसल पीली पड़ जायेगी और मर जायेगी।

प्रथम निराई–गुड़ाई, बुआई के 25 से 35 दिन पर तथा आवश्यकता पड़ने पर दूसरी निराई–गुड़ाई इसके बीस दिन बाद करें। जहां निराई–गुड़ाई मुश्किल हो, वहां पर सिंचित फसल में खरपतवार नियंत्रण हेतु पलेवा के बाद पौन किलो से एक किलो फ्लूक्लोरोलिन प्रति हैक्टेयर की दर से 750 लीटर पानी में घोल कर छिड़काव कर भूमि में मिलायें, तत्पश्चात् चने की बुआई करें।

पाले से बचाव: दिसम्बर से फरवरी तक पाला पड़ने की सम्भावना रहती है। अतः इस समय पाले के प्रभाव से फसल को बचाने के लिए यदि आवश्यकता हो, तो 0.1 प्रतिशत् गंधक के तेजाब का छिड़काव करें। (यानी 1000 लीटर पानी में एक लीटर गंधक तेजाब मिलाकर एक हैक्टेयर में स्प्रेयर द्वारा पौधों पर अच्छी तरह से छिड़काव करना चाहिये) संभावित पाला पड़ने की अवधि में इसे 21 दिन के अन्तर पर दोहराते रहना चाहिये।

फसल संरक्षण

कटवर्म, दीमक एवं वायरवर्म: इनकी रोकथाम हेतु भूमि उपचार करना आवश्यक है। कटवर्म की लटें गहरे भूरे रंग की एक से डेढ़ इंच लम्बी व एक चौथाई इंच से एक तिहाई इंच मोटी होती है। यह ढेलों के नीचे छिपी रहती हैं और रात को बाहर निकल कर पौधों को भूमि के सतह के पास से काट देती हैं। छूने पर ये लटें गोल घुण्डी बनाकर पड़ जाती हैं। इनकी रोकथाम के लिये क्यूनालफॉस 25 ई.सी. एक लीटर प्रति हैक्टेयर की दर से छिडकाव करें या क्यूनालफॉस 1.5 प्रतिशत् चूर्ण या फैनवलरेट 0.4 प्रतिशत् चूर्ण 25 किलो प्रति हैक्टेयर की दर से आखिरी जुताई से पूर्व भुरकें। भूमि उपचार न हो पाये तो फसल पर कटवर्म का प्रभाव दिखाई देते ही शाम के समय 25 किलो प्रति हैक्टेयर मिथाईल पैराथियॉन 2 प्रतिशत् चूर्ण प्रति हैक्टेयर भुरकें।

खड़ी फसल में दीमक लगने पर 4 लीटर क्लोरोपायरीफॉस 20 ई.सी. प्रति हैक्टेयर की दर से सिंचाई के साथ दें।

फली छेदक: कीट की लटें हरे रंग की सवा इंच लम्बी चौथाई इंच मोटी होती हैं जो बाद में गहरे भूरे रंग की हो जाती है। ये आरम्भ में चने की पत्तियों को खाती है। फली लगने पर उनमें छेद करके अन्दर का दाना खाकर खोखला कर देती है।

नियंत्रण के लिये फूल आने से पहले तथा फली लगने के बाद मैलाथियान 5 प्रतिशत् या मिथाईल पैराथियॉन 2 प्रतिशत् या क्यूनालफॉस 1.5 प्रतिशत् या कारबोरिल 5 प्रतिशत् चूर्ण 20 से 25 किलो प्रति हैक्टेयर भुरकें।

पानी की सुविधा वाले स्थानों में फूल आने के समय मैलाथियॉन 50 ई. सी. या क्यूनालफॉस 25 ई.सी. या मोनोक्रोटोक्रॉस 36 डब्लू. एस.सी. एक लीटर या फोजोलॉन 35 ई.सी. 1875 मिलीलीटर या सेवीमोल ढाई किलोग्राम पानी में मिलाकर प्रति हैक्टेयर की दर से छिड़काव करें। जैविक नियंत्रण के लिए एन.पी.वी. विशाणु 250 एल. ई. प्रति हैक्टेयर सुबह या शाम के समय करना चाहिये।

इसके लिए फूल आने से पूर्व एन.पी.वी. (250 एल ई) 1 मिलीलीटर प्रति लीटर पानी की दर से छिड़कें, दूसरा एन. पी.वी. छिड़काव आवश्यकता हो, तो फिर से करें।

एजेडीरेक्टिन 0.03 ई.सी. 5 मिलीलीटर प्रति लीटर या नमी के बीजों में 5 प्रतिशत घोल भी फूल व फली आने की अवस्था में छिड़कना प्रभावी रहता है।

असिंचित क्षेत्रों में मोनोक्रोटोफॉस 36 डब्ल्यू. एस.सी. की मात्रा 800 मिलीलीटर रखनी चाहिये। यदि आवश्यकता हो तो उपर्युक्त दवाओं में किसी एक दवा का छिड़काव या भुरकाव 15 दिन में दोहरायें तथा दवा छिड़कने के 15 दिन बाद तक फसल खाने के काम में न लें।

❑❑❑

अध्याय 21

जीरा

कृषि पारिस्थितिक स्थिति वार किस्में

असिंचित पेटा काश्त/ सेवज क्षेत्र	सिंचित सामान्य जल एवं मृदा क्षेत्र	सिंचित लवणीय एवं क्षारीय जल एवं मृदा क्षेत्र
	आर जेड–19 आर जेड– 209 जी. सी.–4 आर जेड– 223	

जीरा कम समय में पकने वाली मसाले की एक प्रमुख फसल है। इससे अधिक आमदनी होती है।

भूमि एवं जलवायु–जीरे की खेती के लिये हल्की एवं दोमट उपजाऊ भूमि अच्छी रहती है तथा इसमें जीरे की खेती आसानी से की जा सकती है।

उन्नत किस्में

आर जेड 19 (1988): राजस्थान के सभी क्षेत्रों के लिये उपयुक्त इस किस्म के दाने सुडौल, आकर्षक तथा गहरे भूरे रंग के होते हैं। यह 125 दिन में पक जाती है एवं स्थानीय किस्मों तथा आर एस 1 की तुलना में उखटा, छाछ्या व झुलसा रोग से कम प्रभावित होती है। उन्नत कृषि विधियाँ अपनाकर इस किस्म से 10.5 क्विंटल प्रति हैक्टेयर तक उपज प्राप्त की जा सकती है।

आर जेड 209: राजस्थान के सभी क्षेत्रों के लिये उपयुक्त इस किस्म के दाने सुडौल, बड़े व गहरे भूरे रंग के होते है। यह फसल 120–125 दिन में पककर 6–7 क्विंटल प्रति हैक्टेयर उपज देती है। किस्म में छाछ्या रोग का प्रकोप आर जेड 19 की तुलना में कम होता है।

आर जेड 223 (2007): यह किस्म की सामान्यतः 120–130 दिनों में पक कर तैयार हो जाती है। इस किस्म की औसत उपज 6.0 (बीज) क्विंटल प्रति हैक्टेयर होती है। यह

किस्म यू.सी. 216 से निकाली गई है। इस किस्म में अधिक शाखाएँ एवं अधिक अम्बल होते हैं। इस किस्म की निम्न प्रमुख विशेषताएँ हैं– 1. इस किस्म के बीज सुडौल एवं लम्बे होते हैं। 2. इस किस्म की उखटा एवं झुलसा रोग के प्रति अधिक प्रतिरोधकता है तथा वाष्पशील तेल का प्रतिशत् भी अधिक है।

जी सी 4 (2006):राजस्थान के सभी क्षेत्रों के लिए उपयुक्त इस किस्म के बीज सुडौल, आकर्षक तथा गहरे भूरे रंग के होते हैं। यह किस्म 120 दिन में पक जाती है एवं स्थानीय किस्मों की तुलना में उखटा, छाछ्या व झुलसा से कम प्रभावित होती है। इस किस्म से औसत उपज 6 से 7 क्विंटल प्रति हैक्टेयर प्राप्त की जा सकती है।

भूमि की तैयारी: बुआई से पूर्व यह आवश्यक है कि खेत की तैयारी ठीक तरह से की जाये। इसके लिये खेत को अच्छी तरह से जोत कर उसकी मिट्टी को भुरभुरी बना लिया जाये तथा खेत से खरपतवारों को निकाल कर साफ कर देना चाहिये।

जैविक खाद एवं उर्वरक प्रयोग

यदि पिछली खरीफ की फसल में दस से पन्द्रह टन गोबर की खाद प्रति हैक्टेयर के हिसाब से डाली जा चुकी हो, तो जीरे की फसल के लिये अतिरिक्त खाद की आवश्यकता नही है। पाँच टन राया का अवशेष प्रति हैक्टेयर अप्रैल–मई माह में सिंचाई देकर तवी चलाकर दबाने से उखटा रोग का प्रभावी नियंत्रण होता है। यदि ऐसा नहीं किया गया हो, तो 10–15 टन प्रति हैक्टेयर के हिसाब से जुताई से पहले गोबर की खाद खेत में बिखेर कर मिला देना चाहिये। इसके अतिरिक्त जीरे की फसल को 30 किलो नत्रजन एवं 20 किलो फास्फोरस उर्वरक प्रति हैक्टेयर की दर से दें। फास्फोरस की पूरी मात्रा बुआई से पूर्व आखिरी जुताई के समय भूमि में मिला देनी चाहिये एवं नत्रजन की आधी मात्रा बुआई के 30–35 दिन बाद एवं बाकी 15 किलो नत्रजन बुआई के 60 दिन बाद सिंचाई के साथ दें। जीरे में अधिक पैदावार एवं आमदनी प्राप्त करने के लिये समन्वित उत्पादन पद्धति अपनानी चाहिये। इसमें सिफारिश की गई नत्रजन की आधी मात्रा देशी खाद से व शेष यूरिया से दें। बीज को जीवाणु खाद (एजेटोबैक्टर व पी एस बी) से उपचारित करें। बुआई के समय 20 किलो गन्धक प्रति हैक्टेयर खेत में डालें।

बीजोपचार, बीज की मात्रा एवं बुआई: बुआई से पूर्व जीरे के बीज को 2 ग्राम कार्बेण्डेजिम या 4 ग्राम ट्राईकोडर्मा विरडी प्रति किलो बीज के हिसाब से उपचारित कर बोना चाहिये। एक हैक्टेयर क्षेत्र के लिये 12 से 15 किलोग्राम बीज पर्याप्त रहता है। जीरे की बुआई 15 से 30 नवम्बर के बीच कर देनी चाहिये। बुआई आमतौर पर छिटकवां विधि से की जाती है। तैयार खेत में पहले क्यारियाँ बनाते हैं। उनमें बीजों को एक साथ छिटक कर क्यारियों में लोहे की दताली इस प्रकार फिरा देनी चाहिये कि बीज के ऊपर

मिट्टी की हल्की सी परत चढ़ जाये। ध्यान रखें कि बीज जमीन में अधिक गहरा नहीं जाये। निराई–गुड़ाई व अन्य शस्य क्रियाओं की सुविधा की दृष्टि से छिड़काव विधि की अपेक्षा कतारों में बुआई करना अधिक उपयुक्त पाया गया है। कतारों में बुआई के लिये क्यारियों में 22.5 से 25 सेन्टीमीटर की दूरी पर लोहे या लकड़ी के हुक से लाइन बना देते हैं। बीजों को इन्हीं लाइनों में डालकर दताली चला दी जाती है। बुआई के समय इस बात का ध्यान रखें कि बीज मिट्टी से एकसार ढंक जाये तथा मिट्टी की परत एक सेन्टीमीटर से ज्यादा न हो।

सिंचाई: उपरोक्त विधि से बुआई के बाद एक हल्की सिंचाई दे देनी चाहिये। सिंचाई के समय ध्यान रहे कि पानी का बहाव तेज न हो, अन्यथा तेज बहाव से बीज अस्त–व्यस्त हो जायेंगे। दूसरी बुआई एक सप्ताह पूरा होने पर जब बीज फूलने लगे, तब करें। अगर दूसरी सिंचाई के बाद अंकुरण पूरा नहीं हुआ हो या जमीन पर पपड़ी जम गई हो तो हल्की सिंचाई करना लाभदायक रहेगा। इसके बाद भूमि की बनावट तथा मौसम के अनुसार 15 से 25 दिन के अंतर से 5 सिंचाइयां पर्याप्त होंगी। पकती हुई फसल में सिंचाई न करें एवं दाने बनते समय अंतिम सिंचाई गहरी करनी चाहिये। फव्वारा विधि द्वारा बुआई समेत 5 सिंचाइयां बुआई के समय दस, तीस, पचपन एवं अस्सी दिनों की अवस्था पर करें। फव्वारा तीन घण्टे चलायें।

छंटाई व निराई–गुड़ाई: जीरे की अच्छी फसल के लिये दो बार निराई–गुड़ाई करना आवश्यक है। प्रथम निराई–गुड़ाई 30–35 दिन के बाद दूसरी 55–60 दिन बाद करनी चाहिये। पहली निराई–गुड़ाई के समय अनावश्यक पौधों को भी हटा दें जिससे पौधे से पौधे की दूरी 5 सेन्टीमीटर रहे। जहां निराई–गुड़ाई का प्रबन्ध न हो सके, वहां पर जीरे की फसल में खरपतवार नियंत्रण हेतु निम्न रसायनों में से किसी एक का प्रयोग करें–

1. फ्लूक्लोरेलिन 1 किलोग्राम सक्रिय तत्व (2.250 लीटर बासालिन) प्रति हैक्टेयर (3 मिलीलीटर प्रति लीटर पानी में) लगभग 750 लीटर पानी में मिलाकर छिड़काव कर भूमि में मिला दें, तत्पश्चात् जीरे की बुआई करें।
2. ट्रिब्यट्रॉन एक किलोग्राम सक्रिय तत्व (सवा किलो इग्रान) प्रति हैक्टेयर (1.5 मिलीलीटर प्रति लीटर पानी में)
3. ऑथ्साडाइसान 0.5 किलोग्राम सक्रिय तत्व (दो लीटर रानस्टर) प्रति हैक्टेयर (4.5 मिलीलीटर प्रति लीटर पानी में)
4. पेण्डामिथोलिन एक किलोग्राम सक्रिय तत्व (3.3 किलो स्टाम्प एक 34) प्रति हैक्टयर बुआई के 20 दिन के बाद छिड़काव करें।
5. ऑक्सड्राईजिल 50 ग्राम (800 ग्राम मिलीलीटर राट) प्रति हैक्टेयर बुआई के 20 दिन के बाद छिड़काव करें।

क्रमांक 2,3 एवं 4 पर अंकित उपरोक्त रसायन में से कोई भी रसायन लगभग 750 लीटर पानी में घोल कर बुआई के 1 से 2 दिन बाद तथा खरपतवार उगने से पूर्व छिड़काव करें। जीरे की बुआई कतारों में होनी चाहिये।

प्रमुख कीट एवं व्याधियाँ

मोयलाः इसके आक्रमण से फसल को काफी नुकसान होता है। यह कीट पौधे के भाग से रस को चूस कर हानि पहुँचाता है तथा इसका प्रकोप प्रायः फसल में फूल आने के समय प्रारम्भ होता है। बुआई पूर्व 7.5 ग्राम इमिडाक्लोप्रिड 70 घुलनशील चूर्ण से प्रति किलो बीज को उपचारित करें।

मोयला के प्रकोप से बचाने के लिये जैविक विधि में गोमूत्र 10 प्रतिशत्, नीम के बीज का निचोड़ 2.5 प्रतिशत्, लहसुन का निचोड़ 2 प्रतिशत् का छिड़काव करें।

रासायनिक नियंत्रण में डायामिथोएट 30 ई.सी. या मैलाथियॉन 50 ई.सी. एक मिलीलीटर प्रति लीटर या ऐसीफेट 75 एस. पी. 750 ग्राम प्रति हैक्टेयर या इमिडाक्लोप्रिड 200 एस एल 25 ग्राम सक्रिय तत्व या थायोमिथोक्स 25 प्रतिशत् घुलनशील चूर्ण 100 ग्राम प्रति हैक्टेयर की दर के हिसाब से छिड़काव करना चाहिये। आवश्यकतानुसार 10 से 15 दिन के बाद छिड़काव को दोहरायें।

छाछ्याः रोग का प्रकोप होने पर पौधों की पत्तियों पर सफेद चूर्ण दिखाई देने लगता है। रोग की रोकथाम न की जाये तो चूर्ण की मात्रा बढ़ जाती है। यदि रोग का प्रकोप जल्दी हो गया तो बीज नहीं बनते हैं। नियंत्रण हेतु गंधक के चूर्ण का 25 किलो प्रति हैक्टेयर की दर से भुरकाव करें या घुलनशील गंधक चूर्ण ढाई किलो प्रति हैक्टेयर की दर से छिड़कें अथवा केरोथेन एल सी एक मिलीलीटर प्रति लीटर पानी की दर से घोल कर छिड़काव करने से भी इसकी रोकथाम की जा सकती है। आवश्यकतानुसार 10–15 दिन मे अन्तराल पर छिड़काव/भुरकाव दोहरायें।

झुलसा (ब्लाइट): फसल में फूल आने शुरू होने के बाद आकाश में बादल छाये रहें तो इस रोग का लगना निश्चित हो जाता है। रोग के प्रकोप से पौधों के सिरे झुके हुए नजर आने लगते हैं। रोग में पौधों की पत्तियों एवं तनों पर भूरे रंग के धब्बे पड़ जाते है तथा पौधों के सिरे झुके हुए नजर आने लगते हैं। यह रोग इतनी तेजी से फैलता है कि रोग के लक्षण दिखाई देते ही यदि नियंत्रण नहीं किया जाये तो फसल को नुकसान से बचाना मुश्किल होता है।

नियंत्रण हेतु बुआई के 30–35 दिन बाद फसल पर दो ग्राम टॉप्सिन एम या मैन्कोजेब या थाइरम प्रति लीटर पानी में घोलकर छिड़कें। आवश्यकतानुसार यह छिड़काव 10 से 15 दिन के बाद दोहरायें।

उखटा (विल्ट): इस रोग का प्रकोप पौधों की किसी भी अवस्था में हो सकता है। लेकिन पौधों की छोटी अवस्था में प्रकोप अधिक होता है। रोग से प्रभावित पौधे हरे के हरे ही मुरझा जाते हैं।

नियंत्रण हेतु गर्मी में गहरी जुताई करें। बीजों को कार्बेण्डेजिम से 2 ग्राम प्रति किलो बीज की दर से उपचारित कर बुआई करें। रोग रहित फसल से प्राप्त बीज को ही बोयें। रोग ग्रसित खेत में जीरा न बोयें। कम से कम तीन वर्ष का फसल चक्र (ग्वार–जीरा–ग्वार–गेहूँ–सरसों) अपनायें।

उपरोक्त कीटों का मुख्यतः चेंपा तथा व्याधियों की रोकथाम के लिये निम्न पौध संरक्षण उपाय अपनायें

प्रथम छिड़कावः बुआई के 30–30 दिन बाद मैन्कोजेब का 0.2 प्रतिशत् के हिसाब से पानी का घोल बनाकर छिड़काव करें।

द्वितीय छिड़कावः बुआई के 40–45 दिन बाद फफूंदनाशक के साथ डाइमिथोएट का 0.3 प्रतिशत् एवं घुलनशील गंधक का 0.2 प्रतिशत् के हिसाब से पानी मे घोल बनाकर छिड़काव करें।

तृतीय छिड़कावः दूसरे छिड़काव के बाद 10–15 दिन बाद ही छिड़काव करें।

भुरकावः यदि आवश्यक हो तो तीसरे छिड़काव के 10–15 दिन बाद 25 किलो गंधक का चूर्ण प्रति हैक्टेयर की दर से भुरकाव करें।

कटाईः जीरे की फसल 90–135 दिन में पककर तैयार हो जाती है। फसल को दंताली से काटकर अच्छी तरह सुखा लें। फसल के ढेर को जहां तक संभव हो, पक्के फर्श पर धीरे–धीरे पीट कर दानों को अलग कर लें। दानों से धूल, हल्का कचरा एवं अन्य पदार्थ प्रचलित विधि द्वारा ओसाई करके दूर कर दें तथा अच्छी तरह सुखाकर बोरियों में भरें।

उपजः उन्नत कृषि विधियों को अपनाने से 6 से 10 क्विंटल प्रति हैक्टेयर जीरे की उपज प्राप्त की जा सकती है।

भण्डारणः भण्डारण करते समय दानों में नमी की मात्रा 8.5–9 प्रतिशत् से ज्यादा नहीं होनी चाहिये। बोरियों को दीवार से 50–60 सेन्टीमीटर की दूरी पर लकड़ी की पट्टियों पर रखें एवं चूहों व अन्य कीटों के नुकसान से बचाएं। संग्रहित जीरे को समय–समय पर धूप में रखें। उपज की गुणवत्ता के मापदण्डों के अनुसार यह आवश्यक है कि कटाई के बाद भी सभी क्रियाओं में गुणवत्ता बनाये रखने के लिये पूर्ण सावधानी रखी जाए।

❑❑❑

अध्याय 22

सौंफ

कृषि पारिस्थितिक स्थिति वार किस्में

सिंचित सामान्य जल एवं मृदा क्षेत्र	सिंचित लवणीय एवं क्षारीय जल एवं मृदा क्षेत्र
आर. एफ. 101	
आर. एफ. 125	
आर. एफ. 143	

सौंफ मसाले की प्रमुख फसल है। इसका उपयोग औषधि के रूप में भी किया जाता है। भारतवर्ष में सौंफ की खेती मुख्यतः राजस्थान व उत्तर प्रदेश में होती है।

उन्नत किस्में

आर. एफ. 101 (2005): यह किस्म दोमट व काली कपास वाली भूमियों में उपयुक्त पायी गई है। इस किस्म के पौधे सीधे व मध्यम ऊंचाई वाले होते हैं। इस किस्म की रोगों के प्रति प्रतिरोधकता अधिक तथा वाष्पशील तेल का प्रतिशत् भी अधिक (1.2 प्रतिशत्) होता है। तेलिया कीट कम लगता है। इसके पकने की अवधि 150–160 दिन होती है एवं औसत उपज 15–18 क्विंटल प्रति हैक्टेयर होती है।

आर. एफ. 125 (2006): इस किस्म की औसत उपज 17 क्विंटल प्रति हैक्टेयर है। इस किस्म के पौधे कम ऊंचाई वाले होते हैं जिनका पुष्पक्रम (अम्बल) सघन तथा लम्बे, सुडौल व आकर्षक दानों से युक्त होता है। इस किस्म की निम्न प्रमुख विशेषताएं हैं– 1. इस में आल्टरनेरिया झुलसा के प्रति प्रतिरोधकता अधिक तथा तेलिया कीट भी कम लगता है। 2. वाष्पशील तेल का प्रतिशत् अधिक (1.9 प्रतिशत्) होता है। 3. शीघ्र पकने वाली किस्म है। 4. यह किस्म आर. एफ. 101 से 15.58 प्रतिशत् अधिक उपज देती है।

आर. एफ. 143 (2007): इस किस्म की पकने की अवधि 140–150 दिन है। इस किस्म की औसत उपज 18 क्विंटल प्रति हैक्टेयर है। यह किस्म राजस्थान प्रदेश के लिए विकसित की गई है। इसके पौधे सीधे व ऊंचाई 116–118 सेमी. होती है। इसकी शाखाएं

7–8 से. मी. तक निकलती है। पुष्पक्रम (अम्बल) सघन होता है तथा प्रति पौधा अम्बल की संख्या 23–62 होती है और एक अम्बल में 283 तक बीज होते हैं। इस किस्म की विशेषता यह है कि इसमें वाष्पशील तेल अधिक (1.87 प्रतिशत) होता है।

जलवायुः यह शरद ऋतु में बोयी जाने वाली फसल है। लेकिन सौंफ फूल आने के समय पाले से प्रभावित होती है। इसलिए इसका विशेष ध्यान रखना चाहिए। शुष्क एवं सामान्य ठण्डा मौसम विशेषकर जनवरी से मार्च तक इसकी उपज व गुणवत्ता के लिए बहुत लाभदायक रहता है। फूल आते समय तक अधिक बादल या अधिक नमी से बीमारियों के प्रकोप को बढ़ावा मिलता है।

भूमि एवं खेती की तैयारीः सौंफ की खेती बलुई मिट्टी को छोड़कर प्रायः सभी प्रकार की भूमि में, जिसमें जीवांश पर्याप्त मात्रा में हो, की जा सकती है। लेकिन अच्छी पैदावार के लिए जल निकास की पर्याप्त सुविधा वाली चूना युक्त दोमट व काली मिट्टी अधिक अच्छी रहती है।

अच्छी तरह से जुताई करके 15–20 सेंमी. गहराई तक खेत की मिट्टी को मुलायम करके भुरभुरी बना लेना चाहिये। खेत की तैयारी के समय पर्याप्त नमी न हो, तो पलेवा देकर खेत की तैयारी करनी चाहिये। जुताई के बाद पाटा चलाकर खेत को समतल करके सिंचाई की सुविधा अनुसार क्यारियां बनानी चाहिये।

जैविक खाद एवं उर्वरक प्रयोग

फसल की अच्छी बढ़वार के लिये भूमि में पर्याप्त मात्रा में जैविक पदार्थ का होना आवश्यक है। यदि इसकी उपयुक्त मात्रा भूमि में न हो तो 10 से 15 टन अच्छी सड़ी हुई गोबर की खाद प्रति हैक्टेयर खेत की तैयारी से पहले डाल देनी चाहिये।

इसके अतिरिक्त 90 किलो नत्रजन एवं 40 किलो फास्फोरस प्रति हैक्टेयर की दर से देना चाहिये। 30 किलो नत्रजन एवं फास्फोरस की पूर्ण मात्रा खेत की अन्तिम जुताई के साथ ऊर कर देना चाहिये। शेष नत्रजन को दो भागों में बांट कर 30 किलो बुवाई के 45 दिन बाद एवं शेष 30 किलो नत्रजन फूल आने के समय फसल की सिंचाई के साथ दें।

मिट्टी परीक्षण प्रयोगशाला से मिट्टी की जांच करा लें एवं प्रयोगशाला द्वारा दी गई सिफारिशों के अनुसार खाद व उर्वरक का प्रयोग करें।

बीज की मात्रा व बुवाईः सौंफ के लिए 8–10 किलोग्राम स्वस्थ बीज प्रति हैक्टेयर बुवाई हेतु पर्याप्त होता है। बुवाई अधिकतर छिटकवां विधि से की जाती है तथा निर्धारित बीज की मात्रा एक समान छिड़क कर हल्की दंताली चलाकर या हाथ से मिट्टी में मिला देते हैं। लेकिन सौंफ की बुवाई रोपण विधि द्वारा या सीधे कतारों में भी की जाती है।

सीधी बुवाई के लिए 8–10 किलो बीज एवं रोपण विधि से बुवाई के लिए जुलाई–अगस्त के महीने में 100 वर्गमीटर क्षेत्र में पौध शैया लगाई जाती है तथा सितम्बर से मध्यम अक्टूबर तक की जाती है। बुवाई 40–50 सेन्टीमीटर के फसले पर कतारों में हल के पीछे कूड़ में 2 से 3 सेन्टमीटर की गहराई पर करें। पौध को पौधशाला से सावधानी से उठायें जिससे जड़ों को नुकसान नहीं हो। रोपण दोपहर बाद जब गर्मी कम हो, तब करें तथा रोपण के बाद तुरन्त सिंचाई करें। सीधी बुवाई के 7 से 8 दिन बाद दूसरी हल्की सिंचाई करें जिससे अंकुरण पूर्ण हो जाये।

पौधशाला से खेत में रोपण के लिए जोड़ा लाइनें 120 सेन्टीमीटर की दूरी पर रोपें व दो जोड़ो, के बीच में 210 सेंमी. का फासला रखें। पौधे से पौधे की दूरी 25 सेंमी. रखे।

बीजोपचार एवं बुवाई का समयः बीज को कार्बेण्डाजिम 2 ग्राम प्रति किलो बीज की दर से उपचारित कर बोयें। इसकी बुवाई का उपयुक्त समय मध्य सितम्बर है।

सिंचाईः सौंफ को अधिक सिंचाई की आवश्यकता होती है। बुवाई के समय खेत में नमी कम हो तो बुवाई के तीन–चार दिन बाद हल्की सिंचाई करनी चाहिए, जिससे बीज जम जाये। सिंचाई करते समय यह ध्यान रखना चाहिये कि पानी का बहाव तेज न हो, अन्यथा बीज बह कर किनारों पर इकट्ठे हो जायेंगे। दूसरी सिंचाई बुवाई के 12 से 15 दिन बाद करनी चाहिये जिससे बीजों का अंकुरण पूर्ण हो जाये। इसके बाद सर्दियों मे 15 से 20 दिन के अन्तर पर सिंचाई करनी चाहिये। फूल आने के बाद फसल को पानी की कमी नहीं होनी चाहिये।

निराई–गुड़ाईः सौंफ के पौधे जब 8 से 10 सेंमी. का हो जाए तब गुड़ाई करके खरपतवार निकाल दें। गुड़ाई करते समय जहां पौधे अधिक हों वहां से कमजोर पौधों को निकाल कर पौधे से पौधे की दूरी 20 सेंमी. कर दें जिससे बढ़वार अच्छी हो। इसके बाद समय–समय पर आवश्यकतानुसार खरपतवार निकालते रहें। फूल आने के समय पौधों पर हल्की गिट्टी चढ़ा दें जिससे कि तेज हवा से पौधे नहीं गिरें। सौंफ में खरपतवार नियंत्रण के लिये एक किलो पेन्डीमेथालिन सक्रिय तत्व (3.33 लीटर स्टाम्प एफ–34) प्रति हैक्टेयर (4.5 मिलीलीटर प्रति लीटर पानी) 750 लीटर पानी में घोल कर बुवाई के 1 से 2 दिन बाद छिड़काव करके भी खरपतवार नियंत्रण किया जा सकता है।

प्रमुख कीट एवं व्याधियाँ

मोयला, पर्णजीवी (थ्रिप्स) एवं मकड़ी (बरूथी) मोयला पौधे के कोमल भाग से रस चूसता है तथा फसल को काफी नुकसान पहुँचाता है। थ्रिप्स कीट बहुत छोटे आकार का होता है तथा कोमल एवं नई पत्तियों से हरा पदार्थ खुरचकर खाता है जिससे पत्तियों पर धब्बे दिखाई देने लगते हैं तथा पत्ते पीले होकर सूख जाते हैं। मकड़ी छोटे आकार का कीट है जो पत्तियों पर घूमती रहती है व रस चूसती है, जिससे पौधा पीला पड़ जाता है।

नियंत्रण हेतु डाईमिथोएट 30 ई. सी. या मैलाथियॉन 50 ई. सी. एक मि. मी./लीटर पानी में घोल बनाकर छिड़कें। यदि आवश्यक हो तो यह छिड़काव 15 से 20 दिन बाद दोहरायें।

छाछ्या (पाउडरी मिल्डयू): रोग के लगने पर शुरू में पत्तियों व टहनियों पर सफेद चूर्ण पौधे पर फैल जाता है।

नियंत्रण हेतु 20 से 25 किलोग्राम गंधक के चूर्ण का भुरकाव प्रति हैक्टेयर करना चाहिये या कैराथेन एल सी 1 मिलीलीटर प्रति लीटर पानी में घोल बनाकर छिड़कना चाहिये। आवश्यकतानुसार 15 दिन के अन्तराल पर छिड़काव दोहरायें।

जड़ व तना गलन: रोग के प्रकोप से तना नीचे से मुलायम हो जाता है व जड़ गल जाती है। जड़ों पर छोटे–बड़े काले स्कलेरोशिया दिखाई देते हैं।

नियंत्रण हेतु बुवाई से पूर्व बीज को कार्बेन्डाजिम 2 ग्राम प्रति किलो बीज की दर से बीजोपचार कर बुवाई करनी चाहिये या कैप्टान 2 प्रति लीटर पानी के हिसाब से भूमि उपचारित करनी चाहिये।

कटाई: सौंफ के दाने गुच्छों में आते हैं व एक ही पौधे के सब गुच्छे एक साथ नहीं पकते हैं। अतः कटाई एक साथ नहीं हो सकती है। जैसे ही दानों का रंग हरे से पीला होने लगे, गुच्छों को तोड़ लेना चाहिये। सौंफ की उत्तम पैदावार के लिए फसल को अधिक पकाकर पीला नहीं पड़ने देना चाहिये। सुखाते समय बार–बार पलटते रहना चाहिये, वर्ना फफूंद लगने की सम्भावना रहती है। उत्तम किस्म चबाने के रूप में काम आने वाली सौंफ पैदा करने के लिए जब दानों का आकार पूर्ण विकसित दानों की तुलना में आधा ही हो, तभी छत्रकों की कटाई कर साफ जगह पर छाया में फैलाकर सुखाना चाहिये। इस विधि ा से कटाई करने से सुप्रसिद्ध लखनऊ–1 किस्म की सौंफ प्राप्त होती है। बुवाई हेतु बीज प्राप्त करने के लिये मुख्य छत्रकों के दाने जब पूर्णतया पककर पीले पड़ने लगें, तभी काट लेना चाहिये।

उपज: सौंफ की अच्छी तरह से खेती की जाये तो 10 से 15 क्विंटल प्रति हैक्टेयर तक पूर्ण विकसित एवं हरे दाने वाले सौंफ की उपज ली जा सकती है। साधारणतया 5 से 7.5 क्विंटल प्रति हैक्टेयर महीन किस्म की सौंफ आसानी से पैदा की जा सकती है।

❑❑❑

अध्याय 23

मेथी

कृषि पारिस्थितिक स्थिति वार किस्में

असिंचित पेटा काश्त/ सेवज क्षेत्र	सिंचित सामान्य जल एवं मृदा क्षेत्र	सिंचित लवणीय एवं क्षारीय जल एवं मृदा क्षेत्र
	आर. एम. टी. – 1 आर. एम. टी. – 143 आर. एम. टी. – 305	–

यह मसाले की एक प्रमुख फसल है। इसकी हरी पत्तियों में प्रोटीन, विटामिन सी तथा खनिज तत्व पाये जाते हैं। बीज मसाले तथा दवाई के रूप में उपयोगी है।

आर. एम. टी. 1 (1991): सम्पूर्ण राजस्थान के लिए उपयुक्त है। इसके पौधे अर्ध सीधे एवं मुख्य तना नीचे की ओर गुलाबीपन लिये होता है। बीमारियों एवं कीटों का प्रकोप कम होता है। इसके पकने की अवधि 140 से 150 दिन होती है तथा औसत उपज 14 से 15 क्विंटल प्रति हैक्टेयर होती है।

आर. एम.टी. 305 (2007): इस फसल को पकने के लिए 120–130 दिन लगते हैं। इस किस्म की औसत उपज 18 क्विंटल प्रति हैक्टेयर होती है। ये किस्म आर. एम.टी.–1 से निकाली गई है। ये पहली बहुफसलीय किस्म है जिसका औसत बीज भार और कटाई सूचकांक अधिक है। इस किस्म की निम्न प्रमुख विशेषताएँ हैं– 1. फलियाँ लम्बी और अधिक दानों वाली होती हैं, जिसके दाने सुडौल, चमकीले पीले होते हैं। 2. इस किस्म में छाछ्या रोग के प्रति अधिक प्रतिरोधकता है।

भूमि तथा जलवायु: मेथी को अच्छे जल निकास एवं पर्याप्त जीवांश पदार्थ वाली सभी प्रकार की भूमि में उगाया जा सकता है। परन्तु दोमट मिट्टी इसके लिये उत्तम रहती है। यह ठण्डे मौसम की फसल है तथा पाले व लवणीयता को भी कुछ स्तर तक सहन कर सकती है।

खेत की तैयारी: भारी मिट्टी में खेत की 3 से 4 व हल्की मिट्टी में 2 से 3 जुताई करके पाटा लगा देना चाहिये तथा खरपतवार निकाल देना चाहिये। जुताई के समय 25 किलो क्यूनालफॉस 1.5 प्रतिशत् चूर्ण भूमि में मिला दें।

जैविक खाद एवं उर्वरक प्रयोग

प्रति हैक्टेयर 10–15 टन अच्छी सड़ी हुई गोबर की खाद डालें। इसके अलावा 40 किलो नत्रजन एवं 40 किलो फास्फोरस प्रति हैक्टेयर की दर से बुवाई से पूर्व खेत मे ऊर कर दें।

बीज की मात्रा एवं बुवाईः अक्टूबर के अन्तिम सप्ताह से नवम्बर के प्रथम सप्ताह तक की जाती है। इसके लिये 20 से 25 किलो बीज की प्रति हैक्टेयर आवश्यकता होती है। बीजों को 30 सेन्टीमीटर की दूरी पर कतारों में 5 सेन्टीमीटर की गहराई पर बोना चाहिये।

सिंचाई एवं निराई–गुड़ाईः बीज बोने के बाद हल्की सिंचाई करें, उसके बाद आवश्यकतानुसार 15 से 20 दिन के अन्तराल पर सिंचाई करनी चाहिये। बुवाई के 30 दिन बाद निराई–गुड़ाई पर पौधों की छंटाई कर देनी चाहिये। आवश्यकता हो तो 50 दिन बाद दूसरी निराई–गुड़ाई करें। खरपतवार नियंत्रण हेतु रसायनों का प्रयोग करने से उपज व मुनाफे में कोई कमी नहीं आती है। फ्लूक्लोरेलिन 0.75 किलोग्राम सक्रिय तत्व (1.75 लीटर बासालिन) प्रति हैक्टेयर (2.5 मिलीलीटर प्रति लीटर पानी में) या पेण्डामिथालिन 0.75 किलोग्राम सक्रिय तत्व (2.5 लीटर स्टाम्प एफ 34) प्रति हैक्टेयर (33 मिलीलीटर प्रति 10 लीटर पानी में) उपरोक्त रसायनों मे से किसी एक को लगभग 750 लीटर पानी में मिलाकर बुवाई के दूसरे दिन छिड़काव कर भूमि में मिला दें। छिड़काव के समय खेत में पर्याप्त नमी होनी चाहिये।

प्रमुख कीट एव व्याधियाँ

मोयलाः यह कीट पौधों के कोमल भाग से रस चूसता है। इसके आक्रमण से फसल को नुकसान होता है। नियंत्रण हेतु फसल पर मोनोक्रोटोफॉस 36 डब्ल्यू. एस. सी. या डाइमिथोएट 30 ई. सी. या मैलाथियॉन 50 ई. सी. एक मिलीलीटर प्रति लीटर पानी की दर से घोल बनाकर छिड़काव करना चाहिये अथवा थायमेथोक्साम 25 प्रतिशत् डब्ल्यू जी 100 ग्राम प्रति हैक्टेयर की दर से प्रयोग करें। आवश्यकता हो तो 10 से 15 दिन बाद उपचार को दोहरायें।

छाछ्याः रोग के प्रकोप से पौधों की पत्तियों पर सफेद चूर्ण दिखाई देने लगता है तथा पूरे पौधों पर फैल जाता है। इससे काफी नुकसान होता है। नियंत्रण हेतु फसल पर गंधक के चूर्ण का 20 से 25 किलो प्रति हैक्टेयर की दर से भुरकाव करें या कैराथन एल. सी. एक मिलीलीटर प्रति लीटर पानी का घोल बनाकर छिड़काव करें। आवश्यकतानुसार छिड़काव 10 से 15 दिन बाद दोहरायें।

तुलासिता (डाउनी मिल्डयू): इस रोग से पत्तियों की ऊपरी सतह पर पीले धब्बे दिखाई देते हैं व नीचे की सतह पर फफूंद की वृद्धि दिखाई देती है। उग्र अवस्था में रोगग्रसित पत्तियाँ झड़ जाती हैं। नियंत्रण हेतु मैन्कोजेब 2 ग्राम प्रति लीटर पानी में मिलाकर छिड़काव करना चाहिये। आवश्यकता पड़ने पर इसे 15 दिन बाद दोहराना चाहिये।

कटाई व उपजः जब पौधों की पत्तियाँ झड़ने लगें व पौधे पीले रंग के हो जायें तो पौधों को उखाड़ कर या दंताली से काट कर खेत में छोटी–छोटी ढेरियों में रखें। सूखने के बाद कूट कर दाने अलग कर लें। साफ दानों को पूर्ण रूप से सुखाने के बाद बोरियों में भरें। समुचित क्रिया को अपनाने से 15 से 20 क्विंटल बीज की प्रति हैक्टेयर पैदावार हो सकती है।

❑❑❑

अध्याय 24

रिजका

रिजका रबी में उगाई जानी वाली एक बहुवर्षीय फलीदार चारे की सिंचित फसल है जो कि एक बार बोने पर लगभग तीन वर्ष तक उपज होते हैं। इसकी जड़ें भूमि में अधिक गहराई में पानी को सोखने की क्षमता रखती हैं। अतः इसकी खेती अपेक्षाकृत सूखे स्थानों एवं सिंचाई के लिये उपलब्ध सीमित पानी वाले क्षेत्रों मे सफलतापूर्वक की जा सकती है। इसमे सूखे के साथ ही ठण्ड, गर्मी सहने की क्षमता भी अधिक है। इसकी जड़ों में उपस्थित राइजोबियम जीवाणु वायुमण्डल नत्रजन का स्थिरीकरण कर भूमि की उर्वरा शक्ति को बढ़ाते हैं।

उन्नत किस्में: रिजका की टाईप– 8, टाईप–9 (बहुवर्षीय), आर. एल.–88 (बहुवर्षीय) एवं आनंद–2 (एक वर्षीय), एल.एल.सी.– (एक वर्षीय) उन्नत किस्में हैं।

भूमि तैयारी एवं उपचार: रिजका के लिए जल निकास वाली गहरी दोमट मृदा सबसे अच्छी रहती है। इसकी खेती रेतीले दोमट से चिकनी मिट्टी में भी की जा सकती है। यह क्षारीयता (सोडियम) एवं जलाक्रान्ति वाली अवस्था को सहन कर सकती है। कैल्शियम, फॉस्फोरस एवं पोटाश की प्रचुर मात्रा वाली भूमि में रिजका की फसल बहुत अच्छी होती है।

रिजके की बुआई के लिये मिट्टी को भली प्रकार भुरभुरी करना आवश्यक है, अतः एक गहरी जुताई मिट्टी पलटने वाले हल से करके 2 3 बार हैरो चलाकर अथवा देशी हल या बक्खर चलाकर खेत को समतल कर लेना चाहिये। आवश्यकतानुसार पाटा भी चलाया जा सकता है। क्यारियाँ समतल बनायें जिससे की सिंचाई असानी से हो सके।

दीमक व अन्य भूमिगत कीड़ों की रोकथाम के लिए अन्तिम जुताई के समय क्युनालफॉस 1.5 प्रतिशत् चूर्ण 25 किलोग्राम प्रति हैक्टेयर की दर से बिखेर कर जुताई करें।

बीज, बीजोपचार एवं बुआई: रिजका बुआई के लिये अक्टूबर का महीना उपयुक्त है। इसके बीजों का छिलका कठोर होता है। इसलिए बीजों को 6–8 घण्टे तक पानी में भिगोकर तथा बाद में कल्सर मिलाकर बुआई करें। ज्यादातर किसान रिजका छिटकवा विधि से बोते हैं। इस विधि में करीब 20 से 25 किलोग्राम बीज प्रति हैक्टेयर की दर से तैयार खेत में छिड़क कर कल्टीवेटर या दंताली से हल्का सा मिट्टी में मिलाकर सिंचाई

कर दें। रिजका की बुआई 20 सेंमी. की दूरी पर पत्तियों में की जा सकती है। यह विधि छिटकवा विधि से अच्छी होती है, क्योंकि पंक्तियों के बीच में निराई–गुड़ाई आसानी से की जा सकती है। बीज को 1–3 सेंमी. गहरा बोयें। शुरू की कटाइयों में चारे के अधिक उत्पादन के लिए बीज के साथ सरसो, मेथी, चाईनीज कैबेज बीज मिलाकर बुआई करें।

रिजका के बीजों को राईजोबिया कल्चर से उपचारित करना चाहिये। कल्चर उपलब्ध न होने पर गत वर्ष इसे खेत में मिला देना चाहीये।

जैविक खाद एवं उर्वरक प्रयोगः मिट्टी मे जीवांश रखने के लिए अच्छी सड़ी हुई गोबर की खाद 20–25 टन प्रति हैक्टेयर की दर से बुआई के करीब एक माह पूर्व खेत के अतिरिक्त 20–35 किलोग्राम नत्रजन एवं 60 से 80 किलोग्राम फॉसफोरस प्रति हैक्टेयर की आवश्यकता होती है। बुआई के समय उर्वरक की पूरी मात्रा एवं नत्रजन की आधी मात्रा ओरने से ऊर कर दें। नत्रजन की शेष आधी मात्रा को तीन भागों में बांट कर प्रत्येक दूसरी कटाई के बाद छिटककर तुरन्त सिंचाई करें।

बहुवर्षीय फसल में प्रतिवर्ष अक्टूबर माह में 80–100 किलोग्राम प्रति हैक्टेयर, नत्रजनीय उर्वरक सिंचाई के साथ देना चाहिए।

सिंचाई व जल निकासः रिजका की जड़ें अधिक लम्बी होने के कारण अधिक गहराई तक उपलब्ध पानी भी ले सकती हैं। अतः इसे बरसीम की अपेक्षा सिंचाई की कम आवश्यकता पड़ती है। बुआई के बाद अगली दो सिंचाई 5–7 दिन के अन्तर पर करें जिसमें सभी बीज उग सकें।

हल्की मिट्टी वाले क्षेत्रों में अगली सिंचाई सर्दियों में 10 से 12 दिन, बसंत में 7–8 दिन एवं गर्मियों में 5–7 दिन के अन्तर पर करें। भारी मिट्टी वाले क्षेत्रों में ग्रीष्म ऋतु में 10–15 दिन, बसंत ऋतु में 15–20 दिन और शरद ऋतु में 20–25 दिन के अन्तर पर सिंचाई करनी चाहिए।

वर्षा ऋतु में सिंचाई की आवश्यकता नहीं होती है। परन्तु आवश्यकता पड़ने पर सिंचाई जरूर करें। रिजका वाले खेत में पानी का निकास अच्छा होना नितान्त आवश्यक है। जिन स्थानों पर जल निकास का ठीक प्रबंध नहीं है अथवा पानी का तल काफी ऊँचा है, वहा वर्षा ऋतु में रिजका की फसल नष्ट हो सकती है।

निराई–गुडाई एवं खरपतवार नियंत्रणः बोने से पूर्व अंकुरण के पश्चात् निराई करके खरपतवार निकाल देना चाहिये। आरम्भ में रिजका की बढ़ोतरी धीमी गति से होती है जिससे रबी के खरपतवार अधिक संख्या में उग जाते हैं और फसल खरपतवार से दबने लगती है। इसलिए एक वर्षीय खरपतवारों पर नियंत्रण पाने के लिये पहली एक–दो

कटाइयाँ जल्दी करें, लेकिन पहली कटाई 50 दिन से पहले न करें। कतारों में बोई गई बहुवर्षीय फसल में वर्षा ऋतु एवं इसके बाद 2–3 निराई–गुड़ाई करना लाभदायक है। रिजका की फसल में अमरबेल की मुख्य समस्या होती है। इसलिए प्रमाणित बीज ही बोयें। जिस खेत में अमरबेल का प्रकोप हुआ हो, उस खेत में रिजका न बोयें तथा रिजका के बजाय गेंहूं, जौ, चना, सरसों इत्यादि फसलें बोयें।

रिजका के बीज में खरपतवार नही रहे, इसके लिए बीज को बोने से पूर्व 10 प्रतिशत् वाले नमक के घोल में डुबोकर पांच मिनट तक हिलायें तथा ऊपर तैरते बीजों एवं कचरे को अलग कर दें। इसके बाद नमक के घोल से निकालकर बीजों को पानी से तीन–चार बार धोकर कल्चर से उपचारित करके बोयें। यदि फिर भी अमर बेल का प्रकोप हो जाय तो प्रभावित पौधों को अमरबेल सहित काट कर उसी जगह जला देना चाहिए। रिजका की फसल में अमरबेल का नियंत्रण करने के लिये प्रभावित हिस्से में 0.1–0.2 प्रतिशत् पैराक्वेट का घोल बनाकर पहली या दूसरी कटाई के तुरन्त बाद छिड़काव करें। एक हैक्टेयर क्षेत्र के लिये 1000 लीटर घोल की आवश्यकता होगी। इससे अमरबेल व चौड़ी पत्ती वाले सभी खरपतवार नष्ट हो जायेंगे तथा रिजका प्रारम्भिक अवस्था में कुछ प्रभावित होकर सिंचाई करने पर पुनर्वृद्धि कर एक साथ अच्छी फसल के रूप में वापस आ जायेंगे। इसके बावजूद अगर कहीं–कहीं अमरबेल के पौधे फिर से आ जायें तो उन पर भी पैराक्वैट के घोल का छिड़काव दोहरायें। ध्यान रहे, कि कटे हुए टुकड़े दूसरी जगह न फैल जायें।

कटाई एवं उपजः पहली कटाई बुआई के 55–60 दिन बाद तथा अगली कटाइयाँ पौधे के बढ़वार के अनुसार 30–35 के अन्तर पर करें। अधिक उपज लेने के लिए मार्च के बाद वाली कटाइयाँ 10 प्रतिशत् फल आने पर ही की जानी चाहिये। कटाई के बाद अच्छी पूर्ण वृद्धि के लिये कटाई की ऊँचाई 5 सेंमी. तक रखनी चाहिये जिससे मुकुट भाग पर पाई जाने वाली कलियाँ भी बिना क्षति के बढ़ सकती हैं।

रिजका की 7–8 कटाइयों से 700–800 क्विटल प्रति हैक्टेयर हरा चारा प्रतिवर्ष प्राप्त किया जा सकता है।

❒❒❒

अध्याय 25

ईसबगोल

कृषि पारिस्थितिक स्थिति वार किस्में

असिंचित पेटा काश्त/ सेवज क्षेत्र	सिंचित सामान्य जल एवं मृदा क्षेत्र	सिंचित लवणीय एवं क्षारीय जल एवं मृदा क्षेत्र
	जी. आई.–2	जी. आई.–2
	आर. आई.–89	आर.आई.–89
	आर. आई.–1	

ईसबगोल एक महत्वपूर्ण नकदी फसल है। ईसबगोल की खेती जालौर व सिरोही जिले में प्रमुखता से की जाती है।

उन्नत किस्में

जी.आई. 2: यह किस्म 118 से 125 दिन में पक जाती है तथा 14 से 15 क्विंटल प्रति हैक्टेयर तक उपज दे सकती है। इसमें भूसे की मात्रा 28 से 30 प्रतिशत् तक पाई जाती है।

आर. आई. 1: यह किस्म आर. आई. 89 के गामा विकिरण द्वारा प्राप्त हुई है। कम उर्वर भूमियों में भी यह सफलतापूर्वक ली जा सकती है। इसकी बालियाँ लम्बी संख्या में अधिक व मृदुल आसिता बीमारी रोधक हैं। इसकी पकाव अवधि 112–123 दिन व औसत उपज क्षमता 11.58 क्विंटल प्रति हैक्टेयर है।

आर. आई. 89 (1997): प्रदेश के शुष्क एवं अर्द्धशुष्क क्षेत्रों के लिए विकसित इस किस्म के पौधों की ऊंचाई 30–40 सेंमी. होती है। यह किस्म 110–115 दिन में पक जाती है तथा उपज क्षमता 12–16 क्विंटल प्रति हैक्टेयर है। इसमें बीमारियों तथा कीटों आदि का प्रकोप कम होता है तथा भूसी उच्च गुणवत्ता वाली होती है।

खेती की तैयारी एवं भूमि उपचार: खरीफ फसल की कटाई के बाद भूमि की 2 से 3 जुताई कर मिट्टी को भुरभुरी बनायें। दीमक व भूमिगत कीड़ों की रोकथाम हेतु अन्तिम

जुताई के समय क्यूनालफॉस 1.5 प्रतिशत् 25 किलो प्रति हैक्टेयर की दर से मिट्टी में मिलायें।

जैविक खाद एवं उर्वरक प्रयोग

गोबर की खाद उपलब्ध हो तो खेत में 15–20 गाड़ी गोबर की खाद प्रति हैक्टेयर के हिसाब से मिलायें। इसको 30 किलो नत्रजन और 25 किलो फास्फोरस की प्रति हैक्टेयर आवश्यकता होती है। नत्रजन की आधी एवं फास्फोरस की पूरी मात्रा बीज की बुआई के समय 3 इंच गहरा ऊर कर दें तथा शेष आधी मात्रा बुआई के 30 दिन बाद सिंचाई के साथ दें।

बीज उपचार एवं बुआई: तुलासिता रोग के प्रकोप से फसल को बचाने हेतु मैटेलेक्जिल एप्रोन 35 एस डी 5 ग्राम प्रति किलो बीज की दर से उपचारित करके बोयें। अच्छी उपज के लिए ईसबगोल की बुआई नवम्बर के प्रथम पखवाड़े में करना ठीक रहता है। साधारणतः गेहूँ एवं जौ से 10 से 15 दिन पहले इसकी बुआई कर देनी चाहिये। इसका बीज बहुत छोटा होता है, इसलिये इसे क्यारियों में छिटक करके रैक चला देना चाहिये। बुआई के तुरन्त बाद सिंचाई कर दें। इस प्रकार छिटक बुआई करने से 4 से 5 किलो प्रति हैक्टेयर बीज की आवश्यकता होती है। ईसबगोल को 30 सेन्टीमीटर की दूरी पर लाइनों में बोने से निराई–गुड़ाई में सुविधा होती है।

सिंचाई: परीक्षणों में यह सिद्ध हुआ है कि ईसबगोल को बुआई के समय उसके आठ दिन, 35 दिन व 65 दिन के बाद सिंचाई देने से अच्छी उपज प्राप्त होती है।

ईसबगोल में क्यारी विधि की अपेक्षा फव्वारा विधि द्वारा छह सिंचाइयाँ (बुआई के समय बुआई के बाद 8, 20, 40, 55 व 70 दिनों बाद) तीन घण्टे फव्वारा चलाने से अधिक उपज प्राप्त होती है।

निराई–गुड़ाई: दो निराई की आवश्यकता होती है। पहली निराई, बुआई के करीब 20 दिन बाद एवं दूसरी 40 से 50 दिन बाद करें। निराई के साथ गुड़ाई करना लाभप्रद है। खरपतवार नियंत्रण हेतु 600 ग्राम आईसोप्रोट्यूरॉन सक्रिय तत्व प्रति हैक्टेयर का छिड़काव खड़ी फसल में करें। खरपतवार नियंत्रण से तुलासिता रोग कम होता है।

कीट एवं रोग की रोकथाम: साधारणतः ईसबगोल में कीट और रोग प्रकोप नहीं होता है। यदि चूर्णी फफूंद नामक रोग लग जाये तो 50 प्रतिशत् घुलनशील गंधक युक्त दवा 2 ग्राम प्रति लीटर पानी की दर से घोल कर 15 दिन के अन्तर से 2 से 3 बार फसल पर छिड़क दें।

फसल में 50 से 60 दिन की अवस्था पर तुलासिता रोग होने पर मैन्कोजेब के 0.2 प्रतिशत् या रिडोमील एम जेड 78 का 1.0 किलोग्राम प्रति हैक्टेयर घोल का छिड़काव करें। आवश्यकतानुसार 15 दिन बाद पुनः दोहरायें।

जड़ गलन व उखटाः इस रोग की रोकथाम हेतु 10 ग्राम ट्राईकोडर्मा प्रति किलो बीज की दर से बीजोपचार करें। साथ ही भूमि उपचार के लिए 2.5 किलोग्राम ट्राईकोडर्मा 100 किलो वर्मी कम्पोस्ट या गोबर की खाद के साथ में अच्छी तरह मिलाकर भूमि में मिला दें।

कटाई, मंडाई एवं औसाईः ईसबगोल में 25 से 125 तक कल्ले निकलते हैं। पौधों में 60 दिन बाद बालियाँ निकलना शुरू होती हैं और करीब 115 से 130 दिन में फसल पककर तैयार हो जाती है। फसल पकने का अनुमान पकी हुई बालियाँ को अंगुलियों के बीच में दबाकर किया जा सकता है। पका हुआ दाना इस प्रकार दबाने से बाहर निकल आता है।

फसल को पूरी तरह से पकने के करीब 1 से 2 दिन पहले ही फसल की कटाई कर लेनी चाहिये। कटाई सुबह के समय ही करें जिससे बीजों के बिखरने का डर न हो। कटी हुई फसल को 2 से 3 दिन खलिहान में सुखाकर जीरे की तरह बालियाँ लें या बैलों द्वारा मंडाई कर निकाल लें। अच्छी फसल में करीब आधा वजन बालियों का होता है और आधा वजन डंठल का होता है। निकले हुए बीजों को सुखाकर बोरी में भर लेना चाहिये।

ईसबगोल का उत्पादन एवं उपयोगी भागः ईसबगोल की भूसी जिसकी मात्रा बीज के भार से 30 प्रतिशत् होती है, सबसे कीमती व उपयोगी भाग है। शेष 65 प्रतिशत् से 70 प्रतिशत् गोली, खाली और 2 प्रतिशत् खारी होती है। भूसी के अतिरिक्त तीनों भाग जानवरों को खिलाने के काम आते हैं। चारा भी पशुओं को खिलाने में काम लिया जाता है। इसकी औसत उपज 9 से 10 क्विंटल प्रति हैक्टेयर होती है।

❑❑❑

अध्याय 26

तारामीरा

तारामीरा सभी क्षेत्रों में पैदा किया जा सकता है। इसको अनुपजाऊ भूमि पर भी बोया जा सकता है। इसमें तेल की मात्रा लगभग 30 प्रतिशत् पायी जाती है।

आर. टी. एम. 2002: इस किस्म को पकने के लिए 140–142 दिन लगते हैं। इस किस्म की औसत उपज 10.68–11.15 क्विंटल प्रति हैक्टेयर होती है। प्रदेश के लिए जारी की गई यह किस्म कम वर्षा वाले क्षेत्रों के लिए उपयुक्त है। इसे सामान्य व देरी से दोनों ही समय पर बोया जा सकता है। यह किस्म आर. टी. एम. 314 और टी–27 से अधिक उपज देती है। इसकी यह विशेषता है।

आर. टी. एम. 314 (कर्णतारा): यह किस्म शीघ्र से माध्यम पकने वाली किस्म है। इस किस्म की औसत उपज 10–12 क्विंटल प्रति हैक्टेयर होती है। प्रदेश के लिए जारी की गई यह किस्म कम वर्षा वाले क्षेत्रों के लिए उपयुक्त है। इसके पौधे झाड़ीनुमा तथा तना गोल व रोएं रहित होता है। दाने काले रंग के होते हैं। इस किस्म की प्रमुख विशेषताएँ निम्न हैं– 1. मृदुला आसिता व छाछ्या रोग के प्रति मध्यम प्रतिरोधी है। 2. अन्य बीमारियों एवं कीटों के लिए भी अपेक्षाकृत अधिक प्रतिरोधी है।

भूमि का चुनाव: तारामीरा हेतु हल्की दोमट मिट्टी अधिक उपयुक्त रहती है। अम्लीय एवं ज्यादा क्षारीय भूमि इसके लिए बिल्कुल उपयोगी नहीं है।

खेती की तैयारी एवं भूमि उपचार: तारामीरा की खेती अधिकांशत: बारानी क्षेत्रों में जहाँ अन्य फसल सफलतापूर्वक पैदा नहीं की जा सकती हों, वहाँ की जा सकती है। खरीफ की चारे, उड़द, मूंग, चौला, मक्का व ज्वार की फसल लेने के बाद यदि नमी हो तो हल्की जुताई करके इसे सफलतापूर्वक बोया जा सकता है। जहाँ तक सम्भव हो, वर्षा ऋतु में तारामीरा की बुआई हेतु खेत खाली नहीं छोड़ना चाहिये। खेत के ढेले तोड़कर पाटा लगाना भूमि की नमी बचाने के लिए लाभकारी है। दीमक और जमीन के अन्य कीड़ों की रोकथाम हेतु बुआई से पूर्व जुताई के समय क्यूनालफॉस 1.5 प्रतिशत् चूर्ण 25 किलोग्राम प्रति हैक्टेयर की दर से खेत में बिखेर कर जुताई करनी चाहिये। खेत के ढेले तोड़कर पाटा लगाना भूमि की नमी बचाने के लिये लाभकारी रहता है।

बीज की मात्रा एवं उपचार–1 हैक्टेयर भूमि हेतु 5 किलोग्राम बीज पर्याप्त होता हैं। बुआई से पहले 2.5 ग्राम मैन्कोजेब से प्रति किलो बीज की दर से बीज को उपचारित करें।

बुआईः बारानी क्षेत्र में तारामीरा की बुआई का समय मिट्टी की नमी व तापमान पर निर्भर करता है। नमी की उपलब्धि के आधार पर इसकी बुआई 15 सितम्बर से 15 अक्टूबर तक कर देनी चाहिये। बीज कतारों में बोयें एवं कतार से कतार की दूरी 40 से 45 सेंमी. रखें।

उर्वरकः फसल में 30 किलोग्राम नत्रजन एवं 15 किलोग्राम फास्फोरस प्रति हैक्टेयर देना चाहिये। उर्वरकों को बुआई के समय ही ऊर देना चाहिये।

निराई–गुड़ाईः फसल में खरपतवार नियंत्रण के लिये बुआई के 20 से 25 दिन बाद निराई करें। यदि पौधों की संख्या अधिक हो तो बुआई के 8 से 10 दिन बाद अनावश्यक पौधों को निकालकर पौधे से पौधे की दूरी 8 से 10 सेंमी. कर दें।

फसल संरक्षण

मोयला–मोयला कीट लगते ही मिथाईल पैराथियॉन 2 प्रतिशत् या कार्बोरिल 5 प्रतिशत् या मैलाथियॉन 5 प्रतिशत् चूर्ण 25 किलो प्रति हैक्टेयर की दर से फसल पर भुरकाव करें अथवा मैलाथियॉन 50 ई.सी. या मिथाईल डिमटोन 25 ई.सी. सवा लीटर या डायोमिथोएट 30 ई.सी. 875 मिलीलीटर या कारबोरिल 50 प्रतिशत् घुलनशील चूर्ण ढाई किलोग्राम पानी में घोल बनाकर प्रति हैक्टेयर की दर से छिड़काव करें।

सफेद रोली, झुलसा व तुलासिताः इन रोगों के लक्षण दिखाई देते ही डेढ़ किलो मैन्कोजेब या जाईनेब का पानी में घोल बनाकर प्रति हैक्टेयर की दर से छिड़काव करें। यदि प्रकोप ज्यादा हो तो यह छिड़काव 20 दिन के अन्तर पर दोहरायें।

❑❑❑

अध्याय 27

जई

कृषि पारिस्थितिक स्थिति वार किस्में

असिंचित पेटा काश्त/ सेवज क्षेत्र	सिंचित सामान्य जल एवं मृदा क्षेत्र	सिंचित लवणीय एवं क्षारीय जल एवं मृदा क्षेत्र
	हरियाणा जवी	
	ओ. एल.–9	
	ओ.एल.–529	
	केन्ट	
	आर.ओ.–19	
	जे.एच.ओ.–2000–4	
	जे.एच.ओ.–851	
	ओ.एल.–125	

जई सर्दियों में उगाई जाने वाली चारे की एक आदर्श फसल है जो दिसम्बर से मार्च तक हरा चारा मुहैया कराती है। बहु कटाई व अधिक उपज के साथ–साथ जई एक उच्च गुणवत्ता वाला स्वादिष्ट एवं पौष्टिक चारा है।

खेत की तैयारी एवं भूमि उपचार

भूमिगत कीड़ो से फसल सुरक्षा हेतु 25 किलो क्यूनॉलफॉस 1.5 प्रतिशत् चूर्ण प्रति हैक्टेयर की दर से भूमि में मिला दें। खेत तैयार होने के बाद पलेवा करें व इसके 5 से 6 दिन बाद दो बार कल्टीवेटर से जुताई करके बीज की बुआई कर दें।

बीज उपचार

बीज को 2 से 3 ग्राम प्रति किलो बीज की दर से कार्बेण्डोजिम या थायरम दवा से उपचारित करके बोयें।

बुआई—बुआई 90 से 100 किलो बीज प्रति हैक्टेयर की दर से कतारों में 22.5 सेन्टीमीटर की दूरी पर करें। जई की बुआई सितम्बर के प्रथम सप्ताह से अक्टूबर के दूसरे पखवाड़े के बीच कभी भी की जा सकती है। लेकिन चारे की अधिक उपज प्राप्त करने के लिए अक्टूबर के द्वितीय पखवाड़े को जई की बुआई के लिए अधिक उपयुक्त पाया गया है। ओ. एल. 9 की बुआई मध्य अक्टूबर तथा केन्ट, जवी 8 की बुआई नवम्बर के प्रथम सप्ताह में करें।

जैविक खाद एवं उर्वरक प्रयोग

बुआई के समय प्रति हैक्टेयर की दर से 40 किलो नत्रजन व 40 किलो फास्फोरस दें। प्रथम सिंचाई के बाद एवं प्रत्येक कटाई के बाद 25 किलो प्रति हैक्टेयर की दर से नत्रजन उर्वरक छिटक कर दें।

निराई–गुड़ाई व खरपतवार नियंत्रण

जई की फसल के साथ उगने वाले मुख्य खरपतवार बथुआ, मेथा, कृष्णनील, प्याजी, चरचरी, मटरी इत्यादि हैं। इनके नियंत्रण के लिए पहली सिंचाई के 4 से 5 दिन बाद खुरपी या हो द्वारा निराई–गुड़ाई करें।

सिंचाई

पहली सिंचाई बुआई के 22 से 25 दिन बाद करें तथा बाद की सिंचाइयाँ फसल की आवश्यकतानुसार करते रहें। ध्यान रहे कि कटाई के बाद सिंचाई अवश्य दें ताकि फसल की पुनवृद्धि अच्छी हो सके।

चारे की कटाई

समय पर बोई गई फसल की पहली कटाई, बुआई के 60 दिन बाद व दूसरी कटाई उसके 45 दिन बाद करें। फसल की अच्छी पुनवृद्धि प्राप्त करने के लिये जई की फसल को भूमि से 4 से 5 सेंमी. ऊंचाई से काटें। देरी से बोई फसल में पुनवृद्धि अच्छी नहीं आती है। अतः देरी से बोई गयी फसल में बुआई के नब्बे दिन बाद एक ही कटाई लें। जई की फसल से हरे चारे की औसत पैदावार 400 से 500 क्विंटल प्रति हैक्टेयर मिल जाती है।

अंत फसलीय या मिश्रित खेती: जई घासकुल की फसल है। इसके चारे की उत्पादकता, स्वादिष्टता, गुणवत्ता व पौष्टिकता बढ़ाने के लिये इसके साथ सरसों अथवा फलीदार चारा फसलें जैसे मटर, सैंजी, मैथी आदि को मिश्रित अथवा अंतः फसलीय पद्धति में उगा सकते हैं। सरसों को जई के साथ उगाना इस क्षेत्र के लिये अधिक उत्पादक पाया जाता है।

बीज उत्पादन

बीज उत्पादन के लिये जई की फसल जई की अन्य किस्मों की फसल से कम से कम 30 मीटर के फासले पर बोयें। फसल कम से कम दो बार, पहली बार पुष्पावस्था पूर्व व दूसरी बार परिपक्वता के समय जंगली जई व दूसरे अवांछनीय पौधों को जड़ से उखाड़ कर निकाल दें। जई की फसल 120 से 125 दिन में पककर तैयार हो जाती है। पकी फसल को काट लें व बाद में सूखने पर थ्रेसर से गहाई कर बीज अलग कर लें। जई का औसत बीज उत्पादन 20 से 25 क्विंटल प्रति हैक्टेयर है। अक्टूबर में बोई गई जई फसल की बुआई के 60 दिन बाद चारे के लिए काट कर पुनवृद्धि फसल से भी बीज उत्पादन किया जा सकता है।

❑❑❑

अध्याय 28

राजगीरा / रामदाना

राजगीरा एक बहुउद्देशीय धान्य स्वरूप फसल है। इसकी खेती, बीज, हरे एवं सूखे चारे, प्रारम्भिक सब्जी व सजावट के लिए की जाती है। इसकी खेती मुख्यतया उत्तर–पश्चिमी हिमालयी क्षेत्र में होती रही है, परन्तु अब देश के अन्य भागों में भी होने लगी है। इसका दाना काफी पौष्टिक होता है। इसकी विभिन्न किस्मों में सामान्तया 12–17 प्रतिशत् प्रोटीन तथा प्रोटीन में 5.5 प्रतिशत् लाइसीन होता है। राजगीरा एवं गेहूँ के मिश्रित आटे से बनी रोटी को पूर्ण आहार माना जाता है। इसके दानों को फुलाकर कई तरह के खाद्य पदार्थ विशेष रूप से लड्डू बनाना अधिक प्रचलित है। इसके अलावा कई प्रकार के बैकरी खाद्य पदार्थ जैसे बिस्किट, पेस्ट्री, केक आदि भी बनाये जाते हैं। राजगीरा से बनाये गये बाल आहार को उत्तम माना जाता है। इसकी पत्तियों में आक्जलेट एवं नाइट्रेट की मात्रा कम होने के कारण यह एक पौष्टिक एवं सुपाच्य हरा चारा माना जाता है। राजगीरा को खसरा व गुर्दे में पथरी के इलाज आदि में उपयोग किया जाता है। राजगीरा तेज रक्तदबाव व कोरोनरी हृदय बीमारी में भी उपयोगी है।

उन्नत किस्में

आर.एम.ए. 4 (2009): यह किस्म राजस्थान कृषि विश्वविद्यालय के कृषि अनुसंधान केन्द्र, मण्डोर,जोधपुर द्वारा विकसित की गई है। पौधे की ऊँचाई लगभग 1 मीटर होती है। फसल लगभग 120–130 दिन में पककर तैयार हो जाती है। दानों में 12.6 प्रतिशत् प्रोटीन तथा प्रोटीन में 5.1 प्रतिशत् लाइसीन होता है। इसकी औसत उपज 13–14 क्विंटल प्रति हैक्टेयर होती है।

आर.एम.ए. 7 (2011): यह किस्म कृषि अनुसंधान केन्द्र, मण्डोर, जोधपुर द्वारा विकसित की गई है। पौधों की ऊंचाई 1.20 मीटर होती है। फसल लगभग 125–130 दिन में पककर तैयार हो जाती है। दानों में 12.10 प्रतिशत् प्रोटीन तथा प्रोटीन में 5.8 प्रतिशत् लाइसीन होता है। इसकी औसत उपज 14 क्विंटल / है।

खेत की तैयारी: राजगीरा का बीज काफी छोटा होता है। इसके लिए खेत को अच्छी तरह जुताई कर तैयार करें। खेत मे ढेले नहीं होने चाहिए।

खाद व उर्वरकः अच्छी सड़ी हुई 8–10 टन गोबर की खाद प्रति हैक्टेयर बुआई एक माह पहले कम से कम तीन साल में एक बार अवश्य डालें। अच्छी फसल के लिए 60 किग्रा. नत्रजन व 40 किग्रा. फास्फोरस प्रति हैक्टेयर दें। नत्रजन की आधी मात्रा व फास्फोरस की पूरी मात्रा बुआई के समय पर तथा शेष नत्रजन की आधी–आधी मात्रा पहली व दूसरी सिंचाई के साथ दें।

बुआई का समयः राजगीरा की बुआई के लिए अक्टूबर का अन्तिम सप्ताह उपयुक्त है। बुआई से देरी में उपज में कमी होती है।

बीज की मात्रा व बुआई–बुआई के लिए 1.5 से 2.0 किग्रा. बीज प्रति हैक्टेयर पर्याप्त होता है। बीज अत्यन्त हल्का एवं बारीक होता है। अतः बीज में बारीक मिट्टी मिलाकर बुआई करने से बीज की मात्रा नियंत्रण में रहेगी। कतार से कतार 30–45 सेमी. दूर रखें तथा बीजों को 1.5 से 2.0 किग्रा. बीज प्रति हैक्टेयर पर्याप्त होता है। बीज अत्यन्त हल्का एवं बारीक होता है। अतः बीज में बारीक मिट्टी मिलाकर बुआई करने से बीज की मात्रा नियंत्रण में रहेगी। बीजों को 1.5 से 2.0 सेंमी. गहरा बोयें। पहली निराई–गुड़ाई के समय पौधे के बीच की दूरी 10–15 सेंमी. कर दे।

सिंचाईः राजगीरा को 4–5 सिंचाई की आवश्यकता होती है बुआई के बाद पहली सिंचाई 5–7 दिन बाद तथा बाद में 15 से 20 दिन के अन्तराल पर फसल की आवश्यकतानुसार सिंचाई करें।

निराई–गुड़ाईः खरपतवार नियंत्रण के लिए 15–20 दिन बाद पहली तथा 35–45 दिन बाद दूसरी निराई–गुड़ाई करें। यदि पौधों की संख्या अधिक हो तो पहली निराई के साथ ही अनावश्यक पौधों को निकाल कर पौधे से पौधे की दूरी 10–15 सेन्टीमीटर कर दें।

कटाईः फसल 120–135 दिन में पककर तैयार हो जाती है। पकने पर फसल पीली पड़ जाती है। समय पर कटाई नहीं करने पर दानों के झड़ने की सम्भावना रहती है। फसल को काटते व सुखाते समय ध्यान रखें कि दानों के साथ मिट्टी नहीं मिलें।

❑❑❑

अध्याय 29

मित्र फफूँद (मेटाराइजियम एनीसोपील्लई)

मेटाराइजियम एक मित्र फफूँद है जो प्राकृतिक रूप से भूमि में पाई जाती है। यह फफूँद कई प्रकार के कीटों में परजीवी की तरह प्रवेश कर रोगग्रस्त कर देती है। यह 200 के करीब कीटों व विशेषकर भूमिगत कीट जैसे सफेद चींटी यानी दीमक को नियंत्रित करती है। मेटाराइजियम फफूँद द्वारा फैलाई गई बीमारी को ग्रीन मस्करडीन डिजिज, अपने हरे रंग के स्पोरस के कारण कही जाती है। जैविक खेती में कीट नियंत्रण हेतु यह प्रभावी है तथा वातावरण को प्रदूषित होने से बचाती है।

कार्य करने का तरीका (Mode of Action): भूमि में मिलाने या छिड़काव करने पर फफूँद कोनिडिया (स्पोरस) कीटों की त्वचा पर अंकुरित होकर शरीर में प्रवेश कर जाते हैं। शरीर में प्रवेश के उपरान्त हानिकारक जहरीले पदार्थ बनाते हैं जिससे कीट की मृत्यु धीरे–धीरे हो जाती है व वंश वृद्धि की स्थिति में नहीं रहता है।

उपयोग का तरीका

1. **बीजोपचार:** 5 से 10 ग्राम मैटाराइजिसम प्रति किलो बीज के साथ चिपकने वाले पदार्थ के साथ मिलाकर बीजोपचार करें।
2. **भूमि उपचार:** खाद्यान्न फसलों जैसे गेहूँ, जौ, मक्का, बाजरा, ज्वार, व अन्य में दीमक व भूमिगत कीटों की रोकथाम हेतु 2.5 से 5 किलो मेटाराइजियम 100 किलोग्राम सड़ी–गली खाद/जैविक केंचुआ खाद में मिलाकर 72 घाण्टे नमी की अवस्था में ढककर रखें ताकि माईसीलियम वृद्धि कर सकें। इसे बुवाई से पूर्व या प्रथम निराई–गुड़ाई उपरान्त खेत में बुरककर मृदा में मिला दें।

मित्र फफूँद मेटाराइजियम एक दीर्घ अवधि तक असरदार, लाभकारी वातावरण/भूमि को प्रदूषण रहित एवं मनुष्य व पशुओं के लिये सुरक्षित है।

भण्डारण: ठण्डे हवादार स्थान पर करें।

उपयोग अवधि: निर्माण तिथि से 120 के अन्दर उपयोग करें।

सावधानी: मित्र फफूँद के उपचार से पूर्व या बाद में रसायनों को काम में न लें।

मित्र फफूँद (बावेरिया बेसियाना)

बावेरिया एक मित्र फफूँद है जो फसलों में लगने वाले हानिकारक कीटों व भूमिगत लटों को नियंत्रण करती है। भूमिगत कीटों जैसे दीमक, सफेद लट अन्य सूंड़ियों (लार्वल कैटरपीलर) का नियंत्रण होता है। बावेरिया कीटनाशकों की श्रेणी में एन्टोमोपेथेजनिक फफूँद बावेरिया द्वारा प्रभावी नियंत्रण होता है। बावेरिया फफूँद मुख्यतः कपास, मूंगफली, दलहन व फलदार पौधों में दीमक इत्यादि की रोकथाम हेतु उपयोग में लिया जाता है।

यह फसलों में लगने वाली सभी प्रकार के काटने–कुतरने वाली सूंड़ियों (लार्वल केटरपीलर) जैसे चना, कपास की हरी लट, तम्बाकू लट, सेमीलूपर लट आदि के नियंत्रण हेतु प्रभावी है। जैविक यानी ऑर्गेनिक खेती में कीट नियंत्रण हेतु प्रभावी है।

कार्य करने का तरीका (Mode of Action): भूमि में मिलाने या छिड़काव के उपरान्त फफूँद का कोनिडियम शत्रुकीटों के शरीर की त्वचा से चिपक कर अंकुरित हो जाता है। फफूँद हाइफा में से रस स्त्रावित करती है, जिससे शत्रु कीटों के शरीर की त्वचा यानी हार्ड क्यटिकल घुल कर त्वचा में प्रवेश कर सकता है, इसके उपरान्त शत्रु कीट शरीर वृद्धि कर उसे रोग ग्रसित कर देता है। फफूँद शरीर में बावेरियन नामक जहरीला स्त्राव बनाता है जो कीट प्रतिरोधकता क्षमता नष्ट करता है जिससे कीट मर जाता है।

उपयोग का तरीका

1. **बीजोपचारः** 5 से 10 ग्राम बावेरिया प्रति किलो बीज के साथ चिपकने वाले पदार्थ के साथ मिलाकर बीजोपचार करें।
2. **भूमि उपचारः** 2.5 किलोग्राम बावेरिया को 100 किलोग्राम सड़ी–गली कम्पोस्ट/जैविक केंचुआ खाद में मिलाकर 72 घण्टे (नमी की अवस्था) में ढ़क कर रखें ताकि मित्र फफूँद बावेरिया के माइसिलियम वृद्धि कर सकें। इसे बुवाई से पूर्व या पहली निराई–गुड़ाई के उपरान्त खेत में भुरककर मृदा में मिला दें।
3. **छिड़कावः** गिडार/लटों के नियंत्रण हेतु बावेरिया (डब्ल्यूपी) 5 ग्राम प्रति लीटर पानी में घोलकर फसल पर स्टिकिंग एजेण्ट के साथ मिलाकर छिड़काव करें क्योंकि बावेरिया अण्डों को नहीं मारता है। अतः 10 से 15 दिन के अन्तराल पर पुनः छिड़काव दोहरायें।

बावेरिया मित्र फफूँद दीर्घ अवधि तक असरदार, लाभकारी वातावरण/भूमि में प्रदूषण को रहित मनुष्य व पशुओं के लिए सुरक्षित जैविक फफूँदनाशी है।

भण्डारणः ठण्डे हवादार स्थान पर करें।

उपयोग अवधिः निर्माण तिथि से 120 दिन के अन्दर उपयोग करें।

सावधानी: मित्र फफूँद को उपचार से पूर्व या बाद में रसायनों को काम में न लें।

ट्राईकोडर्मा एक मित्र फफूँद है जो फसलों में हानिकारक रोग फैलाने वाली भूमिगत शत्रु फफूँदों का जैविक प्रतिरोध करता है, जिससे कपास, दलहन, तिलहन व सब्जियों आदि फसलों की जड़/कालर/तना गलन/उखटा रोगों की रोकथाम करता है। यह भूमि में उपस्थित रोग कारक फफूँद को फैलाने से रोकता है। ट्राईकोडर्मा एक दीर्घ अवधि तक असरदार, लाभकारी, वातावरण को प्रदूषण रहित, पशुओं एवं मनुष्यों के लिये सुरक्षित जैविक सुरक्षित फफूँद भी है। इसको बीज/प्राकृतिक खादों के साथ मिलाकर बीज उपचार/भूमि उपचार किया जा सकता है।

उपचार विधि: बीजों को हल्का गीला कर 4 से 6 ग्राम प्रति किलो बीज की दर से अच्छी तरह मिलाकर बीजोपचार करें।

एक किलो ट्राईकोडर्मा संवर्ध 25 किलो प्राकृतिक/जैविक खाद में मिलाकर प्रति एकड़ भूमि उपचार करें।

भण्डारण: ठण्डे हवादार स्थान पर करें।

उपयोग अवधि: निर्माण तिथि से 120 दिन के अन्दर उपयोग करें।

सावधानी: ट्राईकोडर्मा के उपचार से पहले या बाद में रसायनों से बीजोपचार नहीं करें।

❒❒❒

अध्याय 30

दीमक नियंत्रण

आमतौर पर सभी फसलों में दीमक का प्रकोप होता है। फल के वृक्षों में दीमक प्रमुख रूप से आम, नींबू, अमरुद, चीकू तथा अनार का शत्रु है। दीमक पौधों की जड़ों तथा भूमि से सटे हुये तने के भाग को खोखला कर देती है। दीमक का नियंत्रण करने के लिये निम्न उपाय करने चाहियेः

1. खरीफ की फसल की कटाई के बाद खेत की गहरी जुताई करें। खेत में बचे हुये डण्ठल, घास, जड़ें और कचरे को एक जगह इकट्ठा कर जला दें।
2. अच्छी प्रकार सड़ी हुई खाद का प्रयोग कीजिये। खाद में दीमक लगी हो तो मिथाइल पैराथियॉन 2 प्रतिशत् चूर्ण मिला दीजिये। नीम की खली का प्रयोग हितकर है, क्योंकि इसकी गंध से दीमक दूर भागती है।
3. बुआई करने से पहले खेत में मिथाईल पैराथियॉन 2 प्रतिशत् या क्यूनालफॉस 1.5 प्रतिशत् चूर्ण 25 किलोग्राम प्रति हैक्टेयर की दर से अंतिम जुताई के समय मिट्टी में अच्छी तरह मिला दें।
4. गेहूँ, जौ तथा चना के बीज को बुआई पूर्व उपचारित करने के लिये 450 मि.ली. क्लोरोपायरीफॉस 20 ई.सी. दवा का 5 लीटर पानी मे घोल बनाकर 100 किलोग्राम बीज पर समान रूप से छिड़काव करें। इसके बाद बीज को छाया में सुखाकर तुरन्त बुआई करें।
5. खड़ी फसल में दीमक की रोकथाम के लिये 4 लीटर क्लोरोपायरीफॉस 20 ई.सी. या 2.5 लीटर सिंचाई के साथ प्रति हैक्टेयर दें।
6. फलों के वृक्षों के तने के पास जमीन में 25 से 50 ग्राम मिथाईल पैराथियॉन 2 प्रतिशत् या क्यूनालफॉस 1.5 प्रतिशत् मिलाकर रख दें या तरल क्लोरोपायरीफॉस 20 ई.सी. पानी में मिलाकर सिंचाई करनी चाहिए।
7. पानी की कमी होने पर पौधे सूख जाते हैं और दीमक के आक्रमण की अधिक संभावना रहती है। अतः फसलों की समय पर सिंचाई करनी चाहिये।
8. फसल के कटने के बाद खेत की 2–3 बार गहरी जुताई करें। गर्मी में खेत की जुताई अवश्य करें।

रबी फसलों के बीज उत्पादन हेतु कुछ तकनीकी जानकारी

फसल	**बुआई हेतु बीज दर प्रति है. किग्रा.**	**अन्य किस्म से पृथक्करण (मीटर में)**		**निरीक्षण संख्या**	**निरीक्षण के समय फसल की अवस्था**
		आधार	**प्रमाणित**		
जौ	100	3	3	2	1. बालियाँ आने पर 2. फसल आने पर
गेहूँ	100	3	3	2	1. बालियाँ आने पर 2. फसल आने पर
चना	70	10	5	2	1. पुष्प अवस्था पर 2. फसल पकने की स्थिति में
मसूर	46	10	5	3	1. पुष्प अवस्था पर 2. फसल पकने पर
मटर	75	10	5	2	1. पुष्प अवस्था पर 2. फसल पकने पर
सरसों	5	50	25	3	1. पूर्व पुष्प अवस्था पर 2. पुष्प अवस्था पर 3. फसल पकने पर
अलसी	25	50	25	3	1. पूर्व पुष्प अवस्था पर 2. पुष्प अवस्था पर 3. फसल पकने पर
तारामीरा	5	100	50	3	1. पूर्व पुष्प अवस्था पर 2. पुष्प अवस्था पर 3. फसल पकने पर
कुसुम	12	400	200	3	1. पूर्व पुष्प अवस्था पर 2. पुष्प अवस्था पर 3. फसल पकने पर
वरसीम	20	400	100	2	1. पुष्प अवस्था पर 2. फसल पकने पर
रिजका	10	400	100	2	1. पुष्प अवस्था पर 2. फसल पकने पर
जई	62.5	3	3	2	1. पुष्प अवस्था पर 2. फसल पकने पर

उत्पादकता की वृद्धि के 21 मूल मंत्र

	करें	पायें
1.	समय पर बुआई करें।	अधिकतम उत्पादन लें।
2.	प्रमाणित/उन्नत बीज ही बोयें।	20 से 25 प्रतिशत् उपज बढ़ायें।
3.	बीज उपचार (बीज का टीकाकरण) आवश्यक करें।	कर्म खर्च में फसल रहे निरोग व स्वस्थ।
4.	मिट्टी की जाँच करवाकर सिफारिश के अनुसार संतुलित उर्वरक काम में लें।	उर्वरक पर पैसा बचायें।
5.	गर्मी में भारी मिट्टी में गहरी जुताई अवश्य करें।	खरपतवार, रोग व कीट के प्रकोप में कमी।
6.	उचित बीज दर रखें। कतार में बुआई करें। कतार से कतार की समुचित दूरी रखें।	पौधे की उचित संख्या व उचित दूरी से अच्छी बढ़वार व अधिक उपज पायें।
7.	ढलान के आड़े जुताई–बुआई करें।	वर्षा का ज्यादा पानी जमीन के अन्दर जाये।
8.	फसल बदल–बदल कर बोयें।	कीट रोग के प्रकोप में कमी।
9.	मिलवाँ फसलें (इन्टरक्रॉपिंग) लें।	जोखिम कम होना।
10.	दलहनी/तिलहनी फसलों में जिप्सम का उपयोग अवश्य करें।	भूमि की उर्वरा शक्ति बढ़े।
11.	फव्वारा, ड्रिप व पाइपलाईन इस्तेमाल करें।	पानी की बचत होगी व सिंचित क्षेत्र बढ़ेगा।
12.	फसल की क्रान्तिक अवस्थाओं पर सिंचाई अवश्य करें।	कम पानी की स्थिति में अच्छी पैदावार मिलेगी।
13.	मित्र कीटों का संरक्षण करें, प्रकाश पाश व फेरोमोन ट्रेप काम मे लें।	दवाई का प्रयोग कम होगा। बिना दवाई के कीड़ों पर नियंत्रण होगा।
14.	जैविक खेती अपनायें।	उत्पादन लागत कम होगी।
15.	सिफारिश के अनुसार अगेती/पछेती फसलें लें।	विषम परिस्थितियों में भी आमदनी बढ़े।
16.	उपज को सुखाकर/छानकर/श्रेणी करण (ग्रेडिंग) कर बाजार में ले जायें।	अधिक मूल्य मिले।
17.	खाद/बीज/दवा खरीदते समय बिल अवश्य लें।	धोखाधड़ी से बचेंगे। आदान की गुणवत्ता सुनिश्चित होगी।

18. कृषि कार्यक्रमों में भागीदारी बढ़ायें।	नवीनतम जानकारी लें। समस्या का समाधान पायें।
19. फसल बीमा करवायें।	जोखिम से बचें।
20. उन्नत कृषि यंत्र अपनायें।	समय, श्रम एवं पैसा बचे।
21. नगदी/उद्यानिकी फसलों को अपनायें।	निरन्तर आमदनी मिले।

❑❑❑

अध्याय 31

मेंहदी की कृषि तकनीक

मेंहदी भरतवर्ष में ही नहीं, अपितु पूरे विश्व में आदिकाल से उपयोग में लाई जाती है। यूं तो यह पौधा मूल रूप से ईरान का है, परन्तु अब मिस्र, अफ्रीका, अरब तथा भारत में इसकी काफी बड़े स्तर पर खेती की जा रही है। भारतवर्ष में हर धर्म के लोग इसको हाथो, पैरों पर अनादिकाल से श्रृंगार के रूप में लगाते आ रहे हैं। बालों को रंगने में भी इसका बहुतायत में उपयोग हो रहा है। मेंहदी के पुष्पों से इत्र भी प्राप्त किया जाता है जिसे 'हिना' कहते हैं। आज 'हिना' विश्व के अत्याधिक महंगे इत्रों में से एक है। मेंहदी के पत्तों, छाल, फल और बीजों का उपयोग विभिन्न औषधियों के निर्माण में भी किया जाता है।

पाश्चात्य देशों में जहां विभिन्न जड़ी–बूटियों पर नवीनतम शोधकार्य तीव्र गति से चल रहा है वहां भी नवीनतम शोधकार्यों से यह ज्ञात हुआ कि शरीर के विभिन्न अंगों पर मेंहदी का लेप करने से रक्त का तापक्रम नियंत्रित किया जा सकता है। इन उपयोगों की जानकारी प्राप्त होने से अब विकसित देशों के लोगों का रूझान भी मेंहदी के प्रयोग की तरफ बढा है। यही कारण है कि इसके निर्यात में भारी वृद्धि हो रही है। यूनानी मतानुसार मेंहदी शीत और उष्ण वीर्य प्रधान है, परन्तु शीत वीर्य की शक्ति बहुत शीघ्र प्रकट होती है, इसलिये इसकी प्रकृति दूसरे दर्जे की शीत एवं रूक्ष वर्ण की कही जाती है।

आयुर्वेद के पुराने ग्रन्थों में मेंहदी को 'नखरंजनी' एवं 'मदयन्तिका' की संज्ञा दी गई है। अथर्ववेद में इसे मदावति के नाम से पुकारा गया है। औषधीय रूपों में मेंहदी कफ–पित्त नाशक, शोधहर तथा व्रणशोधक होती है। इसके पुष्प निद्राजनक शोथहर और ज्वरघ्न होते हैं। इसके बीज स्तम्भक, अतिसार एवं प्रवाहिका में उपयोगी होते हैं। मेंहदी के पत्तों एव फूलों से तैयार किया जाने वाला घनसत्व कुष्ठ रोग में उपयोगी होता हैं। इसके पत्तों का स्वरस कामला में उपयोगी माना जाता है। सिरदर्द, पीलिया और कुष्ठ रोग में मेंहदी का उपयोग बढ़ रहा है। जली हुई चमड़ी पर शीतलता पहुचाने में भी मेंहदी उपयोगी पाई गयी है।

आधुनिक चिकित्सा पद्धति के शोधकार्य में इसमें निम्न तत्व पाये गये हैं, जो घुलनशील होते हैं–लासोन (Lawsone) 2. हाईड्रोक्सी (2–Hydoxy),1–4 नाप्थाक्विनोन (1–4 nopthaquinone), रेजीन (Resin), टेनिन (Tannin), गैलिक एसिड (Gallic acid),ग्लूकोज (Glucose), मैनीताल (Manital), वसा (Fat), म्यूसीलेज (Mucilage)

तथा किनोन (quinone)। मेंहदी के पौधे झाड़ीदार रूप में मिलते हैं। इसकी शाखाएं कंटमय नुकीली होती हैं। पर्ण– अभिमुख क्रम में, लम्बे सनायपत्र सदृश, आधार एवं अग्र की ओर कम चौड़ी कुठिताग्र, चर्मिल एवं सरल धार वाले होते हैं। स्त्रियाँ इसकी पत्तियाँ पीसकर हाथ–पांव में लाल रंग के रंगने के काम में उपयोग करती हैं। इसके पुष्प हरिताभ, श्वेत, गुच्छों से सुगंधित शाखाग्र खिलते हैं तथा फल गोल एवं कई बीजों वाले होते हैं। मेंहदी के पौधे सम्पूर्ण भारत में पाये जाते हैं। कई जगह इनको खेतों में बगीचों की बाउन्ड्री पर भी लगाया जाता है तथा फेन्सिंग हेतु भी प्रयुक्त किया जाता है। इसके फूलों की अत्यधिक मीठी सुगन्ध मन को अत्यन्त भाती है।

वर्तमान में यूं तो मेंहदी की व्यावसायिक खेती राजस्थान, गुजरात व पंजाब में की जाती है, लेकिन इस समय गुजरात व पंजाब में इसकी खेती नहीं के बराबर रह गई है, जबकि पश्चिमी राजस्थान के पाली जिले की 'सोजत' तहसील में इसकी व्यावसायिक खेती बड़े पैमाने पर (लगभग 50,000 हैक्टेयर से ज्यादा क्षेत्रफल में) की जा रही है तथा मेंहदी उत्पादन एवं व्यापार के मामले में सोजत पूरे विश्व की प्रमुख मण्डी बन गई है। वर्तमान में सोजत के औद्योगिक क्षेत्र में मेंहदी का पाउडर बनाने वाले तथा सफाई करने वाले लगभग 50 से अधिक कारखाने लगे हुए हैं। निर्माता पूरे विश्व में अपना माल तो बेचते ही हैं, साथ ही भारत के गांव–गांव में मेंहदी की आपूर्ति भी करते हैं। इस समय 100 से अधिक ब्रान्ड नामों में मेंहदी बिक रही है। मेंहदी उत्पादक किसानों की सुविधा के लिये सोजत में कृषि उपज मण्डी की व्यवस्था भी की गई है जहाँ प्रतिदिन होने वाली नीलामी बोली में किसान अपना माल बेच सकते हैं। मेंहदी को विक्रय कर से मुक्त रखा गया है। पाली जिले के साथ–साथ इसकी व्यावसायिक खेती का क्षेत्रफल राजस्थान के नागौर व जोधपुर जिलों में भी बढ़ रहा है। काफी विस्तृत बाजार होने के कारण मेंहदी की खेती व्यावसायिक रूप से काफी लाभकारी है तथा पंजाब, हरियाणा,राजस्थान, मध्यप्रदेश, उत्तर प्रदेश एवं गुजरात आदि राज्यों की जलवायु इसकी खेती के लिये काफी उपयुक्त है।

मेंहदी की कृषि तकनीक :

1. **उपयुक्त भूमिः** मेंहदी की खेती सभी प्रकार की भूमियों तथा मृदाओं, कंकड़ीली, पथरीली, हल्की, भारी एवं दूसरी प्रकार की कृषि के लिये अनुपयुक्त भूमियों में संभव है। अत्यधिक जल भराव वाली, क्षारीय एवं लवणीय भूमि इसके लिये उपयुक्त नहीं है।

2. **खेत की तैयारीः** मेंहदी की फसल एक बार लगाने के बाद कई साल तक (लगभग 100 साल तक) चलती है। अतः जहां मेंहदी लगानी हो, उस खेत को गर्मी मे गहरी जुताई करके छोड़ दें, ताकि हानिकारक कीटाणु नष्ट हो जाएं। दीमक आदि रोगों से बचाने के लिये खेत में नीम की खली का पाउडर 20–30 किलोग्राम प्रति एकड़ की दर से अवश्य डालें। मानसून की प्रथम वर्षा होने पर खेत में 2–3 जुताइयाँ और करें तथा फिर पाटा लगाकर खेत को छोड़ दें।

3. **बीजाई की विधिः** मेंहदी की बीजाई इसके बीजों से की जाती है जिसके लिये सर्वप्रथम उसकी नर्सरी बनाना आवश्यक होता है। नर्सरी निम्नानुसार बनायी जाती है:

नर्सरी बनानाः मेंहदी का बीज राई के समान बारीक होता है, अतः मार्च–अप्रैल के महीने में छायादार जगह पर (जहाँ सिंचाई के लिये जल की व्यवस्था हो) ऊपर उठे हुए बैड बनाकर मेंहदी के बीजों को छिड़क दिया जाता है। एक एकड़ में मेंहदी लगाने के लिये दो किलोग्राम बीज की नर्सरी तैयार करनी चाहिए। बैड में बीज, छिड़कर हल्की सिंचाई की जाती है व 15–20 दिन तक बैड को ऊपर से सूखने नहीं दिया जाता, क्योंकि यदि बैड सूख जाएगा तो अंकुरण नहीं होगा। 10–20 दिन में मेहन्दी का लगभग सारा बीज उग जाता है जिसकी नियमित सिंचाई करते रहना चाहिए। नर्सरी में खरपतवार भी उगती है, अतः खरपतवार निकालना भी आवश्यक है, क्योंकि खरपतवार नहीं निकालने पर मेंहदी के पौधे नष्ट हो सकते हैं। नर्सरी काल में पौधों को स्वस्थ रखने के लिये 15–20 दिन बाद नीम की पत्ती का घोल छिड़कना चाहिए। जून–जुलाई में एक–दो बार गौमूत्र का छिड़काव करना भी लाभकारी होता है।

4. **पौध रोपणः** अगस्त माह तक नर्सरी में पौधे 40–45 सेंटीमीटर तक बड़े हो जाते हैं। तदानुसार इसकी रोपाई खेतों में की जाती है। रोपाई करने से पहले खेत में 45 सेंटीमीटर की दूरी पर हल द्वारा सीधी लाइनें बना दें। इस प्रकार लाईन से लाईन की दूरी 45 सेंटीमीटर रखें। रोपाई करते समय नर्सरी के पौधों को उखाड़कर टोकरी में भर कर लायें और इस टोकरी के ऊपर गीला बारदाना ढंक कर रखें। ध्यान रहे कि उतने ही पौधे उखाड़ें जितने पौधे आप 2–3 घण्टे में लगा सकें। पौधे लगाते समय पौधे से पौधे की दूरी 30 सेंमी. रखनी चाहिए। पौधे लगाते समय खुरपी से 15 सेंटीमीटर गहरा गड्ढा करके 2–3 पौधे एक साथ लगाकर अंगुलियों से अच्छी तरह दबा दें ताकि जड़ के पास खोखला स्थान न रहे।

फसल को खेत में रोपण करते समय मिट्टी अच्छी गीली होनी चाहिए। यदि रोपाई के समय हल्की बारिश हो तो यह फसल के लिये अत्यन्त लाभदायी होती है। रोपाई के बाद अतिरिक्त सिंचाई देने की आवश्यकता नहीं होती है कड़ी धूप के समय रोपाई का कार्य नहीं करना चाहिए।

5. **निराई–गुड़ाईः** फसल रोपाई के बाद पौधों में नये पत्ते आना शुरू हो जाते हैं, रोपाई के एक माह बाद खेत में निराई करनी आवश्यक होती है, ताकि खरपतवार से खेत को मुक्त रखा जा सके। यदि आवश्यकता हो तो अक्टूबर में कुलपा भी चलाया जा सकता है। वैसे प्रतिवर्ष खेत में 1–2 बार कुलपा चलाना आवश्यक होता है।

6. **खाद व सिंचाईः** मेंहदी की जड़ें काफी गहरी हो जाती हैं। अतः इसको किसी प्रकार की खाद या सिंचाई की आवश्यकता नहीं रहती है। सिंचाई करने पर मेंहदी के पत्तों मे रंजक तत्वों की भी कमी आती है, अतः इसकी गुणवत्ता क्षीण हो जाती है। इसलिये मेंहदी की खेती में सिंचाई नहीं करनी चाहिए। यह पूर्णतः असिंचित फसल ही लाभदायक रहती है। इसमें किसी प्रकार की खाद का उपयोग करने की आवश्यकता नहीं होती है।

7. **कटाईः** बीजाई के प्रथम वर्ष में आगामी मार्च–अप्रैल माह में इसकी प्रथम कटाई तेज धारदार हंसिये से जमीन से दो–तीन इंच ऊपर से करें, पहली कटाई में, क्योंकि पौधों की ऊंचाई कम होती है, अतः विशेष उत्पादन नहीं मिल पाता है जिससे किसानों को पहले वर्ष ज्यादा आमदनी नहीं मिल पाती है। फिर भी कटाई करना अन्यन्त आवश्यक है। अगले वर्षों में प्रत्येक वर्ष दो कटाइयाँ की जानी चाहिए जिनमें से प्रथम कटाई अक्टूबर–नवम्बर तथा दूसरी कटाई मार्च माह में करनी चाहिए। मेंहदी की कटाई करके छोटी–छोटी ढेरियों में इसे सुखायें। ढेरियाँ सुखाते समय ध्यान रहे कि वे ज्यादा दिनों तक खेत में न पड़ी रहें। पूर्णतः सूख जाने पर इन ढेरियों को इकट्ठा कर लिया जाता है। इकट्ठा करते समय ढेरियों में नमी नहीं रहनी चाहिए। तदुपरांत इन छोटी ढेरियों की एक बड़ी ढेरी बनाकर 4–5 दिन तक इसे और सूखने दें, लेकिन ध्यान रहे कि पत्तों का रंग न उड़ने पाये। पूर्णतः सूख जाने के बाद मेंहदी के पत्तों का रंग न उड़ पाये। पूर्णतः सूख जाने के बाद मेंहदी के पत्तों को झाड़ लें और डंठल अलग कर लें। पत्तें झाड़ते समय तिरपाल बिछा दें ताकि पत्तों में मिट्टी, कंकड़ न आ सके। साफ किये हुए पत्तों को बोरों में भरकर बिक्री के लिये भेजा जा सकता है।

8. **उत्पादनः** मेंहदी की खेती से प्रतिवर्ष प्रति एकड़ 600 से 800 किलोग्राम पत्तों का उत्पादन होता है। वर्तमान समय में इसका भाव 18 से 22 रुपये प्रति किलोग्राम है।

प्रमुख सावधानियाँ

मेंहदी की खेती के सन्दर्भ में निम्नलिखित सावधानियाँ रखी जानी आवश्यक हैं–

- अच्छी गुणवत्ता एवं अधिक उत्पादन के लिये मेंहदी की 'रजनी' वैरायटी अधिक उत्तम है।
- नर्सरी के समय एवं खड़ी फसल में भी खरपतवार पर नियंत्रण आवश्यक है।
- खड़ी फसल में वर्ष में दो बार कुलपा अवश्य चलायें।
- ज्यादा उत्पादन लेने के लिये खेत को छोटे–छोटे ब्लॉक्स में विभाजित कर हल्की मेड़बंदी अवश्य करें ताकि खेतों में नमी अधिक समय तक बरकरार रहे।

- फसल को निश्चित अवधि में अवश्य काट लेना चाहिए। नियमित कटाई न होने पर पत्तों की गुणवत्ता तो नष्ट होती है। साथ ही पत्ते झड़ भी जाते हैं और मेंहदी का तना भी अत्यधिक मोटा होने के कारण आगे फसल काटने में भी परेशानी आती है।
- मेंहदी के पत्तों को ज्यादा दिनों तक स्टॉक में नहीं रखना चाहिए।
- फसल आते ही बेच देना लाभदायक रहता है। भण्डारित की गई मेंहदी का रंग हल्का होता जाता है।

मेंहदी पर आधारित कुटीर एवं लघु उद्योग

भारत से मेंहदी का निर्यात पाउडर के रूप में ज्यादा होता है। कई बार विदेशों में भी इनके पत्तों की मांग आती रहती है। अतः जहाँ पर मेंहदी की खेती हो रही हो उसके आस–पास मेंहदी पर आधारित निम्न उद्योग लग सकते हैं–

1. **पिसाई संयंत्रः** मेंहदी के पत्तों को पीसने से पूर्व इसकी सफाई करके डण्ठल, रेत व कंकड़ को अलग–अलग किया जाता है। तदुपरांत पत्तों को साफ करने के बाद इनको पल्वराइजर से बारीक पीस लिया जाता है और 25–25 किलोग्राम की पैकिंग करके विक्रय/निर्यात किया जाता है।

   भारतवर्ष के घरेलू बाजार मे मेंहदी की 50 ग्राम से 1 किलोग्राम तक की पैकिंग सर्वत्र बिकती है। अतः मेंहदी का पिसाई संयत्र लगाने की फाफी गुंजाइश रहती है। इसके लिये संचालित सफाई मशीन पल्वराइजर, स्वचालित पैकिंग मशीन इत्यादि की आवश्यकता रहती है।

2. **मेंहदी कोन उद्योगः** आजकल मेंहदी लगाने वाली महिलाओं के पास समयाभाव के कारण वे मेंहदी को तरल रूप में खरीदती है। कुछ कम्पनियाँ तरल मेहंदी के कोन भारत व अन्तर्राष्ट्रीय बाजार में बेच रही हैं। इस प्रकार की मेंहदी को गीला करके कोन में भरकर अच्छी पैकिंग करके भी निर्यात/विक्रय किया जा रहा है। इस प्रकार का पैकेजिंग उद्योग भी लगाया जा सकता है।

3. **हिना इत्र उद्योगः** पौराणिक काल से ही 'हिना' का इत्र बहुत ही महंगे इत्रों में गिना जाता रहा है। समाज का उच्चतम आय वर्ग ही इसका उपयोग करने की क्षमता रखता है। इसका इत्र उष्ण तासीर का होता है तथा सर्दियों के मौसम में इसका उपयोग बहुत बढ़ जाता है। ठण्डे देशों में इसका प्रचलन प्रचुर मात्रा में होता है। खाड़ी के देशों में अमीर शेख इसका भारी मात्रा में उपयोग सदियों से करते आ रहे हैं। भारत में इस इत्र का निर्यात फ्रांस, इटली, इंग्लैण्ड, जर्मन इत्यादि कई यूरोपीय देशों में तथा अरब देशों मे प्रचुर मात्रा में किया जा रहा है। अतः जिन क्षेत्रों में मेंहदी का उत्पादन होता हो, वहां पर अत्यधिक मूल्यवान 'हिना इत्र' के उद्योग भी स्थापित हो सकते हैं।

मेंहदी की खेती से लाभ

यूं तो मेंहदी की खेती सामान्य क्षेत्रों में काफी उपयोगी है, परन्तु विशेष रुप से ऐसे कई क्षेत्रों के लिये जो कम उपजाऊ हैं तथा जहां कोई दूसरी व्यावसायिक फसल न ली जा सके, यह विशेष रूप से लाभकारी है। इसकी खेती के प्रमुख लाभ निम्नलिखित हैं–

- पड़ती भूमि का सदुपयोग।
- मृदा के जल संरक्षण में लाभकारी।
- रासायनिक खाद व कीटनाशकों की आवश्यकता नहीं।
- निर्यात द्वारा विदेशी मुद्रा की प्राप्ति की संभावना।
- ग्रामीण स्तर पर मेंहदी उद्योगों की स्थापना की संभावनाएँ।
- पर्यावरण संरक्षण में लाभकारी।
- छोटे एवं बड़े किसानों को निश्चित आमदनी।
- अतिवृष्टि, अनावृष्टि आदि प्राकृतिक आपदाओं का कोई विशेष असर नहीं।

इस प्रकार अपेक्षाकृत अनुपजाऊ तथा कम उपजाऊ वाले क्षेत्रों के लिये मेंहदी एक काफी लाभकारी फसल है जिसकी बिक्री के लिये राष्ट्रीय एवं अंतर्राष्ट्रीय स्तर पर पर्याप्त बाजार उपलब्ध है।

❑❑❑

Part-4:
HORTICULTURE CROPS OF TROPICAL INDIA

अध्याय 32

बेर की वैज्ञानिक खेती

बेर शुष्क जलवायु वाले देशों का लोकप्रिय फल है। भारत में इसकी बागवानी मुख्य रूप से राजस्थान में की जाती है। गुजरात, उत्तर प्रदेश, हरियाणा में छोटे स्तर पर इसके बगीचे देखे जा सकते हैं। इसका फल स्वादिष्ट तथा औषधीय गुणों से भरपूर होता है। भारत में बेर का क्षेत्रफल 98.8 हजार हैक्टेयर, उत्पादन 660.7 हजार मीट्रिक टन एवं उत्पादकता 6.69 मीट्रिक टन प्रति हैक्टेयर (2013–14) है। बेर एक प्रसिद्ध फल है जिसकी खेती राजस्थान में बहुत ही आसानी से की जा सकती है। इसके फलों का प्रयोग ताजे फलों के रूप में खाने, सुखाकर छुआरों के रूप में शर्बत, जैम, मुरब्बा, केण्डी, चटनी एवं अचार बनाकर किया जाता है। इसके अतिरिक्त बेर के पौधे का लाख के कीड़ों को पालने में और इसके पत्तों का प्रयोग पशुओं के चारे के रूप में किया जाता है। इसकी लकड़ी का उपयोग जलाने तथा खेत के चारों ओर बाड़ लगाने में अधिक किया जाता है जिससे फसल को नुकसान होने से बचाया जा सकता हैं। राजस्थान के सूखा प्रभावित क्षेत्रों में जहां चारे पानी की कमी हो उन क्षेत्रों में इसके पत्तों को सुखाकर भेड़–बकरियों को चारे के रूप में खिलाया जाता हैं।

जलवायु

बेर शुष्क जलवायु का पौधा है। यह अर्द्धशुष्क जलवायु में भी अच्छी तरह उगाया जा सकता है। फलों के विकास एवं पकने के समय गर्म एवं शुष्क जलवायु की आवश्यकता होती है। लम्बे समय तक उच्च तापमान रहने से फलों में मिठास की मात्रा बढ़ती है। आर्द्र जलवायु से फलों की गुणवत्ता प्रभावित होती है एवं फफूंदजनित रोगों का प्रकोप बढ़ जाता है। इसकी खेती समुद्रतल से 500 मीटर से अधिक ऊंचे स्थानों पर की जा सकती है।

मृदा

बेर विभिन्न प्रकार की मृदाओं में उगाया जा सकता है, परन्तु अच्छी जल निकास वाली रेतीली दोमट मिट्टी सर्वोत्तम होती है। फलों की गुणवत्ता एवं रंग भारी मृदाओं की अपेक्षा हल्की मृदाओं में अच्छा होता है। बेर मृदा लवणीयता 9.00 ई.सी./मि.ली. एवं क्षारीयता 6.78 ई.एस.पी. तक सहन कर सकता है। बेर की खेती हल्की कंकड़ी व अनउपजाऊ भूमि पर भी आसानी से की जा सकती है।

उन्नत किस्में: फल पकने के आधार पर बेर की उन्नत किसमें तीन तरह की होती हैं–

- **जल्दी पकने वाली**: जनवरी के प्रथम सप्ताह में पकने वाली जैसे–गोला, सलेक्टेड सफेदा, सन्धूरा, नरमा, बनारसी थार, सेविका, थार मुमराम इत्यादि।
- **मध्यम अवधि में पकने वाली**: जनवरी के अन्तिम सप्ताह में पकने वाली जैसे–सेव, कैथली, सानेर 75, मुंडिया, महारा, बनारसी।
- **देरी से पकने वाली**: फरवरी के अन्त से मार्च के शुरू में पकने वाली जैसे– छुहारा, उमरान, इलायची, जोगिया तथा अलीगंज इत्यादि।

सेव

इस किस्म में फलों का औसत वजन 14 ग्राम, घुलनशील ठोस पदार्थ 20.7 प्रतिशत् अम्ल 0.44 प्रतिशत्, विटामिन सी 85 मिलीग्राम तथा औसत पैदावार 80 किलो प्रति पेड़ होती है।

गोला

इस किस्म के फल चमकदार तथा गोल, फलों का औसत वजन 14.6 ग्राम, घुलनशील ठोस पदार्थ 17.4 प्रतिशत्, अम्ल 0.46 प्रतिशत्, विटामिन सी 85.5 मिलीग्राम प्रति 100 ग्राम उपज लगभग 85 किलो प्रति पेड़ तथा फल जनवरी के पहले सप्ताह में पकना प्रारम्भ हो जाते हैं।

मुण्डिया

इस किस्म के फल बड़े, फलों का औसत भार 35 ग्राम, छिलका मोटा व कठोर, घुलनशील ठोस पदार्थ 19.5 प्रतिशत्, अम्ल 9.33 प्रतिशत, विटामिन सी 89 मिलीग्राम तथा उपज लगभग 75–80 किलो प्रति पेड़ होती है।

ईलायची

इस किस्म के फल आकार में छोटे व अधिक मीठे होते हैं। फलों का औसत भार 25 से 30 ग्राम का होता है, फल देर से पकते हैं। इसमें फल मक्खी का प्रकोप नहीं होता, क्योंकि इसके फलों का छिलका मोटा व कठोर होता है। इसकी उपज 50 कि.ग्रा. प्रति पौधा होती है।

उमरान

इस किस्म के फल आकार में बड़े व आगे से लम्बे होते हैं। फल खाने में हल्का खट्टापन लिये होते हैं। फलों का औसत भार 40 से 50 ग्राम का होता है, फल देर से पकते हैं। इसमें फल मक्खी का प्रकोप कम होता है। इसकी उपज 55–75 कि.ग्रा. प्रति पौधा होती है।

बेर का पौधा लगाने की उपयुक्त विधि

बेर लम्बे समय तक फल देने वाला वृक्ष है। अतः इसका बगीचा लगाने के लिये विशेषज्ञ से सलाह लेकर योजनाबद्ध ढंग से बगीचा लगायें। रबी की फसल लेने के बाद एक गहरी जुताई मिट्टी पलटने वाले हल से करें। इसके बाद दो–तीन जुताई कल्टीवेटर से करने के बाद खेत को समतल कर लेना चाहिए। बेर का बगीचा लगाने के लिये वर्गाकार विधि सर्वाधिक उपयुक्त व संतोषजनक रहती है जिसमें पौधे से पौधे की दूरी तथा पंक्ति (लाइन) से पंक्ति की दूरी बराबर रखते हैं। बेर के बगीचे के लिए पौधे से पौधे तथा पंक्ति से पंक्ति की दूरी, दोनों ही 6–6 मीटर रखते हुए खूँटियाँ गाड़कर रेखांकन कर लेते हैं। इस तरह से एक बीघा में 44 व एक हैक्टेयर में 278 पौधे लगते हैं।

बेर का बगीचा लगाने के लिए गड्ढों का आकार व गड्ढे भरने की विधि

बेर का बगीचा लगाने के लिये गर्मी के दिनों में रेखांकन किए हुए खेत में 1 मीटर चौड़ा x 1 मीटर लम्बा x 1 मीटर गहरा, आकार के गड्ढे खोदते हैं और उन्हें खुला छोड़ देते हैं जिससे तेज धूप के कारण जमीन में पाये जाने वाले हानिकारक कीड़े–मकोड़े नष्ट हो जाते हैं या चिड़ियों द्वारा चुन लिए जाते हैं। गड्ढों को मानसून आने से पहले भर देना चाहिए। एक गड्ढे से खोदी गई ऊपर की 45 सेन्टीमीटर (डेढ़ फीट) गहराई तक की मिट्टी में 20–25 किलोग्राग गोबर की सड़ी हुई खाद, 50–100 ग्राम क्विनॉलफॉस या कार्बोफ्यूरॉन पाउडर प्रति पौधा डालना चाहिए।

बेर में सिंचाई प्रबंधन

बेर की फसल में अधिक पानी की आवश्यकता नहीं होती है, परन्तु पौधों की प्रारम्भिक अवस्था में स्थापित करने के लिए सिंचाई करना आवश्यक है। बेर के पौधे गर्मियों में सुसुप्तावस्था में चले जाते हैं और पत्तियाँ गिरा देते हैं। अतः गर्मियों में सिंचाई करने की जरुरत नहीं पड़ती। मानसून की वर्षा का अधिकतम फायदा लेने के लिए बेर के पेड़ों के चारों तरफ दो मीटर व्यास के गोलाकार थांवले गर्मियों में बनाकर तैयार कर लेने चाहिए।

इससे पौधों की बहुत अच्छी बढ़वार होती है। मानसून में अच्छी बढ़वार के बाद पहली सिंचाई की जरुरत फूल आने से पहले करनी पड़ती है। दूसरी सिंचाई फल बनते समय करें। नवम्बर के महीने में फल विकसित होते समय खेत में नमी होना अति आवश्यक है। सिंचाई जल की प्रचुर मात्रा में उपलब्धता हो तो नवम्बर से जनवरी तक 10–15 दिन के अन्तराल पर सिंचाई करने से फलों की गुणवत्ता व उपज पर अच्छा प्रभाव पड़ता है।

बेर में कटाई–छंटाई

बेर में कटाई–छंटाई करना बहुत ही जरूरी है, क्योंकि फूल नई पत्तियों के अक्ष से निकलते हैं, कटाई करने के बाद बहुत सी शाखाएँ/प्ररोह निकलते हैं जिन पर पत्तियाँ निकलती हैं और उसी अनुसार फूल भी अधिक लगते हैं। बेर में कटाई–छंटाई का उपयुक्त समय 15 मई से 15 जून तक रहता है। बगीचे के पहले दो–तीन साल तक पौधों को सही आकार देने के लिए हल्की कटाई–छंटाई करते हैं। यानी केवल रोगग्रस्त, सूखी टहनियों को ही काटते हैं। इस दौरान मुख्य शाखा पर जमीन से एक मीटर की ऊँचाई प्राथमिक शाखाओं को बढ़ने देते हैं। शाखाओं के बीच में दूरी रखने के लिए कुछ शाखाओं को काट–छांट कर हटा देते हैं जिससे वायु व धूप का प्रवेश आसानी से हो सके। चार–पाँच साल के बाद पौधे की जमीन से एक मीटर तक की मुख्य शाखा व चार–पांच द्वितीय शाखाओं को छोड़कर पूरी तरह से कटाई करते हैं और बाद में कटे हुए सिरे पर ब्लाइटोक्स नामक फफूंदीनाशक दवा का लेप लगा देते हैं जिससे फफूंदीजनक बीमारियों का प्रकोप पौधों पर न हो। इसके बाद उद्यान की गहरी जुताई करके छोड़ देते हैं।

खाद एवं उर्वरक

बेर के पौधे में कम पानी की आवश्यकता होती है। साधारण तौर पर नये प्ररोहों के निकलते समय, फूल आते समय और फलों की वृद्धि के समय पर्याप्त मात्रा में सिंचाई देनी चाहिए।

सारणी 1 बेर में खाद व उर्वरकों की मात्रा

पेड़ की आयुवर्ष में (कि.ग्रा.)	गोबर की खाद(कि.ग्रा.)	यूरिया (कि.ग्रा.)	सुपर फॉस्फेट (कि.ग्रा.)	म्यूरेट ऑफ पोटाश (कि.ग्रा.)
1	10	0.22	0.35	0.08
2	20	0.44	0.70	0.16
3	20	1.10	1.40	0.20
4	25	1.20	1.75	0.25
5 एवं बाद में	30	1.20	1.75	1.25

यूरिया की आधी मात्रा और सुपरफॉस्फेट एवं म्यूरेट ऑफ पोटाश की पूरी मात्रा जुलाई एवं बाकी बची हुई यूरिया की आधी मात्रा नवम्बर माह में देनी चाहिए। खाद व उर्वरक देने के तुरन्त बाद सिंचाई कर देनी चाहिए।

बेर की फसल में लगने वाले प्रमुख कीट

फल मक्खी

यह बेर का सबसे हानिकारक कीट है। जब फल छोटे व हरे होते हैं तब कीट का आक्रमण शुरू होता है। शुरू में फल में एक लट (मैंगट) पाई जाती है। इसके प्रभाव से फल (काणें) हो जाते हैं जो खाने योग्य नहीं रहते व बाजार में कम भाव पर बिकते हैं। आक्रमण से बीज के चारों ओर एक खाली स्थान हो जाता है तथा लटें अन्दर से पूरा फल खाने के बाद बाहर आ जाती हैं। इसके बाद यह मिट्टी में प्युपा रूप में छिपा रहता है। कुछ दिन बाद इससे मक्खियाँ बनकर तैयार हो जाती हैं तथा इनका आक्रमण फलों पर पुनः शुरू हो जाता है।

फल मक्खी का नियंत्रण

नियंत्रण हेतु बाग के आसपास के क्षेत्र से बेर की जंगली झाड़ियों को हटा दें। प्रभावित फलों को इकट्ठा करके नष्ट कर दें। मई–जून में बाग की मिट्टी को पलटते रहना चाहिए जिससे कीट की लट नष्ट हो जायें। बेर के पौधे में पहला छिड़काव फूल आते समय तथा दूसरा जिस समय फल मटर के दाने के आकार के बनने लगे, उस समय डाईमैथोएट 30 ई.सी. 1 मि.ली. प्रति लीटर पानी के हिसाब से छिड़काव करना चाहिए। तीसरा छिड़काव इसके 15 से 20 दिन बाद करना चाहिए।

चैफर बीटल

यह एक हानिकारक कीट है। इसका प्रकोप जून–जूलाई में अधिक होता है। यह पेड़ों की नई पत्तियों एवं प्ररोहों को खाता है। वर्षा शुरू होते ही इसका आक्रमण शुरू हो जाता है।

नियंत्रण

नियंत्रण हेतु जून माह में पहली वर्षा के तुरन्त बाद कार्बोरिल 50 डब्ल्यू. पी. 4 ग्राम प्रति लीटर पानी के हिसाब से पेड़ों पर ठीक तरह से छिड़काव करना चाहिए।

छाल भक्षक कीट

यह कीट पेड़ के छाल को खाता है तथा छिपने के लिए अन्दर डाली में गहराई तक सुरंग बना लेता है जिससे कभी–कभी डाल/शाखा कमजोर हो जाती है।

नियंत्रण

नियंत्रण हेतु सूखी शाखाओं को काट देना चाहिए। कार्वेल 50 डब्ल्यू.पी. 35 ई.सी. 2 ग्राम प्रति लीटर पानी का घोल बनाकर शाखाओं तथा डालियों पर छिड़काव करें, साथ ही सुरंग को साफ करके पिचकारी की सहायता से केरोसिन 3 से 5 मिली लीटर प्रति सुरंग डालें या उसका फाहा बनाकर सुरंग के अन्दर रख दें और बाहर से गीली मिट्टी से बन्द करें। समन्वित कीट नियंत्रण विधि में बेर के थवलों में मिट्टी खोदकर उनमें प्रति थाला क्यूनॉलफॉस (1.5 प्रतिशत्) चूर्ण मिलाने से वर्षा प्रारम्भ होने पर डायमिथोएट 30 ई.सी. 0.2 प्रतिशत् घोल का छिड़काव करें, साथ ही जब बेर मटर के दाने जैसा हो जाये तो तीन छिड़काव 15–20 दिन के अन्तराल पर करने से बेर के बगीचे में पूर्ण कीट नियंत्रण किया जा सकता है।

बेर में लगने वाली प्रमुख व्याधियाँ

छाछ्या (पाउडरी मिल्ड्यू या चूर्णी फफूंद)

इस रोग का प्रकोप सर्दी में अक्टूबर में दिखाई पड़ता है। इससे बेर की टहनियाँ, पत्तियाँ एवं फल सफेद कवक आवरण से ढंक जाते हैं। प्रभावित पत्तियों एवं फलों की वृद्धि रूक जाती है और फल गिर जाते हैं।

नियंत्रण

नियंत्रण के लिये कैराथेन एल. सी. 0.1 प्रतिशत् या घुलनशील गंधक 0.2 प्रतिशत् के तीन छिड़काव, प्रथम अक्टूबर में फूल आने से पहले और दूसरा 15–20 दिन के अन्तराल पर करने चाहिए। बेर की सेव किस्म रोग से सहनशील है।

जड़ गलन

इस रोग का पौधों की जड़ों तथा भूमि के पास वाले तने के भाग पर आक्रमण होता है। रोगी पौधे सूख जाते हैं।

नियंत्रण

नियंत्रण हेतु केप्टान 2 ग्राम प्रति लीटर पानी के घोल से भूमि को उपचारित करना चाहिए।

कजली फफूंद (सूटी मोल्ड)

रोग के लक्षण अक्टूबर माह में दिखाई देने लगते हैं। रोगग्रसित पत्तियों की नीचे की सतह पर कहीं–कहीं पर काले धब्बे दिखाई देने लगते हैं जो बाद में पूरी सतह पर फैल जाते हैं और पत्ती, कजली (कालिख) की तरह दिखाई देने लगती है तथा रोगी पत्तियाँ पेड़ों से गिर जाती हैं।

नियंत्रण

नियंत्रण हेतु रोग के लक्षण दिखाई देते ही मैन्कोजेब तीन ग्राम या कॉपर ऑक्सीक्लोराइड़ 3 ग्राम का प्रति लीटर पानी में घोल बनाकर पेड़ों पर छिड़काव करें एवं आवश्यकता पड़ने पर उपचार 15 दिन के अन्तर पर पुनः दोहराएँ।

पत्ति धब्बा/झुलसा रोग

इस रोग के लक्षण नवम्बर माह में दिखाई देने लगते हैं। यह रोग एक प्रकार की फफूंद आल्टरनेरिया द्वारा फैलता है। रोगी पत्तियों पर छोटे–छोटे भूरे रंग के धब्बे बनते हैं तथा बाद में यह धब्बे आकार में बढ़कर पूरी पत्ती पर फैल जाते हैं। पत्तियाँ सूखकर गिरने लग जाती हैं।

नियंत्रण

नियंत्रण हेतु रोग दिखाई देते ही मैन्कोजेब 3 ग्राम दवा प्रति लीटर पानी के हिसाब से दो–तीन छिड़काव सात से दस दिन के अन्तराल पर करना चाहिए।

फूल तथा फल बनना

बेर में हर साल फूल नये प्ररोह पर आते हैं। उत्तरी भारत में बेर जनवरी से मार्च तक मिलते हैं। बेर का पेड़ चार साल बाद पर्याप्त मात्रा में फल देने लगता है। जब पौधे पूर्ण विकसित हो जायें तो उनमें खाद व पानी की मात्रा का अवश्य ध्यान रखना चाहिए।

उपज

बेर की उपज औसतन 60 से 80 किलोग्राम प्रति पौधा होती है।

बेर के फलों से लाभ–लागत

बेर के फलों को उचित समय पर तुड़ाई करके उन्हें बाजार में बेचने के लिए भेज देना चाहिए। फलों को साफ व श्रेणिकरण करके बेचने पर अधिक लाभ कमाया जा सकता है। इससे एक हैक्टेयर में लगभग 240740 रुपये का शुद्ध लाभ कमाया जा सकता है। फलों से चटनी, जूस व सुखा कर बचने पर अतिरिक्त लाभ कमाया जा सकता है।

सारणी 2 एक हैक्टेयर में बेर का बगीचा स्थापित करने की लागत व लाभ (रुपये) आकलित प्रति हैक्टेयर 278 पौधों पर होने वाला खर्चा (रुपये)

क्र.स.	विवरण	प्रथम वर्ष	द्वितीय वर्ष	तृतीय वर्ष	कुल
अ	**लागत व्यय**				
1	भूमि की तैयारी	1800	–	–	1800
2	गड्ढों की खुदाई व भराई (278 गड्ढे, 25 रु./गड्ढा)	6950	–	–	6950
3	रोपण सामग्री (278 पौधे, 20 रु. /प्रति पौधा)	5560	–	–	5560
4	खाद व उर्वरक	2000	2500	3000	7500
5	पौध संरक्षण	3500	3500	5000	12000
6	सिंचाई	2000	4000	4000	10000
7	अन्तःकर्षण क्रियायें	12050	15500	16500	44050
8	अन्य व्यय (जैसे कटाई–छंटाई)	1000	2000	2000	5000
9	कुल लागत	34860	27500	30500	92860
ब	**बेर की फसल से उपज एवं आय/हैक्टेयर**	**चौथे वर्ष**	**पाँचवे वर्ष**	**छटवे वर्ष**	**सातवें वर्ष एवं आगे के वर्ष**
1	फल प्रति पौधा (कि.ग्रा.)	25	35	55	60
2	फल कि.ग्रा. प्रति हैक्टेयर	6950	9730	15290	16560
3	कुल आय (औसतन 15 रु. प्रति कि.ग्रा.)	104250	145950	229350	248400
4	शुद्ध आय रुपये	11390	53090	136490	155540
5	लाभ लागत अनुपात	2.9	6.0	9.0	2.6

बेर में कलिकायन द्वारा नया पौधा

फलों से लदा बेर का पौधा

बेर दिवस का आयोजन

बेर का उचित श्रेणीकरण कर बेचना

❑❑❑

अध्याय 33

फालसा की खेती

वानस्पतिक नाम – ग्रिविया सबइनेइक्वेलिस

कुल–टिलिएसी

फालसा का पौधा झाड़ीनुमा होता है। इसे बंगाली भाषा में धामिनी भी कहते हैं। इसका फल हल्का अम्लीय प्रकृति का होता है जिसमें विटामिन ए एवं विटामिन सी प्रचुर मात्रा में पायी जाती है। इसके फल के सेवन से बुखार, कब्ज, हृदय रोग, खून की खराबी व सूजन में लाभ होता है। फल का उपयोग रस व स्कवैश बनाने में भी करते हैं, लेकिन फल स्वादिष्ट होने के कारण करीब 80 प्रतिशत् उपयोग ताजा खाने में होता है। पेड़ की छाल का चिपचिपा पदार्थ (गोंद) गुड़ बनाते समय गन्ने के रस के निर्मलीकरण के काम में लाया जाता है।

वितरण एवं उत्पत्ति स्थानः फालसा की उत्पत्ति स्थान भारत है। वैदिक ग्रन्थों में इसके औषधीय गुणों का वर्णन मिलता है। इसके पौधे जंगली रूप में उत्तर प्रदेश, राजस्थान, मध्य प्रदेश, पंजाब, बिहार, पश्चिम बंगाल के पहाड़ी क्षेत्र तथा मालाबार (केरल) में उगते है। फालसा की बागवानी उत्तर प्रदेश, पंजाब, हरियाणा, मध्य प्रदेश, राजस्थान व आन्ध्र प्रदेश के शहरी क्षेत्रों के आसपास ही की जाती है, क्योंकि इसके फलों की भन्डारण क्षमता कम होती है।

वानस्पतिक विवरणः यह टिलिएसी कुल का पौधा है। इस कुल में कुल 18 वंश व 400 जातियाँ हैं। वंश ग्रिविया के अन्तर्गत 140 जातियाँ है जिसमें 40 जातियाँ भारत में पायी जाती हैं। फालसा (ग्रिविया सबइनेइक्वेलिस) के अलावा ग्रिविया एलास्टिका किस्म वेस्टीटा जंगली रूप में कम ऊँची पहाडियों एवं पहाड़ों के तलहटी में पायी जाती है। इसके अलावा ग्रिविया वंश के अन्तर्गत ग्रि. गलेब्रा, ग्रि. माइकोकस, ग्रि. आप्टिवा, ग्रि. टिलिफोलिया, ग्रि. बिलोसा आदि जातियाँ भी आती हैं।

फालसा का फल अण्ठिल होता है। खाने में फल का स्वाद खटासयुक्त मीठा होता है। इसके फूल पीले रंग के उभयलिंगी होते हैं। फूलों के खिलने पर तापमान व आर्द्रता का अधिक प्रभाव पड़ता है। परागकण बडे (6.13 माइक्रान्स) व अधिक जनन क्षमता (70–75 प्रतिशत्) वाले होते हैं। फल का खाद्य भाग गूदा होता है जो पूरे फल का 69 प्रतिशत् होता है।

भूमि व जलवायुः फालसा के लिए जल निकास युक्त दोमट मिट्टी उपयुक्त रहती है। इसकी खेती कंकड़–पत्थर युक्त, क्षारीय व कमजोर भूमि में भी की जा सकती है। जल भराव वाले क्षेत्रों में इसकी खेती नहीं हो पाती है। कमजोर भूमि में इसका उत्पादन कम होता है।

फालसा उपोष्ण जलवायु का पौधा है। इसकी ग्रिविया एलास्टिका किस्म वेस्टिटा पहाड़ों की तलहटी में प्राकृतिक रूप से उगती है। जबकि अन्य जातियाँ मैदानी भागों में सफलतापूर्वक उगायी जा सकती है। इसका पौधा पर्णपती होता है। इसलिए पाले का असर नहीं होता है। यह सूखा प्रतिरोधी भी है जिससे इसकी बागवानी बरानी क्षेत्रों में भी की जा सकती है। इसके पौधे समुद्रतटीय आर्द्र स्थानों पर भी उगाये जा सकते हैं। पुष्पन के समय शुष्क मौसम अच्छा रहता है तथा गर्म जलवायु फलों की गुणवत्तायुक्त उत्पादन के लिए आवश्यक है। ऐसे क्षेत्र जहाँ पर ठंडक के मौसम में ठंड कम पड़ती है, वहाँ पर फालसा के पौधे की पत्तियाँ नहीं गिरती है जिससे उत्पादन कम व घटिया किस्म का मिलता है।

पादप रोपणः फालसा के पौधे को फरवरी माह में लगाना सर्वोत्तम रहता है, क्योंकि इस समय पौधा सुसुप्तावस्था में रहता है तथा पौधे को मिट्टी के पिन्डी के बिना भी नर्सरी से निकाल कर यथास्थान पर लगाया जा सकता है। जुलाई–अगस्त में पौधों का रोपण पिन्ड सहित करते हैं। रोपण हेतु 8–10 माह पुराना पौधा अच्छा रहता है। पौधों का रोपण स्थाई स्थान पर 3 मी. x 3 मी. के फासले पर करते हैं। इसके पौधे को सघन बागवानी के रूप में लगााकर 20–30 प्रतिशत् की अतिरिक्त आमदनी प्राप्त कर सकते हैं। सघन बागवानी हेतु पौधों को संयुक्त पंक्ति पद्धति में लगाते हैं। इसके लिए दो पौधों को एक साथ 0.60 मीटर की दूरी पर लगाते हैं। इसके बाद दूसरा जोड़ा 3.0 मीटर छोड़कर लगाते हैं। इस प्रकार 3.0 मीटर के फासले पर 2–2 पौधे 0.60 मीटर की दूरी पर लगाते हैं। पौध लगाने से पूर्व 60 घन सेमी. के आकार का गड्ढा खोदते है जिसे मिट्टी व सड़ी गोबर की खाद के मिश्रण से भरते हैं। पौध लगाने के उपरान्त तुरन्त पानी देते हैं।

पौध प्रसारणः आमतौर पर फालसा का प्रवर्धन बीज द्वारा किया जाता है। इसके लिए ताजे पके हुए फलों से बीज को मई–जून में निकालकर जुलाई–अगस्त के माह में नर्सरी में बुआई करते हैं। बीज का जमाव 15–20 दिनों में होता है। बुआई के 6–7 माह बाद पौधा रोपाई योग्य हो जाता है। बीज की बुआई नर्सरी में लाइन से लाइन की दूरी 25 सेमी. तथा बीज से बीज की दूरी 5 सेंमी. रखते हैं। बीज से तैयार पौधों में सत्यता काफी हद तक रहती है। बीज की जमााव क्षमता 3 माह तक होती है।

1. **कटिंगः** फालसा का प्रवर्धन सख्त साख कलम द्वारा भी कर सकते हैं। इसके लिए पकी शाखा से कलम काटकर 3000 पी. पी. एम. इन्डोल ब्यूटारिक अम्ल में 2–3 मिनट तक उपचार करके जुलाई–अगस्त के माह में लगाते हैं। कलम को पौधे की सुसुप्तावस्था में भी लगा सकते हैं। उपचारित करके कलम लगाने से जड़ें शीघ्र व अधिक निकलती हैं।

2. **लेयरिंगः** फालसा का पौध प्रसारण गूटी बांध कर भी कर सकते है। गूटी के लिए चयनित शाखा को 5000 पी.पी. एम. इन्डोल ब्यूटारिक अम्ल या एन. ए. ए. से उपचार करने पर शत्–प्रतिशत् सफलता मिलती है। दाब तथा ठूँठ प्ररोह दाब द्वारा भी पौधे तैयार किये जा सकते हैं।

3. **ग्राफ्टिंगः** मृदु शाख कलम द्वारा भी पौधे तैयार किये जा सकते हैं। इसके लिए मूलवृन्त के पौधे की पत्तियाँ ग्राफ्टिंग से 10 दिन पहले तोड़ लेते हैं। इसके बाद एक वर्ष पुराने मूलवृन्त पर ग्राफ्टिंग करते हैं मृदु शाख कलम से भी शत्–प्रतिशत् सफलता मिलती है।

किस्में: सामान्यतः फालसा की कोई अनुमोदित किस्म नहीं है। लेकिन इसे विभिन्न क्षेत्रों में विभिन्न नामों से पुकारते हैं। इसमें शरबती नाम की किस्म अधिक प्रचलित है। इसके अलावा लोकल किस्मो की खेती भी विभिन्न स्थानों पर की जाती है। इसकी किस्मों का वर्गीकरण पौधे की वृद्धि के अनुसार लम्बी व बौनी किस्म के रूप में भी किया गया है।

खाद उर्वरकः फालसा की काट–छांट के बाद 15–20 किग्रा. सड़ी गोबर की खाद, 100 ग्राम नाइट्रोजन, 40 ग्राम फास्फोरस व 40 ग्राम पोटाश प्रति पौधा की दर से पौधे के फैलाव के अनुसार तने के चारों तरफ 1–2 मीटर की दूरी पर खाद देते हैं। खाद व उर्वरक देने के बाद गुड़ाई करके मिट्टी में मिला देते हैं तथा बाद में सिंचाई कर दी जाती है। पोषक तत्वों की पूर्ति से पौधे से फल गुणवत्तायुक्त प्राप्त होते हैं तथा पौधे की आयु में वृद्धि होती है।

सिंचाईः फालसा एक सूखा प्रतिरोधी पौधा है। इसलिए इसे अधिक सिंचाई की आवश्यकता नहीं होती है। लेकिन फल लगने से लेकर पकने तक समयानुसार 15–20 दिन के अन्तराल से सिंचाई करने से अच्छे गुण वाले फल प्राप्त होते हैं। यदि पानी की कमी हो तो फल में बढ़वार के समय पानी अवश्य देना चाहिए। इससे फल के आकार में बढ़ोतरी के साथ–साथ रस की मात्रा में भी वृद्धि होती है। ठंडक के समय (दिसम्बर–जनवरी) में पानी नहीं देना चाहिए।

काट–छांटः कटाई–छंटाई फालसा की बागवानी का महत्वपूर्ण पहलू है, क्योंकि फालसा का फल नये प्ररोहों पर होता है। कटाई–छंटाई के बाद निकलने वाले प्ररोह स्वस्थ रहते हैं तथा पुष्पन इन्हीं प्ररोहों पर होता है। बिना कटाई–छंटाई के पौधे ऊँचाई में अधिक बढ़ जाते हैं जिसके कारण फलों की तुड़ाई कठिन होती है तथा इन पौधों में रोग व कीट का प्रकोप अधिक होता है। कटाई–छंटाई न करने से नए प्ररोहों की संख्या में कमी होती है जिसके फलस्वरूप उत्पादन में कमी आती है। पौधों की कटाई जमीन से 90 सेंमी. –100 सेमी. की ऊँचाई से करते हैं। सुसुप्तावस्था फालसा की कटाई–छंटाई का सर्वोत्तम समय होता है। दिसम्बर–जनवरी मे कटाई–छंटाई की प्रक्रिया पूरी कर लेनी चाहिए, क्योंकि

इस समय पौधा सुसुप्तावस्था में रहता है। सुसुप्तावस्था से पहले कटाई–छंटाई करने से नये प्ररोह पाले से मर जाते हैं।

परागण व फलनः फालसा में पुष्पन फरवरी–मार्च में होता है जो मई माह तक चलता रहता है। पुष्प नई पत्तियों के कक्ष से निकलते हैं। प्रत्येक कक्ष से 3–7 पुष्प डंठल निकलते हैं तथा प्रत्येक पुष्प डंठल से 3–6 पीले रंग के पुष्प होते हैं। पुष्प में 4–5 बाह्यदल, 4–5 दल, 70–80 पुंकेसर व विकसित जायांग होता है। फालसा में अधिकतर पर–परागण होता है। पर–परागण कीटों (मधुमक्खी) द्वारा होता है। कुछ फलों में स्वपरागण भी होता है। पादप हार्मोन जैसे जिब्रैलक अम्ल 60 पी. पी. एम. या 2, 4, 5 – टी, 5 पी.पी. एम. या 2, 4–डी, 2.5 पी. पी. एम. का छिड़काव पुष्पन के समय 15 दिन के अन्तराल से दो बार करने से फलन व उत्पादन में बढ़ोतरी होती है। फल की परिपक्वता शुरू होने पर 1000 पी. पी. एम. इथरेल का छिड़काव करने से 5 दिन के अन्दर फल पक जाते हैं तथा उत्पादन में वृद्धि होती है। पादप हार्मोन के प्रयोग से फल के आकार, रंग, रस व मिठास में बढ़ोतरी होती है।

अन्तः शस्यन व देखभालः प्रारम्भ के समय में फालसा के बाग के अन्दर दलहन वाली छोटी फसलें जैसे उड़द, मूँग, मटर आदि की खेती कर सकते हैं। हरी खाद वाली फसल भी फालसा के बीच में कर सकते हैं। फालसा की कटाई–छंटाई के बाद 2 जुताई करना आवश्यक रहता है। इससे खरपतवार नष्ट हो जाते हैं। जुताई के बाद सड़ी गोबर की खाद पौधों के पास फैलाकर सिंचाई करते हैं। आवश्यकता पड़ने पर प्रथम सिंचाई के बाद एक जुताई कर सकते हैं।

तुड़ाई व उपजः फल लगने के लगभग 50–60 दिन बाद फल पककर तैयार हो जाते हैं। तुड़ाई का कार्य अप्रैल से शुरू हो जाता है जो जून माह तक चलता रहता है। इसका पका फल शीघ्र खराब हो जाता है, इसलिए तुड़ाई के बाद तुरन्त बाजार में बेचना चाहिए। गर्मी में अन्य फलों की आवक कम रहती है। इसलिए इसके फल से कृषकों को आमदनी मिल जाती है। इसके फल छोटे होते हैं तथा गुच्छे में एक साथ न पककर अलग– अलग समय पर पकते हैं। इस प्रकार इसकी तुड़ाई हाथ से कई बार में करनी पड़ती है। फालसा की औसत उपज 6.0–7.0 किग्रा. प्रति पौधा होती है।

भन्डारणः इसके फल की भन्डारण क्षमता बहुत कम होती है। फल तुड़ाई के 24 घंटे में इसका उपयोग कर लेना चाहिए। पकने पर फल का रंग गहरा लाल या बैंगनी रंग का हो जाता है। इस अवस्था में फल मीठा होता है। इसके गूदे में 80.8 प्रतिशत् नमी 14.7ः कार्बोहाइड्रेट, 1.5 प्रतिशत् प्रोटीन, 0.9 प्रतिशत् वसा व 1.2 प्रतिशत् रेशा पाया जाता है। इसके प्रति 100 ग्राम खाद्य पदार्थ में 129 मिग्रा. कैल्शियम, 39 मिग्रा. फास्फोरस, 3.1 मिग्रा. लौह, 0.3 मिग्रा. नियासिन, 22 मिग्रा. विटामिन सी तथा 419 माइक्रोग्राम कैरोटीन पाया जाता है।

कीट व रोगः फालसा में छाल भक्षक कीट, तना बेधक कीट, फल खाने वाला कीड़ा व मिलीबग का प्रकोप कभी–कभी देखने को मिलता है। छाल भक्षक कीट व तना बेधक कीट की रोकथाम के लिए छिद्र को साफ करके केरोसीन डालकर छिद्र को गीली मिट्‌टी से बन्द कर देते हैं। फल खाने वाले कीड़े व मिली बग की रोकथाम हेतु इन्डोसल्फान 2 मिली. दवा प्रति लीटर पानी में मिलाकर छिड़काव करना चाहिए। फालसा की दिसम्बर–जनवरी में कटाई–छंटाई करने से भी काफी हद तक कीट व बीमारियों की रोकथाम हो जाती है।

फालसा में पर्णचित्ती रोग या भूरा धब्बा रोग लगता है जो सरकोसपोरा ग्रेविई नामक फफूंद से फैलता है। इसकी रोकथाम लिए कटाई–छंटाई के बाद पौधे पर बोर्डो पेस्ट (5:5:50) का लेप करें या ब्लाटाक्स–50 कि 0.2ः घोल का छिड़काव करना चाहिए।

❑❑❑

अध्याय 34

गून्दे की वैज्ञानिक खेती

गून्दा या लसोड़ा *बारेजिनेसी* कुल का पौधा है जो मध्यम आकार का फल वृक्ष है। यह फल वृक्ष समस्त शुष्क व अर्द्धशुष्क क्षेत्रों में जहाँ पानी की कमी हो, वहाँ यह आसानी से उगाया जाता है। इसको खेतों में वायुरोधक के रूप में, गलियों में व सार्वजनिक उद्यानों में भी देखा जा सकता हैं। यह कम पानी व कम उपजाऊ जमीन में भी आसानी से पनपता है। राजस्थान के जोधपुर, जालोर, पाली, बाड़मेर, सिरोही, अजमेर व नागौर आदि जिलों में बहुतायत लगाया जाता है। अगर इसे खेत के चारों ओर वायुरोधक के रूप में लगाया जाये तो गर्मी में लू से तथा सर्दी में शीत लहर से फसलों की रक्षा करता है। यह एक बहुवर्षीय तथा बहुउपयोगी पेड़ है जिसके कच्चे फल सब्जी व अचार बनाने के उपयोग में आते हैं। फलों के अलावा इसके पत्ते पशुओं के चारे के रूप में, लकड़ी, कृषि उपकरणो के हत्थे इत्यादि में काम आते हैं। इसमे औषधीय गुणों की विद्यमानता के कारण इसके फल मूत्र विकार तथा अन्य रोगों में उपयोगी माने गए हैं इसकी पत्तियाँ मल्च व खरपतवार नियत्रंण के काम में भी ली जाती हैं।

पूर्णतया पका फल मीठा होता है, तथा ग्रामीण क्षेत्रों में इसे खाया भी जाता है, लेकिन इसके गूदे में लसलसा (गोंद जैसा पदार्थ) अधिक होने के कारण यह फल के रूप में प्रचलित नही, है। बाजार में कच्चे फल जो सब्जी व आचार बनाने के काम आते हैं, काफी ऊँची दर पर बेचे जाते हैं। इसके फलों को तुड़ाई उपरान्त भण्डारण की भी कोई समस्या नहीं है, क्योंकि अतिरिक्त फलों को अचार बनाकर या सुखाकर भविष्य के लिए आसानी से परिरक्षित किया जा सकता है।

गून्दे के फल में विद्यमान पोषक तत्व

मानव आहार में गून्दे के फल बहुत ही लाभकारी होते हैं। पोषण की दृष्टि से गून्दे के फलों में पाये जाने वाले तत्व जैसे–प्रोटीन, कार्बोहाइड्रेट, वसा, कैल्शियम, फॉसफोरस, लौह तत्व व ऊर्जा प्रचुर मात्रा में पाये जाते हैं। गून्दे की छाल पशुओं के मोच पर लगाने पर पशु को आराम मिलता है। गून्दे के पौधे की जड़ों को गर्म पानी में उबाल कर बछड़े–बछड़ियों को पिलाने पर पेट के कीड़े मर जाते हैं। गून्दे के फलों में पोषक तत्वों की उपलब्धता इस प्रकार है।

सारणी 1 गून्दे के फल में पाये जाने वाले पोषक तत्व व मात्रा

क.स.	पोषक तत्वों का नाम	मात्रा/इकाई
1	प्रोटीन	2.0 प्रतिशत्
2	कार्बोहाइड्रेट्स	92.0 प्रतिशत्
3	वसा	2.0 प्रतिशत्
4	रेशा	2.0 प्रतिशत्
5	विटामिन ए	–
6	विटामिन बी–2	–
7	विटामिन सी	–
8	कैल्शियम	55.0 मि.ग्रा./100ग्रा.
9	फॉस्फोरस	275.0 मि.ग्रा./100ग्रा.
10	लौह	6.0 मि.ग्रा./100ग्रा.
11	ऊर्जा	394.0 मि.ग्रा./100ग्रा.

किस्में व प्रकार

सामान्यतः प्रकृति में दो तरह के गून्दे होते हैं जिनका विवरण निम्न प्रकार है:

जंगली या छोटे फल वाला गून्दा

इसके पत्ते तथा फल अपेक्षाकृत छोटे होते हैं। एक फल का वजन 3–4 ग्राम होता है जिसमें लगभग 50 प्रतिशत् गुठली तथा 50 प्रतिशत् गूदा होता है। इसके फलों की बाजार में कोई कीमत नहीं मिलती है, क्योंकि गूदा (खाने योग्य भाग) कम होता है। इसके पत्तों का भेड़ व बकरियों के चारे के रूप में अधिक काम लिया जाता है। लेकिन चूँकि इसके बीजों का अंकुरण अच्छा होता है (40–60 प्रतिशत्), इसलिए इसको बड़े फल वाले गून्दों के लिये रुट स्टॉक के रूप में ला सकते हैं।

बड़े फल वाले गून्दे

इसके पत्ते तथा फल जंगली गून्दे से लगभग दोगुने बड़े होते हैं। एक फल का वजन 6–10 ग्राम तथा खाने योग्य भाग 80–90 प्रतिशत् तक होता है। इसके बीजों का अंकुरण 20–40 प्रतिशत् तक होता है। इसलिए अगर व्यावसायिक तौर पर गून्दे लगाने हों तो बड़े फल वाले गून्दों को ही लगाना वाहिए। इन गून्दों का बाजार में भाव 50 से 60 रुपये प्रति कि.ग्रा. तक होता है।

एकत्रित जीवद्रव्य का अवलोकन

भाकृअनुप काजरी (ICAR-CAZRI) में पिछले दस वर्षों से राजस्थान के विभिन्न भागो से सर्वेक्षण कर बड़े फल वाले गूंदों को बीज तथा कलिका द्वारा एकत्रित कर इनकी उत्पादन क्षमता का अवलोकन किया गया। विभिन्न स्थानों से एकत्रित किये गये पौधों में फल उत्पादन क्षमता में काफी विभिन्नता पाई गई। अच्छा उत्पादन देने वाले पौधों को वानस्पतिक प्रसारण (कलिकायन) विधि से और अधिक पौधे तैयार करके गहन मूल्यांकन किया जा रहा है ताकि निरन्तर अच्छा उत्पादन देने वाली किस्मों का विकास कर किसानों को उपलब्ध करा सके और उनकी आय मे वृद्वि कर जीवन स्तर बढ़ा सके।

गून्दे के पौधे तैयार करना

गून्दे का प्रवर्धन बीज द्वारा तथा कलिकायन विधि से किया जा सकता है। बीज द्वारा पौधे तैयार करने के लिये बड़े फल वाले गून्दे, जिसकी उपज अच्छी हो, से पूर्ण पके हुए फल इकट्ठे कर लेना चाहिए। पके हुए फलों में से गुठली निकाल लें। चूँकि गुठली के चारों तरफ बहुत सारा लसलसा गुदा होता है, इसलिए इसके बालू मिट्टी में रगड़ कर गुठली को साफ कर लें तथा एक–दो दिन धूप में सुखा देना चाहिए। इसके बाद इन्हें पहले से खाद मिट्टी के मिश्रण से भरी हुई पॉलीथीन की थैलियों में लगा देना चाहिए। बीज को करीब एक इंच गहरा बोकर तुरन्त सिंचाई कर देना चाहिए। कलिकायन विधि से पौधे तैयार करने के लिए उपरोक्त विधि से जंगली पौधों से बीज अलग करें तथा उन्हें जून के महीने में पॉलिथीन थैलियों में बो देना चाहिए। जब ये पौधे दो महीने के हो जाएँ, तब उन पर बड़े फल वाले गून्दों के पेड़ जिसकी उत्पादन क्षमता अच्छी हो, से कलिका लेकर टी या ढाल विधि से उस पर चढ़ा देना चाहिए। अगस्त–सितम्बर में किया जाना चाहिए जिससे कलिका फुटान की सम्भावना अधिक रहती है।

पौध लगाना

गून्दे के पौधे जुलाई–सितम्बर में लगाने चाहिए, क्योंकि उस समय तक उसी वर्ष में मई–जून में बोये गए बीजों से पौधे रोपाई योग्य हो जाते हैं। कलिकायन विधि से तैयार पौधों को भी सितम्बर में लगा सकते हैं। पौधों व कतारों के बीच की दूरी 6 मीटर रखकर वर्गाकार विधि से क्षेत्र का रेखांकन कर लेना चाहिए। निर्धारित स्थान पर खूंटिया गाड़ कर 2 x 2 x 2 फीट आकार के गड्ढे खोदकर तैयार कर लेना चाहिए। यह कार्य मई–जून में करना चाहिये। खोदे गए गड्ढों की ऊपरी मिट्टी में 15 किलो गोबर की सड़ी खाद या कम्पोस्ट मिलाकर पुनः भर देना चाहिए। अगर दीमक की आशंका हो तो मिट्टी व खाद के मिश्रण में 100 ग्राम क्यूनालफॉस (1–5 प्रतिशत् चूर्ण) दवा भी मिला देनी चाहिए। गड्ढों की वापिस भराई के पश्चात् सभी गड्ढों के केन्द्रबिन्दु पर लकड़ी या लोहे की खूंटी गाड़

दें ताकि पौधे लगाने का केन्द्रबिन्दु ध्यान में रहे। जुलाई–अगस्त में एक–दो वर्षा होने के बाद इसमें पौधों की रोपाई कर नियमित सिंचाई करते रहना चाहिए।

छंटाई व कटाई

गून्दे में फल व फूल पिछले वर्ष की शाखाओं पर ही लगते हैं, इसलिए इसमें प्रतिवर्ष नियमित कटाई की जरुरत नहीं पड़ती है। परन्तु शुरू के दो सालों में इसे एक मजबूत शाखाओं की संतुलित वृद्धि के लिए छंटाई करना आवश्यक होता है। छंटाई करते समय एक दूसरे से ऊपर से गुजरने वाली तथा नीचे की ओर झुकी हुई शाखाओं को धारदार सिकेटियर से कटाई कर देनी चाहिए। इसी तरह सूखी हुई टहनियाँ तथा रोगग्रस्त शाखाओं को समय–समय पर काटते रहना चाहिए।

सिंचाई

पौधों की रोपाई के प्रथम दो वर्षों में नियमित रूप से सर्दियों में 15 दिन तथा गर्मियों में 7–10 दिन के अन्तर पर सिंचाई करनी चाहिए। जब पौधे 3–4 वर्ष के हो जाएं, तब उनमे फलन साधारणतया शुरू हो जाता है। इस समय सिंचाई का उचित प्रबंधन अति आवश्यक है। बड़े पेड़ों में नवम्बर से जनवरी तक सिंचाई बन्द कर देने से पत्ते पीले पड़ कर गिरने लगते हैं, लेकिन प्राकृतिक रूप से सभी पत्ते एक साथ नही गिरते है, इसलिए जनवरी के अन्तिम सप्ताह में पेड़ों से सभी पत्ते हाथ से तोड़ देने चाहिए। ऐसा करने से फूल व फल जल्दी व एक साथ आते हैं। पत्ते तोड़ने के बाद फरवरी के दूसरे सप्ताह में देशी खाद या कम्पोस्ट (10–15 किलोग्राम प्रति पेड़) डाल कर अच्छी तरह 6 इंच गहरा गड्ढा खोद कर मिट्टी में मिलाकर सिंचाई शुरू कर देनी चाहिए। जैसे ही तापमान बढ़ने लगता है, नई बढ़वार व फूल एक साथ शुरू हो जाते हैं। इस दौरान हल्की सिंचाई 7–10 दिन के अन्तराल पर जारी रखें।

खाद एवं उर्वरक

गून्दे में खाद व उर्वरकों की मात्रा पर ज्यादा अनुसंधान नहीं हुआ है। फिर भी अच्छी वानस्पतिक बढ़वार के लिए प्रतिवर्ष 15–20 किलो गोबर की सड़ी खाद जुलाई–अगस्त में तथा पुनः 10–15 किलो कम्पोस्ट या वर्मी–कम्पोस्ट फल लगने से पहले फरवरी के महीने में देने से भरपूर फलों की पैदावार होती है। जहाँ तक रासायनिक उर्वरकों का सवाल है, 100–200 ग्राम प्रत्येक नत्रजन, फास्फोरस व पोटाश प्रति पौधा प्रति वर्ष भूमि की उर्वरता के अनुसार वर्षा ऋतु में देने से फलों की उपज व गुणवत्ता में इजाफा होता है।

रोग व कीट

गून्दे में रोग व कीट से ज्यादा नुकसान नहीं होता हैं। पौधों की शाखाओं से गोंद जैसा तरल पदार्थ निकलता है। कई बार यह तरल पदार्थ नीचे बहता हुआ दिखाई देता है। यह गोंद प्रायः शाखाओं में सूख कर पोषक तत्वों व पानी के बहाव को रोक देता है जिससे कि ऊपर की शाखाएँ सूखने लगती हैं। इस बीमारी के कारण व निवारण पर अभी तक कोई ठोस जानकारी उपलब्ध नहीं हैं। फिर भी सूखी हुई शाखाओं को काट कर शाखाओं पर जमे हुए गोंद को चाकू की सहायता से खुरच कर कॉपर ऑक्सीक्लोराइड या बोर्डो पेस्ट का लेप करके कुछ हद तक नुकसान को कम कर सकते हैं। फरवरी–मार्च में जब पौधों की नई बढ़वार शुरू होती है, तब मोयला तथा अन्य रस चूसने वाले कीटों का आक्रमण प्रायः देखा गया हैं। इनके नियन्त्रण के लिए मोनोक्रोटोफॉस 1 मिली प्रतिलीटर पानी में घोल बनाकर दो–तीन छिड़काव 10–15 दिन के अन्तर पर करना चाहिए।

फूल व फलों का गिरना

फरवरी के दूसरे व तीसरे सप्ताह में जब फूलन व फलन शुरू होता है तो कई बार तापमान अचानक बढ़ जाता है या फिर गर्म हवा चलने लग जाती है। ऐसी स्थिति में फूल व फल अत्यधिक मात्रा में गिरने लगते हैं। इसको कम करने के लिए बगीचें में नमी बनाएँ रखें, हो सके तो कभी–कभी पानी से पौधों पर छिड़काव भी कर सकते हैं। इसके अलावा प्लानोफिक्स 5 मिली दवा 15 लीटर पानी में मिलाकर फूलों व फलों पर छिड़काव करके भी नुकसान कम किया जा सकता है। अगर संभव हो तो फूल व फल लगते समय (फरवरी–मार्च) में 25 प्रतिशत् ग्रीन शेडिंग नेट से पौधे पर छाया करने से भी फायदा हो सकता है।

फलों की तुड़ाई व उपज

बढ़वार कर चुके फलों के गुच्छों को हरी अवस्था में ही तोड़ना चाहिए। फलों की तुड़ाई मध्य मार्च से मध्य मई तक चालू रहती है। इसके पश्चात् फल पक कर पीले पड़ने लगते हैं जो कि सब्जी या अचार के लिये उपयुक्त नहीं रहते हैं, क्योंकि वे लिसलिसे तथा मिठास लिए हुए होते है। फलों को हमेशा गुच्छों में ही तोड़ना चाहिए ताकि तुड़ाई के पश्चात् काफी समय ताजे बने रहें। उत्तम प्रबंधन कर पेड़ से औसतन 20–50 किग्रा. फल प्राप्त किये जा सकते हैं। अलग–अलग वर्ष में इसका उत्पादन कम या ज्यादा होता रहता है। इसका निर्धारण मुख्य रूप से किस्म तथा फूल आने तथा फल बनते समय मौसम की स्थिति पर निर्भर करता है। भाकृअनुप काजरी (ICAR-CAZRI) में किये गये अनुसंधान के आधार पर यह पाया गया कि केवल कुछ माह के लिए पूरक सिंचाई की व्यवस्था करके इससे 20–50 किलो फल प्रति वृक्ष प्राप्त कर सकते हैं।

तुड़ाई उपरान्त प्रबंधन

फलों की तुड़ाई सुबह के समय ही करनी चाहिए। फल तोड़ने के तुरन्त बाद ठण्डे पानी (3^0–4^0 से. तापमान) में पाँच मिनट तक डुबोकर निकालने से फलों से गर्मी निकल जाती है जिससे ये तुड़ाई उपरान्त अधिक समय तक ताजे बने रहते हैं।

अचार बनाना

गून्दे के फलों से अचार बनाना बहुत आसान है। सर्वप्रथम फलों के गुच्छों को साफ पानी में धोकर हल्के मुलायम होने तक पानी में उबाल लेना चाहिए। पानी से बहार निकाल कर हवा में सुखाकर डण्ठल अलग कर लेना चाहिए। अब फलों का वजन कर लेना चाहिए। कुल वजन का एक चौथाई कैरी (कच्चे आम) के टुकड़े भी इसमें मिला देना चाहिए। अब इसमें अचार बनाने का मसाला तेल में हल्का भून कर इसमें अच्छी तरह मिलाकर काँच के जार में भर कर ऊपर कपड़ा बांधकर 24 घंटे के लिए रख देना चाहिए। इसके बाद इसमें आवश्यकतानुसार सरसों का तेल गर्म करके ठण्डा करके डालकर रख देना चाहिए। इस प्रकार अचार 10–15 दिन में तैयार हो जाता है।

फलों को सुखाना

गून्दे के फलों को सुखाकर परिरक्षित करना बहुत ही सरल है। सबसे पहले गून्दे के फलों को डण्ठल सहित पानी में उबाल लेना चाहिए। जब फल दबाने से मुलायम महसूस हो, तब पानी से बाहर निकालकर पंखे के नीचे इस तरह सुखाएँ कि फलों के चारों ओर कहीं भी पानी की बूंदें नजर नहीं आएँ। जब फल ठण्डे हो जाएं, तब इसके डण्ठल अलग करके एक–एक फल को अंगूठे व अंगुलियों के बीच दबा कर गुठली अलग कर लेना चाहिए। अब इन्हें धूप या बिजली चालित ड्रायर या सोलर ड्रायर में तब तक सुखाएँ जब तक फल हाथ से दबाने पर टूटने न लगें तथा कुर–कुरे मालूम हों। इस अवस्था में इनकों पॉलीथीन में पैक करके भण्डारण करना चाहिए।

गून्दे के फलों से लाभ–लागत

गून्दे के फलों को उचित समय पर तुड़ाई करके उन्हें बाजार में बेचनें के लिए भेज देना चाहिए। फलों को साफ व श्रेणिकरण करके बेचने पर अधिक लाभ कमाया जा सकता है। इससे एक हैक्टेयर में शुद्ध लाभ लगभग 130300 रुपये का शुद्ध लाभ कमाया जा सकता है। फलों से अचार व सूखा कर बेचने पर अतिरिक्त लाभ कमाया जा सकता है।

सारणी 2 एक हैक्टेयर में गून्दे का बगीचा स्थापित करने की लागत व लाभ (रुपये) आकलित प्रति हैक्टेयर 278 पौधों पर होने वाला खर्चा (रुपये)

क.स.	विवरण	प्रथम वर्ष	द्वितीय वर्ष	तृतीय वर्ष	कुल
अ	**लागत व्यय**				
1	भूमि की तैयारी	1800	–	–	1800
2	गड्ढों की खुदाई व भराई (278 गड्ढे, 35 रु./गड्ढा)	9730	–	–	9730
3	रोपण सामग्री (278 पौधें, 20रु./प्रति पौधा)	5560	–	–	5560
4	खाद व उर्वरक	2300	2500	2800	7600
5	पौध संरक्षण	3500	3500	4000	11000
6	सिंचाई	3000	4000	4000	11000
7	अन्तःकर्षण क्रियायें	1505	1550	1650	4705
8	अन्य व्यय (जैसे पत्तों की तुड़ाई)	1000	2000	2000	5000
9	कुल लागत	41940	27500	29300	98736
ब	**गून्दे की फसल से उपज एवं आय/हैक्टेयर**	**चौथे वर्ष**	**पाँचवें वर्ष**	**छठे वर्ष**	**सातवें वर्ष एवं आगे के वर्ष**
1	फल प्रति पौध (कि.ग्रा.)	15	25	35	40
2	फल कि.ग्रा. प्रति हैक्टेयर	4170	6950	9730	11120
3	कुल आय (औसतन 15 रु. प्रति कि.ग्रा.)	62550	104250	145950	166800
4	शुद्ध आय रुपये	20610	76750	116650	130300
5	लाभ लागत अनुपात	1.5	3.8	4.8	5.1

❑❑❑

अध्याय 35

करौंदा की वैज्ञानिक खेती

करौंदा के पौधे एक कांटेदार झाड़ी होते हैं। इसे अक्सर बाग के चारों तरफ मेड़ों पर बाड़ के रूप में उगाया जाता है। पूर्ण रूप से बढ़ जाने पर करौंदा का पौधा घनी कांटेदार झाड़ी बन जाता है जो जंगली व पालतू जानवरों से बाग की रक्षा के अतिरिक्त फल भी देता है। करौंदे की झाड़ी भूमि की वायु व जलक्षरण से रक्षा करती है। इसे गृह वाटिका में भी उगाया जाता है। प्राकृतिक रूप से करौंदा की झाड़ी 3–6 मीटर ऊँचाई तक बढ़ती है। नई पत्तियों पर हल्की लालिमा पाई जाती है। फूल सफेद रंग के गुच्छों में और सुगंधित होते हैं। फल छोटे, हरे अथवा सफेद पृष्ठभूमि पर गुलाबी आभा लिए होते हैं।

उपयोगिता

करौंदा पेक्टिन, कार्बोहाइड्रेट व विटामिन 'सी' का अच्छा स्त्रोत है। इसके शुष्क फलों से 364 कैलोरी ऊर्जा, 2.3 प्रतिशत् प्रोटीन, 2.8 प्रतिशत् खनिज लवण, 9.6 प्रतिशत् वसा, 67.1 प्रतिशत् कार्ब्रोज और 39.1 मिग्रा. प्रति 100 ग्राम लौह पाया जाता है। अधपके फलों से चटनी, टार्ट, पुडिंग, सब्जी, स्क्वैश, सिरप व जेली बनायी जाती है। करौंदे के पके फलों को 2 प्रतिशत् नमक के शोधिक और सुखाकर परिरक्षित भी किया जा सकता है। फलों का प्रयोग मिठाइयों और पेस्ट्री आदि को सजाने के लिए चेरी के स्थान पर किया जाता है जिसे नकली चेरी भी कहते हैं। करौंदे के फलों में लौह की मात्रा अधिक होने के कारण इसे 'आयरन की गोली' के नाम से पुकारते है। भारत से करौंदे का निर्यात किया जा रहा है तथा इसके निर्यात की बहुत अधिक सम्भावना है। पके फलों से रंगीन वाइन भी बनायी जाती है। इस प्रकार करौंदा बाढ़, फल, शोभाकारी व रक्षक झाड़ी के रूप में एक साथ उपयोगी है।

औषधीय उपयोग

करौंदा के भिन्न भागों का औषधि के रूप में भी उपयोग किया जाता है। इसकी जड़ के रस को लुम्बागों, छाती और गुप्त रोगों के उपचार के लिए प्रयोग किया जाता है। यह पेट के कीड़ों के उपचार हेतु प्रयोग किया जाता है। पत्ती का रस बुखार के उपचार हेतु और पत्तियों का टसर रेशम के कीड़ों के चारे के रूप में प्रयोग होता है। इसकी लकड़ी का प्रयोग चम्मच और कंघा बनाने के लिए किया जाता है।

जलवायु एवं भूमि

करौंदा बहुत ही सहिष्णु झाड़ी है। अधिक सर्दी वाले क्षेत्रों को छोड़कर इसे उपोषण व उष्ण जलवायु में लगाया जा सकता है। इसे सभी भूमियों में सफलतापूर्वक उगाया जा सकता है, परन्तु भूमिजल निकासयुक्त होनी चाहिए। करौंदा के पेड़ को ऊसर भूमि में 10 पी. एच. मान तक उगाया जा सकता है। रोपाई के बाद एक बार बढ़ जाने पर इसकी विशेष देखभाल की आवश्यकता नहीं पड़ती है।

उत्पत्ति व वितरण

करौंदा का उत्पत्ति स्थान भारत है। इसकी खेती पूरे भारत में सभी जगह की जाती है। इसके अलावा इसकी खेती दक्षिण अफ्रीका व मलेशिया में भी की जाती है। इसका पौधा झाड़ीनुमा होता है जो लगभग 5–9 मीटर तक का होता है। पौधे में कांटे होने के कारण इसे सामान्यतः बाड़ में लगाते हैं। इसका पौधा सदाबहार हरा रहता है जिसकी पत्तियाँ गोलाकार व चपटी हरी होती हैं।

किस्में

करौंदे की किस्मों का वर्गीकरण फलों के रंग के आधार पर किया गया है, जैसे हरा, लाल व सफेद किस्में। इनके फलों का आकार–प्रकार लगभग समान होता है। करौंदे की निम्नलिखित जातियाँ पायी जाती हैं।

केरिसा ग्रैन्डीफ्लोरा (नेटल प्लम)

इसका फल गहरा लाल, छिलका पतला तथा छोटे–छोटे गोल आकार के बीज होते हैं। फल की परिपक्वता पूरे वर्ष तक चलती रहती है। इसका रोपण घरेलू उपयोग के लिए लाभकारी होता है तथा यह विटामिन 'सी' का अच्छा स्त्रोत है जिससे जेली का निर्माण अच्छा होता है।

कैरिसा बाइपिनोसा (कैरिसा अरड्यूनाः अमाटुंगुलू, मारीटगुला)

इसके फलों का आकार नेटल प्लम की तरह होता हैं, लेकिन फूलों का आकार छोटा होता हैं। फल गुच्छों में लगते हैं। बीज नुकीले होते हैं।

कैरिसा इडूलिसा

यह बाड़ के लिए काफी उपयुक्त प्रजाति है। फूल सफेद व हल्के लाल (गुलाबी) रंग के 10 से 15 की संख्या में गुच्छों में आते हैं। फूल खुशबूदार होते हैं। फल गोलाकार व अण्डाकार लाल रंग के होते है जो पकने पर काले हो जाते हैं।

कैरिसा वोवैटाः इसका उत्पत्ति स्थान आस्ट्रेलिया है। फल छोटे आते हैं। इसका उपयोग जैम बनाने में होता है।

कैरिसा स्सिपिनड्रम

इसका उत्पत्ति स्थान भारत है। इसमें खाने योग्य छोटे–छोटे फल आते हैं। यह करौंदे की बहुत कठोर किस्म है जिसका उपयोग खराब व कंकड़ीली–पथरीली जमीन में उगा कर किया जा सकता है। यह बाड़, ऊसर भूमि व मिट्टी कटाव वाली भूमि में रोपाई के लिए उपयुक्त किस्म है।

गोविन्द वल्लभ पन्त कृषि एवं प्रौद्योगिक विश्वविद्यालय, पन्तनगर द्वारा करौंदे की तीन किस्में चयन विधि द्वारा विकसित की गयी हैं। इन किस्मों को लगाकर किसान अच्छी उपज प्राप्त कर सकते हैं।

पंत मनोहर

इसके पौधे मध्यम ऊंचाई के अति घनी झाड़ीनुमा होते हैं। फल सफेद पृष्ठभूमि पर गहरी गुलाबी आभा लिए हुए 2.13 x 1.69 सेंमी. आकार के होते हैं। फल का औसत भार 3.49 ग्राम और एक फल में 3–4 बीज पाये जाते हैं। फल में गूदा 88.27 प्रतिशत्, शुष्क पदार्थ 12.77 प्रतिशत्, कुल घुलनशील ठोस पदार्थ 3.92 प्रतिशत्, खटास 1.82 प्रतिशत् और उपज 35 किग्रा. प्रति झाड़ी होता है।

पंत सुदर्शन

इन किस्मों के पौधे मध्यम ऊंचाई के और फल सफेद पृष्ठभूमि पर गुलाबी आभा लिए होते हैं। फल का आकार 2.16 x 1.69 सेंमी. और औसत भार 3.46 ग्राम होता है। औसत बीज संख्या 4.68, गूदा 88.47 प्रतिशत्, शुष्क पदार्थ 11.83 प्रतिशत्, कुल घुलनशील ठोस पदार्थ 3.45 प्रतिशत्, खटास 1.89 प्रतिशत् और उपज 32 किग्रा. प्रति झाड़ी होती है।

पंत सुवर्णा

इसके पौधे ऊपर की तरफ बढ़ने वाले और झाड़ीनुमा होते हैं। इसके फल गहरी हरी पृष्ठभूमि पर हल्की भूरी आभा लिए हुये होते हैं। फल 2.25 x 1.66 सेंमी. आकार के होते

हैं। एक फल का औसत भार 3.62 ग्राम होता है। प्रत्येक फल में 5.89 बीज पाये जाते हैं। गूदा 88.27 प्रतिशत्, शुष्क भार 12.39 प्रतिशत्, कुल घुलनशील ठोस पदार्थ 3.83 प्रतिशत्, खटास 2.30 प्रतिशत् और उपज 25 किग्रा. प्रति झाड़ी पायी जाती है। पकने पर फल गहरे भूरे रंग के दिखाई देते हैं।

प्रवर्धन

करौंदा के पौधे मुख्यतः बीज से तैयार किये जाते हैं। अच्छी तरह पके हुए फलों से जुलाई–अगस्त में बीज निकालकर यथाशीघ्र पौधशाला में बुआई करते हैं। यदि बीजों को भंडारित करना है तो छाया में सुखाकर व 2 ग्राम थायरम प्रति किग्रा. बीज की दर से मिलाकर बोतल में रखना उपयुक्त रहता है। बीजों को अधिक दिनों तक रखने से उनकी अंकुरण क्षमता कम हो जाती है।

अतः जितना शीघ्र हो सके, बीज की बुआई कर देनी चाहिए। नर्सरी में बीज जमने के बाद छोटे पौधों की खरपतवार, रोग व कीटों से रक्षा करनी चाहिए। पौधे दो वर्ष बाद बाग में रोपने योग्य हो जाते हैं। करौंदा के पौधे गूटी अथवा स्टूल दाब लगाकर भी तैयार किये जाते हैं। लेकिन इन विधियों में हार्मोन का प्रयोग करना आवश्यक है। गूटी बांधन का अच्छा समय जुलाई है। गूटी हेतु इंडोल ब्यूटरिक अम्ल 5000 पी. पी. एम. व स्टूल दाब हेतु 10000 पी. पी. एम. सांद्रता के लेनोलिन लेप के साथ मिलाकर प्रयोग करना लाभकारी पाया गया है। करौंदा की 2–3 माह पुरानी शीर्षस्थ कलमों पर 8000 पी. पी. एम. इंडोल ब्यूटरिक अम्ल को लेनोलिन लेप के साथ मिलाकर उपचारित करने के बाद कुहासाघर में रोप कर भी जड़ निकलने में सहायता मिलती है।

करौंदा का प्रवर्धन ऊतक संवर्धन, शाखा शीर्ष संवर्धन विधि से सफलतापूर्वक किया जा सकता है। एक्स प्लांट की अधिकतम उत्तरजीविता क्रमशः 70 प्रतिशत् इथनाल (30 सेकण्ड), 0.5 प्रतिशत् मरक्यूरिक क्लोराइड (4 मिनट), 1 प्रतिशत सोडियम हाइपोक्लोराइड (3 मिनट) और 1 प्रतिशत पोटैशियम क्लोराइड (1 मिनट) के उपचार से प्राप्त हुई। बसन्त ऋतु में इकट्ठा किये गये 1.5 सेंमी. लम्बे एक्स प्लांट में सर्वाधिक फुटान पाया गया। प्ररोहों का अधिकतम फुटान एम. एस. माध्यम में 3 मिग्रा. प्रति लीटर बेन्जाइलएडिनीन मिलाने पर पाया गया। लेकिन जड़ों का फुटान अर्धशक्ति एम. एस. माध्यम में 0.8 मिग्रा. प्रति लीटर इन्डोल ब्यूटारिक अम्ल और 0.2 मिग्रा. प्रति लीटर 1 : 1 : 1 अनुपात का मिश्रण पौधों को बाहर की जलवायु में स्थापित करने के लिए उत्तम पया गया है।

रोपाई

बाड़ लगाने के लिए करौंदा के पौधों को 60 सेंमी. की दूरी पर रोपना चाहिए। पौधों को पहले से खोदे गये 30 घन सेंमी. आकार के गड्ढों को मिट्टी व अच्छी तरह से

सड़ी हुई गोबर की खाद (1:3 अनुपात में) मिलाकर भरने के बाद बीच में लगाते हैं। पौधा लगाने से पूर्व, गड्ढों की एक सिंचाई भी करनी चाहिए जिससे गड्ढों की मिट्टी बैठ जाये। बाग लगाने के लिए 50 घन सेंमी. आकार के गड्ढे खोदने चाहिए। गड्ढों की दूरी 3 मीटर रखनी चाहिए। करौंदा लगाने का उचित समय जून–जुलाई है। सिंचित क्षेत्रों में पौधे मार्च–अप्रैल में भी लगाये जा सकते हैं।

खाद व उर्वरक

करौंदा की झाड़ी बिना खाद व उर्वरकों के प्रयोग के अच्छी उपज दे देती है। लेकिन प्रारम्भिक वर्षा में नाइट्रोजन के प्रयोग से पौधे तेजी से बढ़ते हैं और बाड़ जल्दी तैयार हो जाती है। एक पौधे को 5 किग्रा. गोबर की सड़ी खाद व 100 ग्राम यूरिया प्रति वर्ष उम्र के हिसाब से बढ़ाकर तीन वर्ष तक अवश्य देना चाहिए। यूरिया को 5 भागों में बांटकर दो माह के अन्तर से देना उपयोगी रहता है। यूरिया को पेड़ के फैलाव में छिड़काव कर गुड़ाई कर देना चाहिए।

सिंचाई व देखभाल

नये लगाये गये पौधे की गर्मियों में 7 दिन व सर्दियों में 15 दिन के अन्तराल पर सिंचाई करनी चाहिए। पौधों की कीट व रोगों से रक्षा हेतु उपयुक्त छिड़काव समयानुसार करना चाहिए। तीन–चार वर्ष में पौधा अच्छी तरह पनप जाता है। इसके बाद विशेष देखरेख की आवश्यकता नहीं रहती है।

तुड़ाई व उपज

करौंदा की झाड़ी रोपाई के बाद दूसरे वर्ष फैलने लगती है। करौंदे में पुष्पन फरवरी माह में शुरू हो जाता है। फल अगस्त–सितम्बर तक पककर तैयार हो जाते हैं। एक झाड़ी से लगभग 30–35 किग्रा. फल प्राप्त हो जाता है।

कीट व रोग

प्रारभिक अवस्था में पत्ती खाने वाली गिडार नई पत्तियों को खा जाती है जिससे पेड़ की बढ़वार रूक जाती है। इसकी रोकथाम के लिए 2 मिली. थायोडान या इन्डोसल्फान अथवा 1 मिली. नुवाक्रान एक लीटर पानी में घोलकर झाड़ियों पर छिड़कनी चाहिए।

करौंदा में श्यामवर्ण रोग पत्तियों और फलों को अधिक प्रभावित करता है। रोगग्रस्त पत्तियों पर छोटे अनियमित आकार के भूरे रंग के धब्बे बनते हैं जो बाद मे बढ़कर गहरे भूरे रंग के हो जाते हैं। रोगी पत्तियाँ गिर जाती हैं और पतली टहनियाँ सूखना प्रारम्भ कर देती

हैं। फलों व तनों पर भी इस रोग के घाव बन जाते हैं। रोग की रोकथाम के लिए 2 ग्राम ब्लाइटाक्स– 50 या फाइटोलान नामक रसायन को एक लीटर पानी में घोलकर झाड़ियों पर छिड़कना चाहिए। तने के घावों को खुरचकर उन पर ब्लाइटाक्स–50 व अलसी के तेल (1:3) का लेप बनाकर लगाना चाहिए।

❑❑❑

अध्याय 36

खजूर की व्यावसायिक खेती

खजूर शुष्क जलवायु में उगाया जाने वाला प्रचिनतम फलदार वृक्ष है। पाल्मेसी कुल के इस वृक्ष का वानस्पतिक नाम *फीनिक्स डेक्टीलीफेरा* है। यह मानव सभ्यता के सबसे पुराने खेती किये जाने वाले फलों में से एक है। इसकी उत्पत्ति फारस की खाड़ी में समझी जाती है। दक्षिण इराक (मेसोपोटोमिया) में इसकी खेती ईसा से 4000 वर्ष पूर्व प्रचलित थी। मोहनजोदड़ो की खुदाई के अनुसार भारत–पाकिस्तान में भी ईसा से 2000 वर्ष पूर्व विद्यमान था। पुरातन विश्व में खजूर की व्यावसायिक खेती पूर्व में सिन्धु घाटी से दक्षिण में तुर्की–पर्शियन–अफगान पहाड़ियों, इराक किरकुक–हाईफा तथा समुद्रतटीय सीमा के सहारे ट्यूनीशिया तक बहुतायत में की जाती थी। इसकी व्यवसायिक खेती की शुरूआत सर्वप्रथम इराक में शुरू हुई। ईराक, सऊदी अरब, ईरान, मिस्र, लीबिया, पाकिस्तान, मोरक्को, ट्यूनीशिया, सूडान, संयुक्त राज्य अमेरिका व स्पेन विश्व के मुख्य खजूर उत्पादक देश हैं। हमारे देश में सर्वप्रथम 1955 से 1962 के मध्य भारतीय कृषि अनुसंधान परिषद के क्षेत्रीय केन्द्र, अबोहर द्वारा मध्यपूर्व के देशों संयुक्त राज्य अमेरिका व पाकिस्तान से खजूर की कुछ व्यावसायिक किस्मों के पौधे मंगवाये गये थे। इसके बाद अखिल भारतीय खजूर अनुसंधान परियोजना, बीकानेर द्वारा 1978 से खजूर का सकर्स आयात शुरू किया गया, लेकिन देश में इसके व्यावसायिक पौध रोपण के लिए अभी तक पौध रोपण सामग्री उपलब्ध नहीं है। राजस्थान के जैसलमेर, बाड़मेर, बीकानेर व जोधपुर आदि के शुष्क जलवायु वाले पश्चिमी क्षेत्र खजूर की खेती के लिए उपयुक्त पाए गये हैं। खजूर पर सामान्यतः अधिक तापक्रम व पाले का असर नहीं होने तथा लवण सहन करने की क्षमता के कारण राज्य का काफी बड़ा क्षेत्र खजूर की खेती के अन्तर्गत प्रभावी रूप से उपयोग में लाया जा सकता है। ऐसे क्षेत्र जो बहुत अधिक लवणीय हैं अथवा जहाँ जल निकास की पर्याप्त व्यवस्था नहीं है अथवा सिंचाई हेतु लवणीय जल ही उपलब्ध है, जो अन्य फसलों के लिए उपयुक्त नही है, वहाँ पर भी इसकी खेती की जा सकती है।

उत्पादन एवं निर्यात

मिस्र, ईरान, सऊदी अरब, पाकिस्तान व इराक मिलकर खजूर का लगभग 75 प्रतिशत् तक उत्पादन करते हैं। यदि इसमें अल्जीरिया, संयुक्त अरब अमीरात, सूडान, ओमान व

मोरक्को सम्मिलित कर लिए जाएँ तो यह आंकड़ा 90 प्रतिशत् तक पहुँच जाता है। विश्व में खजूर का उत्पादन 2000 में 5.4 मिलियन टन से बढ़कर 2014 में 8.46 मिलियन टन तक बढ़ गया है। इसके उत्पादन का 93 प्रतिशत् तक स्थानीय स्तर पर उपभोग किया जा रहा है। विश्व के मुख्य खजूर उत्पादक देश व उनमें खजूर उत्पादन सारणी–1 के अनुसार निम्नलिखित है–

सारणी 1 विश्व में खजूर उत्पादक देश व कुल उत्पादन

क्र.स.	देश का नाम	खजूर उत्पादन (मै.टन)		विश्व का प्रतिशत्
		2001	**2013**	
1	मिस्र	1102	1756	23.6
2	ईरान	900	1380	18.5
3	सऊदी अरब	712	1034	13.9
4	पाकिस्तान	550	860	11.6
5	इराक	400	640	08.6
6	अल्जीरिया	370	558	07.5
7	सं. अरब अमीरात	318	404	05.4
8	ओमान	260	390	05.2
9	सूडान	177	312	04.3
10	मोरक्को	32	108	01.5
	योग	**5353**	**7442**	–

खजूर उत्पादन में आयात की दृष्टि से देखें तो 2001 से 2013 तक प्रतिवर्ष विश्व में खजूर के कुल उत्पादन में से औसतन उत्पादन लगभग 478 मिलियन डालर कीमत के 7 लाख टन खजूर निर्यात किये गये। इसमें से अकेले भारत देश द्वारा 2.56 लाख टन खजूर आयात किये गये। इस प्रकार हमारा देश खजूर का सबसे बड़ा आयातक देश है।

खजूर का पोषक उपयोग

विश्वभर में खाद्य पदार्थों की मांग के उत्तरोत्तर बढ़ने की सम्भावना को देखते हुये खजूर आने वाले समय में उच्च पोषक गुणवत्तायुक्त खाद्य पदार्थ के लिए अच्छा स्त्रोत होगा। खजूर के फल काफी पौष्टिक होते हैं। अन्य फलों व भोज्य पदार्थों की तुलना में खजूर का कैलोरी मान विभिन्न फलों के साथ सारणी–2 के अनुसार निम्नलिखित हैं–

सारणी 2 खजूर का कैलोरी मान विभिन्न फलों के साथ

क्र.स.	फल/भोज्य पदार्थ	कैलोरी प्रति किलोग्राम
1	केला	970
2	खूबानी	520
3	संतरा	400
4	पका चावल	1800
5	गेहूं ब्रेड	2295
6	मीट	2245
7	खजूर	3000

खजूर के फलों में 70 प्रतिशत् तक कार्बोहाइड्रेट होता है।

इसकी अधिकांश किस्मों में शर्करा ग्लूकोज व फ्रक्टोज के रूप में होती है जो शुगर नहीं खाने वालों के लिए काफी महत्वपूर्ण है। फलों के गुदे में लगभग 20 प्रतिशत् नमी के अतिरिक्त 60–64 प्रतिशत् शर्करा, लगभग 2.5 प्रतिशत् रेशा, 2 प्रतिशत् प्रोटीन, 2 प्रतिशत् से कम वसा, 2 प्रतिशत् से कम खनिज तत्व (लोहा, पोटैशियम, कैल्शियम, तांबा, मैग्नीशियम, क्लोरीन, गंधक, फास्फोरस इत्यादि) तथा 2 प्रतिशत् से कम पैक्टिक पदार्थ होते हैं। यह खून की कमी व अंधेपन जैसी बीमारियों से बचाता है। यह पोषण, दस्तावर व ऊर्जा के स्रोत के रुप में जाना जाता है। खजूर के फलों में विटामिन–ए, विटामिन बी–1 (थायनित) तथा विटामिन बी–2 (राइबोफ्लेविन) भी पाए जाते हैं। खजूर मध्य पूर्व व उत्तरी अफ्रीका के कई देशों का मुख्य आहार व एक मुख्य व्यावसायिक फसल है। इसके फलों का सेवन रक्तवर्द्धक तथा कब्ज दूर करने में सहायक होता है। फल प्रायः पूर्ण पकी अवस्था (पिण्ड) के रूप में खाए जाते हैं। कुछ किस्मों के फलों में कसैलापन न होने के कारण अधपकी अवस्था (डोका) में भी ताजे फलों की तरह खाए जाते हैं। डोका अवस्था के फलों से छुहारे भी बनाये जाते हैं। इराक में इराके फलों के गुदे से शराब, तिनेगर, तरल शुगर, जूस व फल की गुठली से पोल्ट्री आहार के लिये कन्संट्रेट प्रोटीन भी बनाये जाते हैं। इसके पूर्ण पके फलों से शर्करा, स्टार्च, सिरका, अर्क, रस, टॉफियाँ इत्यादि बनाई जाती हैं। हरे फलों से अचार बनाया जा सकता है। इसकी किस्म जहीदी में 78 प्रतिशत् तक शर्करा पायी जाती है। खजूर की पत्तियाँ टोकरियाँ, कागज, झाडू व रस्सी बनाने के काम में लाई जाती हैं। खजूर के फल में पाये जाने वाले पोषक तत्व व उनकी मात्रा सारणी–3 के अनुसार निम्नलिखित हैं–

सारणी 3 खजूर के फल में पाये जाने वाले पोषक तत्व व उनकी मात्रा

क.स.	पोषक तत्व	मात्रा (प्रतिशत)
1	कार्बोहाइड्रेट	70
2	नमी	20
3	शर्करा	60–64
4	रेशा	02.5
5	प्रोटीन	02.0
6	वसा	01.97
7	खनिज तत्व	01.85

जलवायु

खजूर की खेती मुख्यतः शुष्क एवं अर्द्धशुष्क क्षेत्र जहाँ लम्बी गर्म हवायें व गर्मी, अधिक वर्षा व बहुत कम आर्द्रता होती है, में की जाती है। अरब देशों में मान्यता है कि अधिक बढ़वार व उपज के लिए खजूर के पेड़ों के सिर तपती आगनुमा गर्मी में तथा जड़ें पानी में रहनी चाहिए। खजूर के फल जुलाई–अगस्त में पकते हैं। इस समय भी वर्षा एवं अधिक वातावरणीय नमी होने पर फल समुचित रूप से नहीं पक पाते तथा सड़कर नष्ट हो जाते हैं। भारत के अधिकांश भागों में इस समय मानसून सक्रिय हो जाते हैं। पश्चिमी राजस्थान के जैसलमेर, बीकानेर, बाड़मेर एवं जोधपुर आदि ऐसे क्षेत्र हैं जहाँ मानसून की वर्षा प्रायः कम होती है। खजूर की खेती के लिए उपयुक्त क्षेत्रों में औसतन वार्षिक वर्षा जैसलमेर में 100–250 मिलीमीटर, बीकानेर में 304 मिलीमीटर, बाड़मेर में 330 मिलीमीटर तथा जोधपुर में 366 मिलीमीटर तथा गुजरात के कच्छ क्षेत्र में 322 मिलीमीटर तक होती है। फल पकते समय हल्की वर्षा भी शुरू की अवस्था में भारी वर्षा से अधिक हानिकारक होती है।

खजूर के फलों के समुचित विकास के लिए गर्म एवं शुष्क जलवायु की आवश्यकता पड़ती है। यह गर्मियों में 50 डिग्री सेल्सियस व सर्दियों में 5 डिग्री सेल्सियस से नीचे तक के तापमान को भी सह लेता है। 7 डिग्री सेल्सियस से 32 डिग्री सेल्सियस तापमान इसकी वानस्पतिक बढ़वार के लिये सर्वाधिक उपयुक्त है। खजूर में पुष्पन एवं फलों के पकने हेतु क्रमशः 24 डिग्री सेल्सियस व 40 डिग्री सेल्सियस तापमान उपयुक्त पाया गया है। देश के खजूर उत्पादन योग्य क्षेत्रों को लगभग 4 भागों में बाँटा जा सकता है जो इस प्रकार है–

1. जैसलमेर तथा बाड़मेर, बीकानेर तथा जोधपुर जिलों के अधिक शुष्क पश्चिमी भाग।
2. कच्छ का समुद्रतटीय क्षेत्र तथा सौराष्ट्र का कुछ भाग।

3. जोधपुर, बीकानेर तथा बाड़मेर के पूर्वी भाग और नागौर, चूरू व श्रीगंगानगर जिलों के पश्चिमी भाग।
4. अबोहर, सिरसा, श्रीगंगानगर, चूरू जिलों के पूर्वी भाग व सीकर का पश्चिमी भाग।

भूमि

खजूर की खेती ऐसी लवणीय मृदायें, जिनका पी.एच. मान 8 से 9 तक हो, सफलतापूर्वक की जा सकती हैं। खजूर का वृक्ष भूमि में 3 से 4 प्रतिशत् तक क्षारीयता सहन कर सकता है, यद्यपि जड़ों की सामान्य कार्य शक्ति के लिए एक प्रतिशत् से अधिक क्षारीयता नहीं होनी चाहिए। भूमि में अधिक पी.एच., लवण और क्षार पौधों की वानस्पतिक वृद्धि पर प्रतिकूल प्रभाव डालते हैं। बलुई दोमट मिट्टी इसकी खेती के लिए सबसे अधिक उपयुक्त होती है। भूमि में 2 मीटर गहराई तक कंकड़ अथवा पत्थर या कैल्शियम कार्बोनेट की सख्त परत नहीं होनी चाहिए। अच्छी जल धारण क्षमता एवं जल निकास की समुचित व्यवस्था खजूर की खेती के लिए उत्तम रहती है।

उन्नत किस्में

भारत में खजूर की किस्में अरब देशों से लाई गई हैं। वैसे तो अरब देशों में खजूर की एक हजार से भी अधिक किस्में हैं, लेकिन इनमें से कुछ ही व्यावसायिक रूप से पैदा की जाती हैं, जैसे–इराक की हलावी, खदरावी, सायर, बरही एवं जाहिदी, उत्तर अफ्रीकी देशों की डेग्लेटनूर, मैडजूल, घार्स तथा पाकिस्तान की बेगम जंगी तथा ढक्की मुख्य हैं। भारतीय कृषि अनुसंधान परिषद द्वारा वर्ष 1955–1962 के दौरान खजूर की कुछ किस्में इन देशों से लाई गईं तथा उनका पंजाब कृषि विश्वविद्यालय के फल अनुसंधान केन्द्र, अबोहर में मूल्यांकन किया गया। इस परियोजना के अन्तर्गत देश के चार केन्द्रों (अबोहर, बीकानेर, जोधपुर, मुन्द्रा (कच्छ) पर अनुसंधान प्रगति पर है। खजूर की किस्मों की उपयोगिता के अनुसार वर्गीकरण सारणी–4 के अनुसार निम्नलिखित है–

सारणी 4 खजूर की किस्मों की उपयोगिता के अनुसार वर्गीकरण

क.स.	उपयोग	किस्मों के अपेक्षित गुण	किस्में
1	डोका फल खाने के लिए	डोका अवस्था में फल कसैले न हों व मीठे	बरही, हलावी खलास, खुनेजी व सेवी
2	छुहारे बनाने के लिए	फलों में गूदे की मोटाई अधिक हो	मैडजूल, जाहिदी खदरावी व शामरान
3	पिण्ड खजूर बनाने के लिए	फल तुड़ाई के समय पूर्ण डोका/डांग अवस्था प्राप्त कर ले	मैडजूल, जाहिदी, खदरावी, हलावी, खलास, शमरान व जगलूल
4	खजूर रस एवं परिरक्षित उत्पाद बनाने हेतु	फलों का रंग आकर्षक लाल हो तथा उनमें महक होनी चाहिए।	हलावी, जगलूल, सूरिया व अतशोक

खजूर की प्रमुख किस्मों की गुणवत्ता

बरही

इस किस्म की उत्पत्ति बसरा, इराक से हुई हैं। इस किस्म के फल मध्यम आकार के व डोका अवस्था में सुनहरे पीले रंग के होते हैं। इस किस्म के डोका अवस्था से पूर्व के हरे फल भी प्रायः कसैले नहीं होते हैं। फल का औसत वजन 13.6 ग्राम, कुल घुलनशील ठोस पदार्थ 31.5 प्रतिशत् होता है। यह मध्यम देरी से पकने वाली किस्म है। इसके डोका अवस्था में फल मीठे एवं स्वादिष्ट होते हैं जो इसकी अन्य किस्मों से अलग पहचान बनाते हैं। इसकी औसत पैदावार 200 किलोग्राम प्रति पौधा तक है। इस किस्म से सकर्स का उत्पादन कम सामान्यतः 3 से 5 होता है।

मैडजूल

इस किस्म की उत्पत्ति मोरक्को से हुई है। इसके फलों का रंग डोका अवस्था में पीला नारंगीपन लिये हुए होता है, लेकिन इस अवस्था में फल कसैले होते हैं। इसके फल आकार में काफी बड़े 20 से 40 ग्राम वजन के एवं आकर्षक होते हैं। फल का औसत वजन 22.80 ग्राम, कुल घुलनशील ठोस पदार्थ 34.5 प्रतिशत् तथा फल देरी से पककर तैयार होते हैं। इस किस्म के फलों में वर्षा से कम नुकसान होता है। इससे 20 से 25 सकर्स का उत्पादन आसानी से हो जाता है।

खलास

इस किस्म के फल डोका अवस्था में पीले एवं मीठे होते हैं। फल का औसत वजन 15.2 ग्राम तथा कुल घुलनशील ठोस पदार्थ की मात्रा 25 प्रतिशत् होती है। फलों की परिपक्वता की अवधि मध्यम होती है।

हलावी

इस किस्म के फल डोका अवस्था में पीले रंग के एवं मीठे होते हैं एवं उनमे कसैलापन नगण्य होता है। फल का औसत वजन 12.6 ग्राम एवं कुल घुलनशील ठोस पदार्थ 31 प्रतिशत् होता है। इस किस्म के फल जल्दी पककर तैयार हो जाते हैं।

जाहिदी

इस किस्म के फल डोका अवस्था में पीले एवं कसैले होते हैं। फल काफी ठोस तथा उनका छिलका काफी चिकना एवं सख्त होता है, जिससे फल वर्षा होने पर आसानी से खराब नहीं होते हैं। इन गुणों के कारण इसके फलों के पिण्ड अच्छे बनते हैं। फल का औसत वजन 10.1 ग्राम तथा कुल घुलनशील ठोस पदार्थ की मात्रा 35.5 प्रतिशत् होती है। फल देरी से पककर तैयार होते हैं।

खदरावी

इस किस्म के फल डोका अवस्था में पीला हरापन लिए होते हैं तथा कसैले होते हैं। फल का औसत वजन 12.9 ग्राम तथा कुल घुलनशील ठोस पदार्थ की मात्रा 36 प्रतिशत् होती है। फलों की परिपक्वता की अवधि मध्यम होती है। डोका अवस्था व उसके बाद की अवस्थाओं मे फलों को वर्षा एवं अधिक वातावरणीय नमी से बहुत अधिक हानि होती है।

शामरान

इस किस्म के फल डोका अवस्था में निचले सिरे पर हल्की बैंगनी झांई लिए पीले होते हैं। इस अवस्था में फल कसैले होते हैं। फल का औसत वजन 13.3 ग्राम तथा उसमें कुल घुलनशील ठोस पदार्थ की मात्रा 34.5 प्रतिशत् है। फलों की परिपक्वता की अवधि मध्यम होती है।

खुनेजी

इस किस्म के फल डोका अवस्था में लाल रंग के तथा मीठे होते हैं। फल का गूदा कुरकुरा तथा स्वादिष्ट होता है। फल का औसत वजन 10.2 ग्राम तथा उनमें कुल घुलनशील ठोस पदार्थ की मात्रा 43 प्रतिशत् होती है। फल जल्दी पककर तैयार हो जाते हैं।

जगलूल

इस किस्म के फल डोका अवस्था में लाल रंग के तथा कसैले होते हैं। फल का औसत वजन 10.7 ग्राम तथा कुल घुलनशील ठोस पदार्थ की मात्रा 28 प्रतिशत् होती है। फल देरी से पककर तैयार होते हैं।

खजूर का प्रवर्धन

खजूर के पौधे में नर व मादा फूल अलग–अलग पौधों पर आते हैं। एक बीजपत्री होने के कारण खजूर के पौधे कायिक प्रवर्धन के अन्य तरीकों, जैसे कलम बांधना (ग्राफटिंग), चश्मा चढ़ाना (बडिंग), गुटी व कलम विधियों द्वारा तैयार नहीं किये जा सकते। इसका प्रसारण बीज, सकर्स (अंतः भूस्तारी) व टिश्यू कल्चर तीन विधियों से किया जाता है।

बीज द्वारा

खजूर के एकलिंगी (डायोसिस) होने से बीज से तैयार किये पौधों में नर व मादा का अनुपात 50:50 रहने की सम्भावना रहती है। इस विधि से तैयार पौधों में फूल व फल आना शुरू होने के बाद ही उनके नर–मादा होने का पता चल पाता है। बीज से निकले नर पौधे सिर्फ परागकण के ही होते हैं, इन पर फल नहीं बनते हैं। वहीं इसके मादा पौधे नर पौधे से भिन्न गुणों वाले होते हैं। ऐसे पौधों में फल देरी से आने शुरू होते हैं व उपज में भी असमानता रहती है। इस कारण खजूर के पौधों का प्रर्वधन अच्छी गुणवत्ता वाले मादा पेड़ों से सकर्स (अंतः भूस्तारी) द्वारा किया जाता है।

सकर्स द्वारा

सकर्स (अंतः भूस्तारी) द्वारा तैयार पौधे मातृ पौधे से गुणवत्ता में समान होते हैं। ये पूर्ण विकसित पेड़ों की जड़ों के पास तने के भाग की कलिकाओं से निकलते हैं। सकर्स द्वारा तैयार पौधे बीज से तैयार पौधों की तुलना में 2–3 वर्ष पहले फलने में आते हैं। खजूर के एक पेड़ से उसके पूरे जीवनकाल में 15 से 20 सकर्स प्राप्त होते हैं। ये पौधे के रोपण के बाद शुरू के 10 से 15 वर्ष की उम्र तक पैदा होते हैं। पौधे लगाने के लगभग 4 वर्ष बाद से पौधे से किस्म के आधार पर 3 से 5 सकर्स प्रतिवर्ष अलग किए जा सकते हैं। पेड़ की

आयु लगभग 10 वर्ष होने के पश्चात् सकर्स पैदा होना लगभग बन्द हो जाते हैं। इसी कारण अच्छी किस्मों के सकर्स पर्याप्त मात्रा में उपलब्ध करवाने में काफी कठिनाई आती है।

सकर्स द्वारा प्रवर्धन करने पर सकर्स का भार 8–10 कि.ग्राम तथा इनकी जड़ें पूर्ण विकसित होनी चाहिए। सकर्स में जड़ें पूर्ण विकसित करने के लिए पेड़ों के तने के पास मिट्टी चढ़ाई जाती है तथा उसको पानी लगाकर नम रखा जाता है। नर पेड़ से सकर्स को काफी सावधानी से अलग किया जाना चाहिए। पेड़ से अलग करने के एक–दो दिन पहले खेत में पानी लगाना चाहिए। अलग करने से पहले सकर्स की पत्तियों को उसके शीर्ष भाग से लगभग 30 सेंटीमीटर ऊपर से काट दें तथा पत्तियों की बची हुई डण्डियों को मिलाकर रस्सी से बाँध दें। इसके पश्चात् उसके पास की मिट्टी को हटा कर उनको मातृ पेड़ के साथ उनके जोड़ स्थान से कुंट व हथौड़े की सहायता से काट कर अलग कर दें। तत्पश्चात् सकर्स को जड़ समेत अलग निकाल लें तथा दूसरे खेत में रोपाई की तैयारी कर लगा देना चाहिए और तुरन्त सिंचाई कर देनी चाहिए।

टिश्यू कल्चर द्वारा

खजूर के पौधों पर सकर्स पर्याप्त मात्रा में नहीं बनने से वृहद स्तर पर प्रसारण के लिए पर्याप्त मात्रा में अच्छी गुणवत्ता के पौधे नहीं मिल पाते हैं। इस समस्या का समाधान टिश्यू कल्चर तकनीक है। टिश्यू कल्चर से पौधे तैयार करने के कई लाभ हैं–

1. कुछ पौधों से ही बड़ी संख्या में पौधे तैयार किये जा सकते हैं।
2. पौधों की आनुवंशिकता गुणवत्ता मातृ वृक्ष के समान रहती है।
3. वृहद स्तर पर पौधे तैयार किये जा सकते हैं।
4. वर्ष भर पौधे तैयार किये जा सकते हैं, मौसम का फर्क नहीं पड़ता।

विश्वस्तर पर टिश्यू कल्चर तकनीक से खजूर के पौधे तैयार करने के प्रयास किये जा रहे हैं, लेकिन इनमें से कुछ ही प्रयोगशालाओं को इसमें सफलता मिल पायी है। अभी लगभग 6–8 प्रयोगशालाये यह कार्य कर रही हैं। इनमें से इग्लैंड में चार, फ्रांस में दो, इजरायल, नामीबिया, संयुक्त अरब अमीरात व ओमान में एक–एक हैं। अधिकांश प्रयोगशालाओं द्वारा बरही व मेडजूल किस्मों के पौधे टिश्यू कल्चर तकनीक से तैयार किये जा रहे हैं। खजूर के टिश्यू कल्चर से तैयार पौधे प्राथमिक हार्डनिंग अवस्था पर प्रयोगशाला से निकाल कर खेत में रोपण के लिए तैयार किये जाते हैं। प्राथमिक हार्डनिंग अवस्था के मापदण्ड व प्रक्रिया इस प्रकार हैं–

1. दो से तीन पत्तियाँ आने पर।
2. पौधों की ऊँचाई 10 से 15 सेन्टीमीटर होने पर।

3. लगभग 5 सेन्टीमीटर आकार की जड़ें विकसित होने पर।
4. तने का आधार प्याज के बल्ब के आकार का होने पर।

पौध लगाने का समय

खजूर का वृक्ष कम से कम 40 से 50 वर्षों तक फलन में रहता है, इसलिए इसके पौधों को उचित फासले पर लगाना बहुत आवश्यक है। प्रायः कतार से कतार तथा पौधे से पौधे के बीच 8 मीटर का फासला रखा जाता है। इससे पौधे का समुचित फैलाव होता है और पौधों के बीच में की जाने वाली कृषि क्रियाएँ सुगमतापूर्वक की जा सकती हैं। इस प्रकार एक हैक्टेयर में लगभग 156 पौधे लगाये जा सकते हैं। खजूर एकलिंगी पेड़ होने से नर व मादा पुष्पन अलग–अलग पेड़ों पर आते हैं। इसलिए खेत में परागण हेतु नर पेड़ों का होना आवश्यक है। एक नर पेड़ से 10–15 मादा पेड़ों के लिए पर्याप्त परागकण उपलब्ध हो सकते हैं।

पौधे लगाने के लिए 1 मीटर लम्बे, 1 मीटर चौड़े व 1 मीटर गहरे गड्ढे पौध लगाने के एक माह पहले खोद लेने चाहिए। गड्ढों में ऊपर की उपजाऊ मिट्टी तथा 20 किलोग्राम सड़ी हुई गोबर की खाद, 1.60 किलोग्राम सिंगल सुपर फॉस्फेट एवं 250 ग्राम क्यूनालफॉस 1.5 प्रतिशत् चूर्ण या फैनवलरेट 0.4 प्रतिशत् चूर्ण मिलाकर गड्ढे को भर देना चाहिए। पौधे लगाने से पहले गड्ढों में पानी देना चाहिए ताकि मिट्टी अच्छी तरह बैठ जाये। पौधों को लगाते समय थैली को पैंदे से काट लें। इसके बाद थैली में नीचे आधे ऊपर तक चीरा (कट) लगा दें। थैली के नीचे हाथ रखकर थैली को पकड़कर गड्ढे के बीच में रख कर चारों तरफ मिट्टी से दबा दें। पौधे लगाते समय ध्यान रखना चाहिए कि पौधे के बल्ब का केवल 3/4 हिस्सा मिट्‌टी के अन्दर रहे तथा क्राउन मिट्टी में नहीं दबे। इसके बाद पौधों की अच्छी तरह सिंचाई कर दें।

सिंचाई प्रबन्धन

मिट्‌टी की संरचना एवं जल धारण क्षमता सिंचाई की आवश्यकता को बहुत हद तक प्रभावित करती है। बलुई भूमि में सिंचाई की आवश्यकता दोमट एवं चिकनी भूमि की अपेक्षा बहुत अधिक होती है। खजूर के पौधों में समुचित वानस्पतिक वृद्धि एवं फल प्राप्त करने के लिए भूमि में 2 मीटर तक नमी रहनी चाहिए। टिश्यू कल्चर (ऊतक संर्वधित) से तैयार पौधों में ड्रिप पद्धति से नियमित रूप से सिंचाई देना आवश्यक होता है।

अंतर–काश्त

खजूर के नये बगीचे में वृक्षों की कतारों के बीच खाली स्थान में अंतर–काश्त सफलतापूर्वक की जा सकती है। इससे वृक्षों के फलन में आने से पूर्व के वर्षों में न केवल

अतिरिक्त आय प्राप्त की जा सकती है, अपितु इससे प्रभावी खरपतवार नियंत्रण एवं जल व मृदा प्रबंध में काफी सहायता मिलती है। दलहनी फसलें जैसे– चना, मूंग, मोठ, चवंला, ग्वार व उड़द, सब्जियाँ, चारे वाली फसल जैसे– रिजका, बरसीम व छोटे आकार के फल जैसे– पपीता के पौधे अंतर–काश्त के लिए उगाये जा सकते हैं। अंतर–काश्त में ली जाने वाली फसलों के लिए पोषक तत्वों व जल की अतिरिक्त व्यवस्था करनी होती है।

खाद एवं उर्वरक

वृक्षों के समुचित स्वास्थ्य एवं उनसे अच्छी उपज लेने के लिए उनका नियमित पोषण बहुत आवश्यक है। खजूर के 1 से 4 वर्ष के पौधों को प्रतिवर्ष 262 ग्राम नत्रजन, 138 ग्राम फास्फोरस और 540 ग्राम पोटाश देना जरूरी होता है। इसके साथ अगस्त–सितम्बर माह में 25–30 किलोग्राम सड़ी हुई गोबर की खाद भी देना चाहिए। पाँच वर्ष से अधिक आयु के खजूर के पौधो में प्रतिवर्ष 40–50 किलोग्राम सड़ी हुई गोबर की खाद प्रति पौधा की दर से अगस्त–सितम्बर माह में दें। इसके अतिरिक्त 650 ग्राम नत्रजन, 650 ग्राम फॉस्फोरस तथा 870 ग्राम पोटाश प्रति पौधा देना चाहिए। नत्रजन की आधी मात्रा तथा फॉस्फोरस व पोटाश की पूरी मात्रा गोबर की खाद के साथ पौधे के तने के चारों तरफ रिंग बनाकर दें। नत्रजन की आधी मात्रा फल विकास के समय सिंचाई के साथ देना लाभप्रद रहता है। खाद प्रक्रिया को और अधिक वैज्ञानिक स्वरुप देने के लिए गोबर की खाद आधी–आधी मात्रा में जुलाई, अगस्त, सितम्बर, अक्टूबर, नवम्बर, फरवरी, मार्च तथा अप्रैल में देना अधिक लाभप्रद रहता है। इसी प्रकार फॉस्फोरस एवं पोटाश की पूरी मात्रा को चार हिस्सों में बांटकर जुलाई, नवम्बर, फरवरी व अप्रैल में देना चाहिए। इसके अलावा भूमि परीक्षण के आधार पर बोरोन, मैंगनीज तथा लोहे का छिड़काव पौधों को स्वस्थ एवं फलदायक बनाने में लाभप्रद रहता है।

पेड़ की सधाई एवं छंटाई

खजूर के पौधों को प्रायः कटाई–छटाई की आवश्यकता नहीं होती। पौधे के समुचित विकास के लिए उसमें से निकलने वाले सकर्स को पूर्ण विकसित होने के पश्चात् शीघ्र निकाल देना चाहिए। आवश्यकता से अधिक पुरानी अथवा सूखी हुई रोग व कीट ग्रसित पत्तियों को समय–समय पर निकालते रहना चाहिए। अच्छी फसल हेतु पूर्ण विकसित पेड़ पर लगभग 100 पत्तियाँ होनी चाहिए। इससे अधिक पत्तियों को निकाल देना चाहिए।

खजूर में परागण

खजूर मे नर एवं मादा पुष्पक्रम अलग–अलग पौधो पर आते हैं तथा परागण नर पेड़ों से मादा पेड़ों तक हवा द्वारा जाने से सम्पन्न होता है। प्राकृतिक रूप से परागण हेतु खेत

में आधे नर एवं आधे मादा पेड़ होने चाहिए, लेकिन इससे प्रति हैक्टेयर उपज काफी कम हो जाती है। अच्छे उत्पादन के लिए कृत्रिम परागण किया जाता है, इस हेतु खेत में लगभग 5 प्रतिशत् नर पेड़ पर्याप्त होते हैं। कृत्रिम परागण के लिए परागकणों को रुई के फाहों की सहायता से मादा पुष्पक्रमों पर पुष्पों के खिलने के तुरन्त पश्चात् प्रातःकाल छिटका कर, सकते हैं। मादा पुष्पक्रमों को जो तुरन्त ही खिले हों, परागकणों में डुबोये गये रुई के फाहों से दो–तीन दिन तक परागित करें या नर पुष्पक्रमों की लड़ियों को काटकर खुले मादा पुष्पक्रम के माध्यम में उल्टी करके हल्के से बांध दी जाती है जिससे उनमें से परागकण शनैः–शनैः गिरते रहें। फाहों द्वारा परागण प्रक्रिया हर मादा पुष्पक्रम में कम से कम 2–3 दिन तक लगातार करनी चाहिए। परागकणों को कुछ समय बाद परागण हेतु संग्रहित भी किया जा सकता है। इसके लिए ताजे एवं पूर्ण रूप से खुले हुए नर पुष्पक्रमों को अखबार के कागज पर झाड़कर एकत्रित कर लेते हैं। इसके पश्चात् उनको बारीक छलनी से छान लेते हैं जिससे अनावश्यक रूप से उनमें विद्यमान पुष्पक्रमों के अवशेष इत्यादि अलग हो जाएँ। तपश्चात् उनको 6 घण्टे सूर्य की रोशनी में तथा 18 घण्टे छाया में सुखा लेते हैं, जिससे भण्डारण में उनको फफूंदी द्वारा हानि न हो। सुखाए गए परागकणों को काँच की शीशियों में कमरे के सामान्य तापक्रम पर 8 सप्ताह के लिए तथा रेफ्रिजरेटर में 9 डिग्री सेल्सियस तापक्रम पर लगभग 1 वर्ष तक संग्रहित किया जा सकता है।

फल गुच्छों की सधाई एवं छंटाई

खजूर में फल गुच्छों की प्रति पेड़ संख्या का नियन्त्रण भी बहुत महत्वपूर्ण होता है। पौधों पर आवश्यकता से अधिक संख्या में गुच्छों के होने से समुचित विकास न होने पर फलों का आकार, वजन एवं गुणवत्ता कम हो जाती है। गुच्छों की संख्या प्रति वृक्ष 5 से 20 तक रखी जा सकती है, खजूर की किस्म, वृक्ष की आयु एवं वानस्पतिक वृद्धि इत्यादि पर निर्भर करती है। सामान्यतः प्रत्येक पेड़ पर 10 से 12 से अधिक फल गुच्छे होने पर उनको निकालना उचित रहता है। एक गुच्छे के लिए 7 से 9 पत्तियों की आवश्यकता होती है। गुच्छों में फल बनने के पश्चात् उनके मुख्य डंठल को अप्रैल–मई में इस प्रकार मोड़ना चाहिए कि गुच्छे पत्तियों के डंठलों के घर्षण से बचे रहें। प्रत्येक फल गुच्छे के केन्द्र की एक तिहाई लड़ियों को निकाल देने से गुच्छों में फलों का समुचित विकास होता है, फल शीघ्र एवं भलीभाँति पकने से उच्च गुणवत्ता वाले तैयार होते हैं। यह कार्य फल बनने के तुरन्त पश्चात् कर देना चाहिए।

कीट–व्याधि प्रबन्धन

मिथ्याकंड (ग्रफियोल)

अन्य फलदार पौधों की अपेक्षा खजूर के वृक्षों में बीमारियों का प्रकोप कम होता है। बीमारियों में प्रमुख ग्रफियोला या रुमट है जो प्रायः अधिक आर्द्रता की परिस्थिति में

अधिक होती है। यह ग्रफियोला फिनिसिस नामक फफूंद से होती है। पत्तियों की दोनों सतहों पर भूरे रंग के असंख्य धब्बे दिखाई पड़ते हैं। इस रोग से पूर्ण ग्रसित पत्तियाँ सूख जाती हैं। इसके नियंत्रण हेतु प्रभावित पत्तियों को काटकर नष्ट कर देना चाहिए। तांबायुक्त फफूंदनाशी या डाईथेन एम–45 या फाइटोलान (2 ग्राम प्रति लीटर पानी) का छिड़काव इसकी काफी रोकथाम करता है।

आल्टरनेरिया पत्ती धब्बा रोग (लीफ स्पॉट)

यह रोग आल्टरनेरिया फंगस द्वारा होता है जिससे पत्ती की दोनों सतह पर अनियमित आकार के भूरे काले रंग के धब्बे पाये जाते हैं। उग्र अवस्था में ये रोग पौधे के तने व फलों को भी प्रभावित करता है। इसकी रोकथाम के लिए अधिक प्रभावित पत्तियों को काटकर जला देना चाहिए तथा पौधों पर कार्बेन्डाजिम 1 ग्राम या मेन्कोजेब 2 ग्राम प्रतिलीटर पानी में घोल बनाकर 15 दिन के अन्तराल पर दो या तीन छिड़काव करना चाहिए।

फल विगलन रोग (फ्रूट रोट)

गुच्छों में हवा के कम संचार व अधिक वर्षा के कारण फलों के गलने की समस्या उत्पन्न हो जाती है। गुच्छों की छंटाई एवं सधाई द्वारा वायु की समुचित एवं सुचारू व्यवस्था करके उन पर पकने से पूर्व कार्बेन्डाजिम 1 ग्राम प्रति लीटर पानी में घोल बनाकर 15 दिन के अन्तराल पर दो छिड़काव करके इस रोग का नियन्त्रण किया जा सकता है।

दीमक

खजूर के वृक्षों एवं फलों को कीड़ों से हानि होती है। वृक्षों में दीमक से बहुत अधिक हानि होती है। यह भूमिगत व जमीन के पास के तने को खाकर क्षतिग्रस्त कर सकती है। छोटे पौधों की वृद्धि रूक जाती है तथा वे मुरझाकर सूख जाते है। इसके नियंत्रण हेतु प्रत्येक माह या दो माह के अंतराल पर क्लोरपायरीफोस (1 मिलीलीटर प्रति 1 लीटर पानी) के घोल को थांवलों में अच्छी तरह से सिंचाई करें। खजूर के पूर्ण विकसित वृक्षों में अच्छी तरह से सिंचाई करें। खजूर के पूर्ण विकसित वृक्षों के तने पर दीमक का प्रकोप होने से बड़े–बड़े सुराख बन जाते हैं तथा तना खोखला होने लगता है। इनमें फूल या फल भी कम आने लगते हैं। नियंत्रण हेतु दीमक ग्रस्त तने को भली–भाँति साफ करके कार्बाफ्युरॉन चूर्ण (4 प्रतिशत) का तने पर लेप दें अथवा क्लोरपायरीफोस का छिड़काव करना चाहिए।

स्केल कीट

खजूर का शल्क अथवा स्केल कीट भी बहुत हानिकारक होता है। निम्फ व मादा पत्तियों का रस चूसकर क्षति पहुंचाते हैं। अधिक प्रकोप होने पर ये कीट कच्चे फलों को

भी खाते हैं। इनके प्रकोप से पौधों के सामान्य विकास पर प्रतिकूल प्रभाव पड़ता है, फल छोटे रह जाते हैं, ठीक से पक नहीं पाते और सूख जाते हैं। नियंत्रण हेतु इस कीट से अधिक प्रभावित पत्तियों को काटकर जला देना चाहिए तथा प्रभावित पत्तियों पर डायमेथोएट 30 ई.सी. 1 मि.ली. अथवा मोनोक्रोटोफॉस 1.5 मि.ली. अथवा प्रोफेनोफोस 50 ई.सी. 3 मि.ली. अथवा डीडीवीपी 0.5 मि.ली. प्रतिलीटर पानी में घोल बनाकर छिड़काव करना चाहिए।

फल तुड़ाई

फल पकने के समय वर्षा प्रारंभ हो जाने से पेड़ पर पूर्ण परिपक्वता प्राप्त करना संभव नहीं है। अतः अधिकतर जगह फलों के गुच्छों को डोका अवस्था में ही पेड़ों से काट लिया जाता है। कम वर्षा वाले क्षेत्र में भी तुड़ाई प्रायः डांग अवस्था में की जाती है। छुहारा बनाने के लिए भी डोका अवस्था में ही फलों को तोड़ा जाता है। फलों को तुड़ाई के बाद प्लास्टिक क्रेट्स में रखकर चाकू से गुच्छों से अलग करके छंटनी करें। फलों की छंटनी के उपरान्त अच्छी पैकिंग करके बाजार भेजें या उपयुक्त तापक्रम पर भण्डारित रखें। पके फलों को टोकरियों में 5.5 से 7.2 डिग्री सेल्सियस तापक्रम व 85 से 90 प्रतिशत् आपेक्षित आर्द्रता में शीतगृह में 2 सप्ताह तक भण्डारित करके रखा जा सकता है। छुहारा बनाने हेतु पूर्ण डोका फलों को अच्छी प्रकार से धोने के पश्चात् 5–10 मिनट गर्म पानी में उबालकर 45–50 डिग्री सेल्सियस तापक्रम पर वायु संचारित भट्ठी में 70–90 घंटों के लिए सुखाते हैं। इन्हें सूर्य की धूप में भी सुखाया जा सकता है। पिंड खजूर बनाने हेतु पूर्ण डोका अवस्था अथवा डांग अवस्था के फलों को 20–30 सेकण्ड के लिए उबलते पानी में डुबोने के पश्चात् 38 से 40 डिग्री सेल्सियस तापक्रम पर वायु संचारित भट्ठी में रखते हैं। छुहारों को 1 से 11 डिग्री सेल्सियस तापक्रम व 65–75 प्रतिशत् सापेक्षिक आर्द्रता में 13 महीनों तक भण्डारित किया जा सकता है।

उपज

खजूर के वृक्ष को पूर्ण फलन आने में लगभग 4 वर्ष का समय लग जाता है। टिश्यू कल्चर से तैयार पौधों में तीसरे वर्ष ही फल आने शुरू हो जाते हैं। प्रारम्भ के वर्षों में फलों की उपज कम होती है, वृक्षों की आयु में वृद्धि के साथ उपज में भी बढ़ोतरी होती जाती है। दस वर्ष की आयु के वृक्षों से प्रति वृक्ष औसतन 50 से 70 किलोग्राम फलों की उपज होती है जो 15 वर्ष की आयु के वृक्षों से लगभग 75 से 200 किलोग्राम तक हो जाती है। वैसे खजूर प्रौद्योगिकियों का प्रयोग करके इजरायल में खजूर के पूर्ण विकसित पौधे से 400 किलोग्राम प्रति पेड़ तक उपज प्राप्त की गयी है।

खजूर के फलों से लाभ–लागत

खजूर के फलों को उचित समय पर तुड़ाई करके उन्हें बाजार में बेचने के लिए भेज देना चाहिए। फलों को साफ व श्रेणिकरण करके बेचने पर अधिक लाभ कमाया जा सकता है। इससे एक हैक्टेयर में लगभग 79630 रुपये का शुद्ध लाभ कमाया जा सकता है, जैसा की सारणी–5 से स्पष्ट है–

सारणी 5 एक हैक्टेयर में खजूर का बगीचा स्थापित करने की लागत व लाभ (रुपये) आकलित प्रति हैक्टेयर 156 पौधों पर होने वाला खर्चा (रुपये)

क्र.स.	विवरण	खर्चा (रुपये)
अ	**लागत व्यय**	
1	भूमि की तैयारी	2000
2	गड्ढों की खुदाई व भराई (156 गड्ढे, 30 रु./गड्ढा)	4680
3	रोपण सामग्री (156 पौधे, 50रु./प्रति पौधा तथा 3000रु. का टिश्यू कल्चर वाला पौधा जो अनुदान पर 300रु. प्रति पौधा मिलता है।)	7800
4	खाद व उर्वरक	7600
5	पौध संरक्षण	16400
6	सिंचाई	13050
7	अन्तःकर्षण क्रियायें	9600
	कुल लागत	**61130**
ब	**खजूर की फसल से उपज एवं आय/हैक्टेयर**	
1	फल प्रति पौध (कि.ग्रा.)	150
2	फल कि.ग्रा. प्रति हैक्टेगर (156 X 150)	23,400
3	कुल आय (औसतन 60 रु. प्रति कि.ग्रा.)	14,04,000
	शुद्ध आय रुपये	**79630**
	लाभ लागत अनुपात	**2.3**

7800 X 60 **7.6** B.C.

468000

❑❑❑

अध्याय 37

खेजड़ी

खेजड़ी एक बहु–उपयोगी वृक्ष है। इसकी जड़ से लेकर चोटी तक का प्रत्येक भाग मानव एवं पशुओं के लिये अत्यन्त उपयोगी है। मरुस्थल के शुष्क वातावरण में जहाँ वनस्पति का दूर–दूर तक अभाव होता है, वहीं खेजड़ी के वृक्ष हरीतिमा ओढ़े पर्यावरण को शुद्ध और लुभावना बनाता है। खेजड़ी लेग्यूमिनेसी कुल का फलीदार वृक्ष है। यह वृक्ष मरु प्रदेश को प्रकृति की अनुपम सौगात है। ये हर प्रदेश की अति शुष्क जलवायु एवं रेतीली भूमि में सफलता से पनपते ही नहीं, बल्कि ग्रीष्मकाल की भीषण गर्मी के दिनों में मधुर फलियाँ भी प्रदान करते हैं। इन वृक्षों की पत्तियाँ पशुओं के लिए गुणकारी चारे के रूप में प्रयुक्त होती हैं।

खेजड़ी के वृक्ष भूमि की उर्वरा शक्ति को बढ़ावा देते हैं, जिससे इन वृक्षों के बीच में उगी प्रायः सभी फसलों की उपज अधिक पायी गयी है। इस वृक्ष की लकड़ी उपयोगी ईंधन है। इस प्रकार खेजड़ी मानव को खाद्य फलियाँ तथा ईंधन, पशुओं को गुणकारी चारा, भूमि की उर्वरा शक्ति, फसलों को जैविक उर्वरक तथा वातावरण को सौम्यता प्रदान करता है। खेजड़ी भूमि कटाव व उर्वरता को बनाने में महत्वपूर्ण योगदान देता है। निःसन्देह रेगिस्तानी पारिस्थितिकी सन्तुलन के लिये यह सबसे उपयुक्त वृक्ष है तथा इन्हीं सब विशेषताओं के आधार पर राजस्थान में इसे ***"राज्य वृक्ष"*** का सम्मान दिया गया है और किसान कह उठता हैः–

" ऊंचो बधज्यो खेजड़ो जड़ जाइयों पाताल।

चोखौ लागै सांगरो खावां काळ दुकाळ"।।

वानस्पतिक प्रवर्धन

खेजड़ी की पौध कलम विधि से तैयार करना काफी कठिन कार्य है। इसके अलावा अन्य तकनीक जैसे जड़ों के सकर या वायु–गुट्टी से वानस्पतिक प्रवर्धन करने पर इसके पौधे कुछ ही समय में तैयार हो जाते हैं जिन्हें खेत या नर्सरी में रोपा जा सकता है। इसके बीजों की बुआई नर्सरी में करके छोटे पौधे तैयार किये जा सकते हैं और उन्हें 2–3 माह बाद खेत में जिस स्थान पर रोपाई करनी है, उस स्थान पर वर्षा के दिनों में स्थानान्तरित

किया जा सकता है। प्रथम 1–2 वर्षों में निराई–गुड़ाई करके खरपतवारों को नष्ट करते रहना चाहिए, क्योंकि प्रारम्भिक अवस्था में इसकी वृद्धि बहुत धीमी गति से होती है। खेजड़ी का पौधा प्रारम्भ में चूँकि झाड़ीनुमा होता है, इसलिये प्रारम्भिक छंगाई से इसके पौधे सीधे बढ़ते हैं और बढ़वार भी शीघ्र होती है। इसमें पुनः वृद्धि शीघ्र होती है। छंगाई करते समय ध्यान रखें कि पेड़ों का ऊपरी एक तिहाई हिस्सा छोड़ दें ताकि वृक्षों को प्रकाश–संश्लेषण में कठिनाई न आये।

शस्य पद्धतियाँ

कृषि वानिकी एवं वन चारागाह पद्धति के लिये खेजड़ी के पौधों की सघनता 50–100 वृक्ष प्रति हैक्टेयर होनी चाहिए। इसके लिये इन्हें 20x10 या 10x10 मीटर की दूरी पर लगाया जा सकता है। वन चारागाह पद्धति में चारे के लिये इसके साथ शुष्क क्षेत्र में सेवन घास तथा अर्धशुष्क क्षेत्र में धामन और अंजन घास तथा बहुउपयोगी दलहनी फसलों को लगाया जा सकता है। खरीफ मौसम में इसके साथ बाजरा, ज्वार, ग्वार, मोठ, तिल आदि फसलें उगाई जा सकती हैं। इसके अतिरिक्त खेजड़ी के वृक्षों की रोपाई कास्त व चारा फसलों के साथ करने से मृदा क्षरण में कमी तथा मृदा में पाये जाने वाले पोषक तत्वों की मात्रा में वृद्धि की जा सकती है। खेजड़ी युक्त भूमि में अन्य वृक्षों की अपेक्षा कार्बन, नत्रजन तथा फॉस्फोरस की मात्रा में वृद्धि आँकी गई है।

खेजड़ी के उपयोग

खेजड़ी को शुष्क क्षेत्रों का कल्पवृक्ष कहा गया है जिससे इसकी बहु–उपयोगिता एवं विशेषता स्वयं प्रदर्शित होती है।

- **पशु खाद्यः** खेजड़ी की पत्तियों (लूम) को प्रमुख रूप से गाय, भैंस, ऊँट, बकरी, भेड़ आदि को खिलाया जाता है। पत्तियों में अधिक मात्रा में प्रोटीन (13–14 प्रतिशत्) होने के कारण इसे उच्च कोटि का चारा माना जाता है। यह माना जाता है कि सर्दियों में मिलने वाली पत्तियाँ ज्यादा पौष्टिक होती हैं। इसमें प्रोटीन की प्रचुर मात्रा के साथ–साथ एक टेनिन नामक अपोषकीय तत्व भी विद्यमान रहता है। खेजड़ी की पत्तियों में टेनिन की मात्रा लगभग 12–14 प्रतिशत् होती है जो पत्तियों की परिपक्वता पर निर्भर करती है। पत्तियों में उपस्थित टेनिन पशुओं के उदर में सूक्ष्म जीवीय किण्वन द्वारा विखंडित प्रोटीन के साथ मिलाकर अपचनीय संयुग्म बनाता है जिसके कारण पत्तियों में उपस्थित प्रोटीन का मात्र 2.5–3.5 प्रतिशत् भाग ही पशु शरीर में उपयोग के लिये उपलब्ध हो पाता है। अतः इस समस्या से बचने के लिये कभी भी पशु को मात्र खेजड़ी की पत्तियाँ नहीं खिलानी चाहिए। पशुओं को इसकी पत्तियाँ, सूखी घास, चारे आदि के साथ मिलाकर ही खिलानी चाहिए। ताजी

(मुलायम) फलियों को तोड़कर सुखा लिया जाता है जिन्हें उबालकर सब्जी के रूप में इस्तेमाल किया जाता है। खेजड़ी की छाल कुछ मीठापन लिये हुए होती है। सन् 1968–69 में मारवाड़ (पश्चिमी राजस्थान) में पड़े अकाल के दौरान भूख से पीड़ित लोगों ने इसकी छाल को खाकर अपनी प्राण की रक्षा की थी।

- **ईंधन एवं इमारती लकड़ीः** खेजड़ी की लकड़ी को एक उत्तम कोटि का ईंधन माना जाता है। ईंधन के अतिरिक्त खेजड़ी की लकड़ी का छोटे इमारती कार्यों में भी प्रयोग किया जा सकता है। इसके तने की लकड़ी पाटा बनाने के लिए उत्तम मानी जाती है जो जुताई के बाद खेत को समतल करने के काम आती है।
- **कृषि वानिकी में उपयोगः** खेजड़ी की जड़ें भूमि में गहरी तथा पृथ्वी पर इसकी अल्प छाया के कारण व साथ ही दलहनी कुल का वृक्ष होने के कारण खेजड़ी के साथ में बोई गई फसलों पर किसी भी प्रकार का प्रतिकूल प्रभाव नहीं पड़ता है। अतः इसे कृषि वन चारागाह एवं कृषि वानिकी के लिये उपयुक्त पाया गया है। प्रायः देखा गया है कि खेजड़ी के नीचे बोई गई फसल अधिक उत्पादन देती है।
- **औषधीय गुणः** प्राचीन समय से ही शारीरिक रोगों के शमन के लिए औषधि के रूप में खेजड़ी का उपयोग होता आया है। आयुर्वेदिक ग्रन्थों में इसे कफ व पित्तनाशक कहा गया है। इसकी फलियों में औषधीय गुण प्रचुरता से पाये जाते हैं। सीने के दर्द व पेट की गर्मी शान्त करने के लिये उन्हें दवाई के रूप में भी उपयोग किया जाता है। इसकी छाल से बने चूर्ण को अन्य सामग्री के साथ प्रयुक्त कर अस्थमा, खाँसी, बलगम, सर्दी एवं पेट के कीड़े मारने के काम में लिया जाता है। यह रक्त पित्त शामक भी है। लोकव्यवहार में बिच्छू काटने पर इसकी छाल का लेप लगाने का प्रचलन है। इसकी छाल का उपयोग पशुओं के मोच वाले स्थान पर लगाने पर पशु को आराम मिलता है।
- **मृदा स्थिरीकरणः** खेजड़ी वृक्ष को खेत की मेड़ पर या अन्य फसलों के साथ अन्तराशस्य निधि द्वारा पंक्तियों में रोपाई करके मृदा क्षरण की गंभीर समस्या का निस्तारण किया जा सकता है। राजस्थान में खेजड़ी गर्मी में जब तेज धूप व हवाएं चलती हैं तो मृदा अपक्षरण को रोकने के लिए यह बहुत उपयोगी पौधा हैं।

खेजड़ी (*प्रोसोपिस साइनेरेरिया*) शुष्क अर्द्धशुष्क क्षेत्रों में पाया जाने वाला बहुउपयोगी एवं बहुवर्षीय वृक्ष है। यह लेग्यूमिनेसी कुल से संबंधित फलीदार पेड़ है जिसकी पत्तियां उच्च कोटि के पोषक चारे के लिए प्रख्यात है। खेजड़ी के पत्तियों का चारा (लूंग) बकरियाँ, भेड, ऊँट तथा अन्य पशु बड़े चाव से खाते हैं। खेजड़ी की कच्ची फलियों से बनने वाली सब्जी की लोकप्रियता से मारवाड़ के लोग भलीभाँति परिचित हैं। इतना ही नहीं, हर वर्ष की जाने वाली छंगाई से जलाऊ लकड़ी तथा मोटे तने वाले पेड़ों की कटाई से इमारती

लकड़ी भी प्राप्त होती है। लेग्यूमिनेसी कुल का पेड़ होने के कारण यह वायुमण्डल से नत्रजन स्थिरीकरण भी करता है। खेजड़ी के पेड़ों में सूखा रोधी गुणों के अलावा सर्दियों में पड़ने वाले पाले तथा गर्मियों में उच्च तापमान को आसानी से सहन कर लेने के कारण यह इनके दुष्प्रभाव से बचा रहता है। खेजड़ी के पेड़ मरु क्षेत्रों में पाई जाने वाली बालू रेत, रेत के टीलों तथा क्षारीय भूमि में पनप जाता है।

खेजड़ी की इन्हीं विशेषताओं के कारण यहाँ के किसान वर्षा आधारित फसलों में इसे एक विशेष घटक के रूप में बढ़ावा व संरक्षण देते रहे हैं। इसकी निरन्तर गिरने वाली छोटी पत्तियाँ जमीन में आसानी से मिलकर तथा सड़–गल कर भूमि की उर्वरा शक्ति को बढ़ाती हैं तथा इनके पेड़ों के नीचे उगने वाली अन्य फसल भी अच्छी होती है। राजस्थान के अलावा खेजड़ी पंजाब, हरियाणा, गुजरात, कर्नाटक तथा महाराष्ट्र राज्यों के शुष्क तथा अर्ध शुष्क क्षेत्रों में पाई जाती है। भारत के अतिरिक्त यह प्रजाति अफगानिस्तान, अरब, ईरान तथा पाकिस्तान में भी प्राकृतिक तौर पर पाई जाती है। वर्षा की मात्रा के अनुसार इसका घनत्व पश्चिम राजस्थान (100–200 मि.मी.) से उत्तर–पश्चिम राजस्थान (200–400 मि.मी.) की ओर बढ़ता हुआ पाया जाता है।

लूंग व सांगरी का पोषकीय महत्व

खेजड़ी से मिलने वाली लूंग में 14 से 18 प्रतिशत् क्रूड प्रोटीन, 15–20 प्रतिशत् रेशा तथा 8 प्रतिशत् खनिज लवण पाए जाते हैं। खनिज लवणों की सब्जी बनाने में फॉस्फोरस की अधिकता होती है। ताजा कच्ची सांगरी को सब्जी बनाने में प्रयुक्त किया जाता है तथा इन्हें सुखा कर भण्डारित भी किया जा सकता है। कच्ची सांगरी अप्रैल–मई में कुछ दिनों तक ही उपलब्ध रहती है, जबकि उबालकर सुखाने के बाद इन्हें वर्ष भर उपयोग में लाया जा सकता है। कच्ची सांगरी में औसतन 8 प्रतिशत् प्रोटीन, 58 प्रतिशत् कार्बोहाइड्रेट, 28 प्रतिशत् रेशा, 2 प्रतिशत् वसा, 0.4 प्रतिशत् कैल्शियम तथा 0.2 प्रतिशत् लौह तत्व पाया जाता है। राजस्थान की परंपरागत प्रसिद्ध पंचकुटा सब्जी, जो कि पाँच तरह की सूखी सब्जियों को मिलाकर बनाई जाती है, उसमें सूखी सांगरी मुख्य घटक है। पक्की फलियों जिनको खोखा भी कहते हैं, में 8.15 प्रतिशत् प्रोटीन, 40–50 प्रतिशत् कार्बोहाइड्रेट, 8–15 प्रतिशत् शर्करा तथा 9–21 प्रतिशत् रेशा होता है। कुछ चुनिन्दा खेजड़ियों के खोखे बहुत मीठे तथा स्वादिष्ट होते हैं जिनको पशु ही नहीं, बल्कि गावों में बच्चे भी खाते है। पके हुए सूखे खोखों के पाउडर से ढोकले बनाकर भाप से पका कर खाया जाता है जो कि बहुत ही पौष्टिक एवं स्वादिष्ट होता है। खेजड़ी की लूंग, कच्ची फलियों व सूखी फलियों में पाये जाने वाले पौषक तत्व सारणी–1 में दर्शाये गये हैं।

सरणी 1. खेजड़ी की सांगरी में पाये जाने वाले पोषक तत्व

क्र.स.	पोषक तत्व	मात्रा
अ. कच्ची सांगरी		
1	प्रोटीन	08.00 प्रतिशत्
2	कार्बोहाइड्रेट	58.00 प्रतिशत्
3	रेशा	28.00 प्रतिशत्
4	वसा	02.00 प्रतिशत्
5	कैल्शियम	00.04 प्रतिशत्
6	लौह	15.00 प्रतिशत्
7	शर्करा	00.02 प्रतिशत्
ब. पक्की हुई सांगरी		
1	प्रोटीन	15.00 प्रतिशत्
2	कार्बोहाइड्रेट	40–50 प्रतिशत्
3	शर्करा	8–15 प्रतिशत्
4	रेशा	9–21 प्रतिशत्
स. लूंग में पाये जाने वाले पोषक तत्व		
1	क्रूड प्रोटीन	14–18 प्रतिशत्
2	रेशा	15–20 प्रतिशत्
3	खनिज लवण	8–10 प्रतिशत्

खेजड़ी का पारम्परिक उत्पादन प्रबंधन

वर्तमान में जितने भी खेजड़ी के वृक्ष लगे हुए हैं, जब ये पौधे छोटे होते हैं तब किसान हर वर्ष उनकी छंगाई करके पेड़ों को एक–दो मीटर की ऊँचाई तक एकल तने के रूप में उत्प्रेरित करते हैं तथा बाद में तीन–चार मुख्य शाखाओं को बढ़ावा देकर इसको चारों दिशाओं में फैलने देते हैं। जब पेड़ बड़े हो जाते हैं तो हर वर्ष नवम्बर–दिसम्बर में इनकी छंगाई करते हैं। छंगाई से प्राप्त पत्तियों को सुखने के बाद झाड़ कर अलग करके भण्डारण कर लेते हैं, बाद में चारे के लिए उपयोग करते हैं। पश्चिमी राजस्थान के कुछ जिलों जैसे जोधपुर, बाड़मेर तथा जैसलमेर में पेड़ों की छंगाई न करके हाथ से हरा लूंग इकट्ठा करके हरी अवस्था में ही पशुओं विशेषकर बकरियों को खिलाते हैं जिससे बकरियों के दुग्ध उत्पादन में काफी इजाफा होता है। इस विधि से लूंग लेने से सिर्फ पत्तियाँ व छोटी शाखाएँ साथ में टूटती हैं, जिससे सांगरी उत्पादन प्रभावित नहीं होता, जबकि छंगाई करने से अगली

ऋतु अर्थात मार्च–अप्रैल में उन पेड़ो पर सांगरी नहीं आती है। यानी केवल लूंग उत्पादन से संतुष्ट होना पड़ता है।

कलिकायन द्वारा पौधे तैयार करना

प्राकृतिक तरीके से बीज द्वारा उगे होने के कारण खेजड़ी में स्वतः प्राकृतिक चयन होता जाता है। बीज से पनपे होने के कारण इनमें काफी विविधता पाई जाती है। एक अनुमान के अनुसार अच्छे किस्म की सांगरी केवल 15–20 प्रतिशत् पेड़ों में ही पाई जाती है। अन्य 80 प्रतिशत् खेजड़ी लूंग, लकड़ी आदि की दृष्टि से उपयोगी होती है। उत्तम तथा एक समान सांगरी उत्पादन के लिए खेजड़ी में कलिकायन एक सफल तथा सार्थक तकनीक है। परीक्षण कर उत्तम सांगरी वाले पेड़ों को चिन्हित कर लिया जाता है तथा इन्हीं चुने हुए पेड़ों से ही कलिका ली जाती है। मूलवृन्त के लिए एक वर्ष के बीजू पौधे ही उपयोग में लाये जाते हैं। कलिकायन किये पौधों का उचित रखरखाव करने से उनमें तीसरे वर्ष ही सांगरी उत्पादन शुरू हो जाता है, जबकि बीजू पौधों में यह 8–10 साल बाद ही शुरू हो पाता है। साथ ही सांगरी की गुणवत्ता भी सुनिश्चित नहीं रहती है। कलिकायन विधि एक कायिक प्रवर्धन विधि है जिससे मातृ पौधों के समस्त गुण हूबहू शिशु पौधों मे हस्तांतरित हो जाते हैं। कलिकायन विधि से तैयार पौधों का उचित उत्पादन प्रबंधन कर हर वर्ष उत्तम गुण की सांगरी के साथ–साथ लूंग भी लिया जा सकता है। ऐसे पौधे कम ऊँचाई के होने के कारण इनकी कटाई–छंटाई तथा सांगरी की तुड़ाई भी आसानी से की जा सकती है। कलिकायन विधि से चयनित उत्तम सांगरी व लूंग वाली खेजड़ी के पेड़ों का बगीचा निम्न तीन विधियों से विकसित किया जा सकता है–

1. शीर्ष क्रिया द्वारा
2. स्वस्थानिक कलिकायन द्वारा
3. पौधशाला में मूलवृन्त पर कलिकायन द्वारा

1. शीर्ष क्रिया द्वारा

उन्नत किस्म की खेजड़ी विकसित करने की यह सबसे सरल विधि है। सर्वप्रथम उत्तम सांगरी वाली खेजड़ी का चयन कर लें। अब खेतों में प्राकृतिक तरीके से लगे खेजड़ी के छोटे (1–5 वर्ष) बीजू पौधों का चयन 6–8 मीटर की दूरी कर लें। इन पौधों को दिसम्बर–जनवरी में जमीन की सतह से इस प्रकार काटें कि जमीन के अन्दर का तना तथा जड़ों को नुकसान न पहुँचे। मार्च–अप्रैल में इस प्रकार कटे हुए पौधों से नई शाखाएँ निकालना शुरू होती हैं। इनमें से दो–तीन सीधी बढ़ती हुई शाखाओं को कलिकायन के लिए रख कर शेष को हटा देना चाहिए। मई माह तक यह शाखाएँ 5–8 मि.मी. व्यास की हो जाती हैं। तब ये कलिकायन करने योग्य हो जाती हैं। अब इनके शीर्ष भाग को करीब एक फुट छोड़

कर काट दें तथा साइड से कांटे व छोटी शाखाओं को भी हटा देना चाहिए। अब जमीन से लगभग 6 इंच की ऊँचाई पर पेंच या ढाल विधि से मातृ वृक्ष से एकत्रित कलिकायन को इस पर चढ़ाकर प्लास्टिक की टेप से बाँध देना चाहिए। पेंच विधि से कलिकायन के लिए मूल वृन्त से 2.5x1 सेंमी. की छाल का टुकड़ा सावधानीपूर्वक अलग करते हैं तथा इसी आकार का टुकड़ा चयनित मातृवृक्ष की शाखा से लेकर मूलवृन्त में फिट कर बांध देते हैं। लगभग एक माह बाद लगाई गई कलिका से स्फुटन शुरू होकर कलिका से नई शाखाएँ निकलती हैं। इस दौरान मूलवृन्त से निकलने वाली शाखाओं को हटाते रहे जिससे कि कलिकायन किये गये भाग की तीव्र वृद्धि हो सके।

2. स्वस्थानिक कलिकायन द्वारा बगीचा लगाना

इस विधि से मूलवृन्त के बीजू पौधे सीधे खेत में लगाए जाते हैं। फसल पद्धति की आवश्यकतानुसार 6x8 मीटर या 8x8 या 6x16 की दूरी पर 2x2x2 फुट आकार के गड्ढे मई माह में खोदकर इन्हें कुछ दिनों के लिये खुला छोड़ देते हैं। इसके बाद इसमें दस किलो गोबर की सड़ी खाद को गड्ढे की ऊपरी मिट्टी में मिलाकर भर देना चाहिए। मई–जून में खेजड़ी की पूर्ण पकी फलियों से बीज निकालकर बुआई के लिए रख लेना चाहिए। जुलाई में प्रथम वर्षा होने के बाद प्रत्येक गड्ढे में 4–4 बीज लगभग एक इंच की गहराई पर मध्य में बुआई करें। इस दौरान वर्षा का लम्बा अन्तराल होने पर गड्ढों में हल्की सिंचाई करें ताकि अंकुरण के बाद पौधों की बढ़वार हो सके। प्रति गड्ढे एक–दो बीजू पौधों को छोड़कर शेष को निकाल देना चाहिए। खेत में गड्ढों में बीज की सीधी बुआई का फायदा यह होता है कि उनकी जड़े सीधी व अधिक गहराई में शुरू से ही विकसित हो जाती हैं, जिससे आगे जाकर अधिक सूखा सहन करने की क्षमता विकसित हो जाती है। अगले वर्ष की वर्षा ऋतु तक इन पौधों की निराई–गुड़ाई तथा अन्य कृषि क्रियाएँ करते हैं। जुलाई माह में प्रत्येक गड्ढे में एक सीधे तने वाला पौधा छोड़कर बाकी को निकाल देना चाहिए। अब इनमें चिन्हित मातृवृक्ष से कलिका लेकर कलिकायन कर देना चाहिए। जिन पौधे पर कलिकायन सफल नहीं हो, उनके नीचे जमीन से निकल रही नवोदित कल्लों को बढ़ने दें ताकि उनकी उचित मोटाई होने पर फिर से कलिकायन किया जा सके। इस तरह दो वर्ष में स्वस्थानिक कलिकायन विधि से पूरा बगीचा तैयार हो जाता है।

3. पौधशाला में मूलवृन्त पर कलिकायन द्वारा

कलिकायन किये हुए पौधों को दूरस्थ स्थानों पर भेजने अथवा ऐसे पौधों को बेचने के लिए यह विधि अपनाई जाती है। इस विधि में सबसे पहले पौधशाला में खेजड़ी के बीजू पौधे (मूलवृन्त) तैयार किये जाते हैं। इसके लिए खेजड़ी की पूर्ण पकी तथा सूखी फलियों से बीज निकाल लेते हैं। इन बीजों को 30 x 15 से.मी. आकार की पॉलिथीन की थैलियों में गोबर की खाद, बालू, मिट्टी तथा चिकनी मिट्टी (1:5:1) के मिश्रण से भरकर क्यारी में

लाइन से जमाकर बीजों की बुआई जुलाई माह में कर दी जाती है। प्रति थैली 3–4 बीज बोयें ताकि कम अंकुरण की स्थिति में भी कम से कम एक–दो पौधे मिल सकें। बुआई के पश्चात् सिंचाई तथा अन्य कृषि क्रियाएँ करते रहना चाहिए। अगले वर्ष जून माह में जब पौधों के तने की मोटाई लगभग 5–8 मि.मी. हो जाए तब इन पर चयनित मातृवृक्ष से कलिका लेकर कलिकायन कर दिया जाता है। कलिकायन के एक माह के भीतर इसमें कलिका फूटने लगती है तथा तेजी से बढ़ना आरम्भ कर देती है। लगभग दो महीने बाद इनको एक बार नई द्वितीयक नर्सरी क्यारी में स्थानान्तरित किया जाता है जिसके 10–15 दिन बाद इन पौधों को खेतों में वांछित दूरी पर प्रतिरोपित किया जाता है अथवा इनकी मांग के अनुसार अन्यत्र भी भेजा जा सकता है।

कलिकायन विधि से तैयार खेजड़ी का उत्पादन प्रबंधन

कलिकायन करने के पश्चात् इन्हें एक मजबूत पेड़ के रूप में विकसित करने के लिए शुरू से ही कटाई–छंटाई द्वारा सन्तुलित बढ़वार नियंत्रित करना अति आवश्यक होता है। शुरुआत में कलिकायन किये हुए स्थान के नीचे मूलवृन्त से निकलने वाली अन्य शाखाओं को निकालना जरूरी होता है। कलिकायन के स्थान से मजबूत उर्ध्वगामी शाखा से 2–3 शाखाओं को सभी दिशा में बढ़ने देना चाहिए। आगे जाकर यही शाखाएँ पेड़ की मुख्य शाखाओं का रूप लेंगी। इसके बाद तीन–चार वर्ष तक इन शाखाओं से यथासंभव दूरी पर वांछित शाखाओं को रख कर शेष को निकालते रहना चाहिए।

पेबन्दी पेड़ों की परम्परागत छंगाई नवम्बर–दिसम्बर में की जा सकती है, लेकिन ऐसा करने पर उनमें अगले साल लूंग तो मिलेगा, लेकिन मार्च–अप्रैल में फूल व सांगरी नहीं आएगी। आर्थिक दृष्टि से लूंग व सांगरी दोनों मिलने पर खेजड़ी की बागवानी ज्यादा सार्थक होती है। केन्द्रीय शुष्क बागवानी संस्थान, बीकानेर में किये गए प्रयोगों से सिद्ध हो गया है कि खेजड़ी की प्रति वर्ष छंगाई नवम्बर–दिसम्बर की बजाय मई–जून के अन्तिम सप्ताह से जुलाई के प्रथम सप्ताह तक करने से लूंग के साथ–साथ सांगरी भी ली जा सकती है। मई–जून में छंगाई करने के बाद जून–जुलाई में इन पेड़ों पर पुनः नई फुटान आ जाती है तथा नवम्बर–दिसम्बर तक शाखाएँ पक जाती हैं जिससे उनमें अप्रैल में कच्ची सांगरी की फसल ले सकते हैं। छंगाई करने का यह समय कलिकायन किये गए पौधों से अधिक व्यावसायिक लाभ के साथ खेजड़ी की उपयोगिता में चार चाँद लगा सकता है, क्योंकि इस तरह इनमें फलन तीसरे साल से ही शुरू हो जाता है, साथ ही लूंग तथा सांगरी दोनो उत्पाद लेना संभव हो जाता है। इस प्रकार खेजड़ी में वानस्पतिक विधि से प्रवर्धन तथा छंगाई के समय में बदलाव करने से आर्थिक लाभ के साथ इसे मरु क्षेत्रों में आजीविका के साधन के रूप में अपना सकते हैं।

उन्नत किस्म

केन्द्रिय शुष्क उद्यानिकी संस्थान, बीकानेर द्वारा खेजड़ी की एक उन्नत किस्म थार शोभा विकसित की गयी है। इस किस्म से मुलायम फली प्राप्त होती हैं तथा प्रति पेड़ 45.50 कि.ग्रा. फली का उत्पादन होता है। इसकी फलियाँ लम्बी व स्वाद में मीठी होती है।

उपज

खेजड़ी के वृक्ष जो पूर्ण विकसित हो जाते हैं, 100—125 कि.ग्रा. हरी फलियाँ प्रति पौधा प्राप्त होती हैं। इसकी फली का बाजार भाव रु 35 प्रति किलो है, तथा सुखाकर फली को रु 250 प्रति कि.ग्रा. की दर से बेचा जा सकता है।

खेजड़ी के वृक्षों से लाभ लागत

लाभ की दृष्टि से देखें तो खेजड़ी के प्रति वृक्ष से 80 कि.ग्रा. लूंग, 125 कि.ग्रा. हरी फलियाँ, 40 कि.ग्रा. सूखी फलियाँ व 70 कि.ग्रा. सूखी लकड़ियाँ प्राप्त होती हैं। लूंग द्वारा आय 800 रुपये, हरी फलियों द्वारा आय 3750 रुपये, सूखी फलियों से 3500 रुपये तथा लकड़ियों से 850 रुपये की शुद्ध आय प्राप्त होती है। इस प्रकार एक वर्ष में 8900 रुपये की आय प्रति वृक्ष होती है। इसके साथ खेजड़ी का वृक्ष भूमि की उर्वरा शक्ति को बनाने में भी सहायक है।

❑❑❑

अध्याय 38

नींबू उत्पादन तकनीक

नींबू की उत्पत्ति मूलतः दक्षिण–पूर्व एशिया के उष्णकटिबंधीय तथा शुष्क मानसूनी क्षेत्रों से लगभग 4000 ई. पूर्व हुई। इसका संवर्धन और इस्तेमाल सबसे पहले चीन में 2200 ई. पूर्व हुआ। नींबू पर प्रथम पुस्तक भी चीन में ही सन् 1178 ई. में प्रकाशित हुई। सिट्रस का विस्तार अरबी व्यापारियों द्वारा किया गया कि सबसे पहले नींबू को एशिया से मध्य–पूर्व और फिलिस्तीन तक लाए। रोम के लोगों ने फिलिस्तीन से संपर्क कर इसका विस्तार मेडिटेरियन बेसिन में किया। बाद में नींबू एशिया से यूरोप पहुँचा। स्पेन निवासियों द्वारा नींबू अमेरिका पहुँचा। इस तरह धीरे–धीरे नींबू पूरे विश्व में फैल गया। नींबू की कुछ प्रजातियों का जन्म चीन तथा कुछ का भारत में हुआ, परन्तु कुछ प्रजातियों का जन्म इन दोनों देशों के मध्य मलाया, आर्चीपेगेलो, न्युग्युनिया और आस्ट्रेलिया में हुआ। इसके अलावा क्षेत्र का नाम भी प्रमुखता से लिया जाता है। भारत में सिट्रस फल सामान्यतः व्यापार के माध्यम से आया और अब लगभग समस्त भारत में सिट्रस का उत्पादन होता है। भारत से सिट्रस की अनेक प्रजातियों का सफलतापूर्वक उत्पादन व निर्यात हो रहा है। साइनेन्सिस, रेटिकुलाटा, पेराडीसी, लायमन, औरंटिफोलिया, ग्रांडिस, ओरेंटियम और मेडिका भारत में उगाई जाने वाली नींबू की प्रमुख प्रजातियाँ हैं। ब्राजील विश्व में सिट्रस का सबसे बड़ा उत्पादक और निर्यातक देश है, दूसरे स्थान पर अमेरिका, तीसरे स्थान पर चीन तथा छठे स्थान पर भारत है। भारत में नींबू का उत्पादन मुख्यतः तीन राज्यों– आंध्र प्रदेश, महाराष्ट्र और पंजाब में होता है। इसके अलावा कर्नाटक, उत्तराखण्ड, बिहार, ओडिशा, असम और गुजरात भी नींबू उत्पादक प्रदेश हैं।

नींबू के उपयोग

नींबू फल के उपयोग उत्पादन, व्यापार, आयात और सेवन का मुख्य कारण उसमें उपस्थित पौष्टिक तत्व है। बायोएक्टिव पदार्थों के लिए नींबू फल एक महत्वपूर्ण स्रोत है, जैसे कि फोलिक अम्ल, लेवेनाएड, फिनोलिक कम्पाउन्ड्स तथा पैक्टिन कैल्शियम, फालेट, थायमिन, नियोसिन, फॉस्फोरस, मैग्नीशियम तथा कॉपर। इसमें फल वसा मुक्त, सोडियम मुक्त तथा कोलेस्ट्रोल मुक्त होता है। इसी कारण से यह दिल की बीमारी वाले मरीजों के लिए उपयोगी है, क्योंकि इसमें लेवेनाएड प्रचुर मात्रा में होते हैं। इसके अलावा यह कैंसर रोधी भी है। यह न केवल रोगियों के लिए लाभकारी है, बल्कि गर्भवती स्त्रियों के लिए भी

लाभकारी है, क्योंकि यह उनके नवजात शिशुओं को जन्म के दौरान होने वाली बीमारियों से बचाता है। नींबू अन्य बीमारियों जैसे–पेचिस, बदहजमी, अतिसार, गठिया, बुखार, सूजन व चमड़ी संबंधी रोगों में भी लाभकारी है। इन सब उपयोगिताओं के अलावा नींबू कई सौंदर्य प्रसाधनों और बेकरी उद्योग में भी प्रयोग किया जाता है। नींबू के तेल का प्रयोग साबुन बनाने वाली कम्पनियों में सुगंध के लिए किया जाता है। इसके अलावा नींबू अचार, जूस, जैली व साईट्रिक अम्ल बनाने के लिए भी प्रयोग में लाया जाता है।

जलवायु

नींबू का पौधा ठंडे के प्रति संवेदनशील होता है, इसलिए ज्यादातर उन क्षेत्रों में उगाया जाता है जो कि 40^0 उत्तर और 40^0 दक्षिण देशांतर के मध्य पर स्थित हों। नींबू सामान्यतः मेडिटेरेनियन जलवायु में उगाया जाता है। नींबू की सबसे अच्छी उपज उष्णकटिबंधीय क्षेत्रों में होती है। ठंड के प्रति संवेदनशील होने के कारण नींबू के पौधे $3–5^0$ सेल्सियस से कम तापमान में मर जाते हैं। जड़ की अच्छी बढ़त के लिए मृदा का तापमान 25^0 से. अच्छा माना जाता है। कम वर्षा (200 से 250 एम.एम.) सिट्रस की अच्छी फसल के लिए उपयुक्त मानी जाती है। समय–समय पर निराई–गुड़ाई होना भी जरूरी है ताकि खरपतवार और अनचाही घास पर अंकुश लगाया जा सके। नींबू के पौधों की साल में एक या दो बार छंटाई करना आवश्यक होता है। किसानों के लिए यह जरूरी है कि वह नींबू की पौध को अधिक ठंडे से बचाकर रखें। अच्छी उपज के लिए नींबू के पौधों को पाले से बचाने का भी प्रबंधन करना चाहिए।

पौध लगाना

नींबू वर्गीय पौधे 6 x 6 मीटर की दूरी पर लगाना चाहिए। पौधे लगाने के लिए 1 x 1 x 1 मीटर आकार के गड्ढे दो माह पूर्व अर्थात् मई–जून के महीने में खोदने चाहिए। गड्ढों में 50–60 किलो गोबर की खाद तथा एक किलो सुपरफास्फेट, 50 से 100 ग्राम क्यूनॉलफॉस (1.5 प्रतिशत्) चूर्ण गड्ढों की मिट्टी में मिलाकर भर देना चाहिए। पौध लगाने का सबसे उपयुक्त समय जुलाई से सितम्बर रहता है। जहाँ पानी की अच्छी सुविधा हो, वहाँ नींबू, पर इनको फरवरी में भी लगाया जा सकता है। नींबू में बूँद–बूँद पद्धति से सिंचाई के लिए फसल ज्यामिति 6 x 4 मीटर एवं 6 x 3 मीटर उत्तम पायी गयी।

खाद एवं उर्वरक

गोबर की खाद + सुपरफॉस्फेट + म्यूरेट ऑफ पोटाश– जनवरी से फरवरी के प्रथम सप्ताह तक दें तथा नत्रजन 1/3 भाग फरवरी (फूल आने से पहले) + 1/3 भाग अप्रैल में (फल लगने के बाद) + 1/3 भाग अगस्त के चौथे सप्ताह से प्रथम पाँच साल तक देना चाहिए। देखें सारणी–1।

सारणी 1 खाद एवं उर्वरक मात्रा प्रति पौधा (किलोग्राम में)

खाद / उर्वरक (कि.ग्रा.) / वर्ष प्रति पौधा	**नींबू के पौधों की आयु वर्षों में**						
	एक वर्ष	**दो वर्ष**	**तीन वर्ष**	**चार वर्ष**	**पाँच वर्ष**	**छः वर्ष**	**सात वर्ष से अधिक**
गोबर की खाद	20	40	60	80	100	100	100
सुपरफॉस्फेट	0.250	0.500	0.750	1.000	1.250	1.500	1.500
म्यूरेट ऑफ पोटाश	—	—	0.300	0.300	0.500	0.500	0.500
नत्रजन	0.060	0.120	0.180	0.300	0.450	0.625	0.750
जिंक सल्फेट	0.035	0.070	0.100	0.150	0.250	0.250	0.250

सिंचाई

जनवरी के प्रथम सप्ताह से सिंचाई बन्द कर दें तथा फरवरी के अन्त या मार्च के प्रारम्भ से सिंचाई देनी चाहिए। फूल खिलते ही सिंचाई तथा स्प्रे बन्द कर देनी चाहिए। गर्मियों में करीब 15 से 20 दिन के अन्तर पर व सर्दियों में 30 से 35 दिन के अन्तर पर सिंचाई करनी चाहिए। फल तोड़ने से 12–15 दिन पहले सिंचाई बन्द कर देनी चाहिए। बाग में बूंद–बूंद पद्धति से सिंचाई करने हेतु बाग में ड्रिपर्स की पौधे से दूरी, पौधे की उम्र तथा बढ़वार पर निर्भर करता है। सामान्यतः नए लगाए गये बाग में पौधे की तने से ड्रिपर्स की दूरी दोनों ओर से एक फीट की होनी चाहिए तथा ड्रिपर्स 4 लीटर प्रति घण्टा का लगायें। इसी हिसाब से हर साल दूरी को पौधे की बढ़वार के हिसाब से बढ़ाते रहें तथा ड्रिपर्स भी बढ़ायें। जब तक कि यह पौधे से एक मीटर की दूरी पर न हो जाये। बूंद–बूंद सिंचाई पद्धति द्वारा नींबू के बागों में सिफारिश की गयी पानी की मात्रा एक दिन छोड़कर लगाएं।

अन्तराशस्य

प्रारम्भ के तीन वर्षों तक बाग में कुष्माण्ड कुल की सब्जियों के अतिरिक्त सभी प्रकार की सब्जियों जैसे– ग्वार, मटर, चौला, बैंगन आदि ली जा सकती है। इसके अतिरिक्त मूंग तथा चना की फसल भी ली जा सकती है।

देखभाल

पौधों की देखभाल प्रारभिक अवस्था में ट्रेनिंग की आवश्यकता होती है। फल देने वाले पौधे को कम छंटाई की आवश्यकता होती है। फलों को तोड़ने के उपरान्त ऐसी शाखाएँ जो जमीन से अधिक सम्पर्क में आ जाती हैं, उनको काट देना चाहिए।

नींबू के पौधों को हानि पहुँचाने वाले रोग

सिट्रस कैंकर

इसमें पत्तियों और फलों में भूरे रंग का उभार दिखाई देता है। यह मुख्यतः लाइम में होता है। पौधों को इससे बचाने के लिए कैंकर रोग से ग्रसित भागों की छंटाई कर देनी चाहिए तथा एक प्रतिशत् बोरडिण्क्स मिश्रण का छिड़काव करना चाहिए।

गमोसिस (ब्राउन रॉट)

इस रोग के कारण पेड़ की छाल फट जाती है और बहुत ज्यादा गम का स्राव होने लगता है। इससे बचने के लिए बोरडिण्क्स मिश्रण का लेप पेड़ की छाल पर लगाना चाहिए, छाल को पूरी तरह से खुरेद कर निकालने के बाद जिंक, कॉपर तथा लाइम के मिश्रण का पेस्ट बनाकर छाल में लगाना चाहिए।

चूर्णित फफूंद

यह रोग पत्तियों व फलों के गिरने में मुख्य कारण है। पौधो को इससे बचाने के लिए सल्फर का छिड़काव करना चाहिए।

सिट्रस ग्रीनींग

यह सिट्रस के बगीचों में पाया जाने वाला एक मुख्य रोग है। इससे बचने के लिए एंटीबायोटिक्स जैसे–टेट्रासाईक्लिन और पेनीसिलिन का छिड़काव करना चाहिए और मिट्टी में लेडरमाईसिन (600 पी.पी.एम.), जिंक सल्फेट और फेरिक सल्फेट (200 ग्राम) डालना चाहिए।

ट्रीस्टेजा और एग्जोकोर्टिस

यह दोनों वायरस से होने वाले बीमारी है। इससे बचने के लिये विषाणु मुक्त प्रमाणित बड–वुड इस्तेमाल में लायी जानी चाहिए।

मोटल लीफ

यह बीमारी जिंक की कमी से होती है। इसमें पत्ते और फल का आकार छोटा हो जाता है। पौधे का विकास रूक जाता है। इससे बचाव के लिये जिंक सल्फेट लाइम (10:05:100) का मिश्रण डालना चाहिए।

एग्जेंथिमा

यह बीमारी कॉपर की कमी से होती है, जिससे पौधे में छोटी–छोटी बहुत सी टहनियाँ निकलने लगती हैं। इससे बचने के लिए बोरडिएक्स मिश्रण का छिड़काव करना आवश्यक है।

क्लोरोसिस

यह पानी और पोषक तत्वों की कमी के कारण होता है। इससे पूरे पेड़ में पीलापन होने लगता है और पत्तियाँ आकार में छोटी होने लगती हैं। इससे बचाव के लिए हरी खाद (ग्रीन मेन्यूर) का प्रयोग करना चाहिए।

नींबू के पेड़ों को नुकसान पहुँचाने वाले कीट

नींबू वर्गीय फलवृक्षों पर मुख्य रूप से नींबू की तितली, फल चूसक पतंगा, पर्ण सुरंगा, सिल्ला, सूत्रकृमि, छाल भक्षक कीट, सफेद व काली मक्खी आदि का आक्रमण होता है। इन कीटों का प्रबंधन निम्न प्रकार किया जाता है–

नींबू की तितली

इस कीट की नवजात लट द्वारा कोमल पत्तियों व तनों को खाकर नुकसान पहुँचाया जाता है। इसके बाद लट की विभिन्न अवस्थाओं द्वारा पूरी पकी हुई कठोर पत्तियों व तनों को खाकर नुकसान पहुँचाया जाता है। लट का अत्यधिक प्रकोप होने पर कभी–कभी तो पौधे पत्तियाँविहीन हो जाते हैं। इस कीट का अधिकतर प्रकोप पौधशाला में छोटे पौधों पर देखा जा सकता है। मार्च–अप्रैल/अगस्त–सितंबर में वृक्षों में जब नई पत्तियाँ निकलती हैं तब कीट का उग्र आक्रमण होता है। अत्यधिक आक्रमण होने पर वृक्षों में फल नहीं आते हैं।

प्रबंधन

- जब कीट की संख्या कम हो तो पौधों से लटों को हाथ से पकड़कर नष्ट कर देना चाहिए। यह कार्य विशेषतया पौधशाला व नये बगीचे में छोटे पौधों में किया जा सकता है।
- पौधों पर नीम के बीजों का 3 प्रतिशत् सांद्रता वाले घोल का छिड़काव करना चाहिए।
- जब पौधे पर अत्यधिक मात्रा में प्रकोप होता है तब 1.5 लीटर क्यूनालफॉस 25 ई.सी. या 2.0 लीटर कार्बेरिल 50 डब्ल्यू.पी. को 1250 लीटर पानी में घोलकर प्रति हैक्टेयर की दर से अप्रैल (फल सेट होने पर) में छिड़काव करना चाहिए।

फल चूसक पतंगा

फल चूसक के प्रौढ़ पतंगों द्वारा फलों को पकने की अवस्था पर नुकसान पहुँचाया जाता है। चूसक पतंगे अपने मजबूत मुखांगों को फलों में डालकर रस चूसते हैं व जिन स्थानों पर फलों में इनके द्वारा छिद्र बनाया जाता है वहां पर कई प्रकार के जीवाणुओं व फफूंदों का आक्रमण हो जाता है, जिससे फल पकने से पूर्व ही गिर जाते हैं। अत्यधिक प्रकोप होने पर पौधों के सभी फलों को पतंगों द्वारा अधिक नुकसान पहुँचाया जाता है।

प्रबंधन

- बगीचों में पतंगों द्वारा नुकसान पहुँचाये हुए फलो को एकत्रित कर गाड़ देना चाहिए, क्योंकि ये फल पतंगों को आकर्षित करते हैं, जो ताजा फलों पर आक्रमण करते हैं।
- सायंकाल के समय बगीचों में धुआँ करना चाहिए, जिससे पतंगे फलों से दूर रहें।
- वृक्षों पर फलों के पकाव के समय 2.5 कि.ग्रा. कार्बेरिल 50 डब्ल्यू.पी. को 500 लीटर पानी में घोलकर छिड़काव करना चाहिए।
- पतंगों को नष्ट करने के लिए विषयुक्त चुग्गा जिसमें 1.0 कि.ग्रा. गुड़ + 60 ग्राम सिरका + 60 ग्राम लेड आर्सेनेट को 10 लीटर पानी में घोलकर चौड़े मुंह वाली बोतलों में भरकर (1 बोतल प्रति 10 पौधों के हिसाब से) बगीचे में फलों के पकने से पूर्व कई पेड़ों पर लटका देना चाहिए।

सिट्रस सिल्ला

इस कीट की केवल निम्फ अवस्था ही पौधों को हानि पहुँचाती है। ये कीट अपने नुकीले मुखांगों से पौधों की कोमल पत्तियों व तनों से रस चूसकर नुकसान पहुँचाते हैं। इनके आक्रमण से नई पत्तियों व तनों की बढ़वार रूक जाती है तथा साथ ही पत्तियों की कलिका, फल की कलिका एवं पत्तियाँ सूख जाती हैं। इस कीट द्वारा पत्तियों पर शहदनुमा मीठा चिपचिपा पदार्थ छोड़ा जाता है, जिससे पत्तियों पर कजली फफूंदी का आक्रमण हो जाता है व पत्तियाँ काली पड़ जाती हैं, जिससे प्रकाश संश्लेषण की क्रिया रूक जाती है। प्रकाश संश्लेषण की कमी से पौधे अपना भोजन नहीं बना पाते हैं व पत्तियाँ सूखकर गिर जाती हैं। जब बगीचे में इस कीट का अत्यधिक आक्रमण होता है, तब पौधे भी सूख जाते हैं।

प्रबंधन

- कीट की संख्या को कम करने के लिये प्राकृतिक शत्रु कीटों को बढ़ावा देना चाहिये।
- वृक्षों पर कीट को नियंत्रित करने के लिये 1.70 लीटर डाइमेंथोएट 30 ई.सी. या 1. 50 लीटर मोनोक्रोटोफॉस 36 एस.एल. को 1250 लीटर पानी में घोलकर प्रति

हैक्टेयर की दर से पौधों पर फरवरी–मार्च, मई–जून, (बरसात से पूर्व) व जुलाई–अगस्त (बरसात के बाद) छिड़काव करना चाहिए।

सफेद व काली मक्खी

इन कीटों के निम्फ व प्रौढ़ दोनों अवस्थायें पौधों की कोमल पत्तियों से रस चूसकर नुकसान पहुँचाती है। पौधों की पत्तियों में पर्ण कुंचन व फूल कलिका का समय से पूर्व गिरना, साथ ही बढ़ते हुए फलों का गिरना भी इन कीटों के द्वारा होता है। सफेद मक्खी के निम्फ द्वारा पत्तियों पर शहदनुमा मीठा चिपचिपा पदार्थ छोड़ा जाता है, जिससे कजली फफूंदी का आक्रमण हो सकता है, जो प्रकाश संश्लेषण की क्रिया को घटाकर पौधों को कमजोर बनाती है। ऐसी स्थिति में पत्तियाँ पौधों से गिर जाती हैं और पौधे सूख जाते हैं।

प्रबंधन

- मक्खियों का उचित असरकारक प्रबंधन हेतु पौधों को पर्याप्त दूरी पर लगाना चाहिए, साथ ही पौधों को अधिक मात्रा में पानी नहीं देना चाहिए।
- जब पत्तियों व तने पर इनका आक्रमण एक साथ गुच्छे में हों तब टहनियों व पत्तियों को सावधानीपूर्वक पौधों से अलग कर देना चाहिए।
- जब इन कीटों का आक्रमण अत्यधिक हो, तब पौधे पर रासायनिक दवाइयो जैसे 2.5 लीटर इथियान 50 ई.सी. या 3.0 लीटर ट्राइजोफॉस 40 ई.सी. को 1250 लीटर पानी में घोलकर प्रति हैक्टेयर के हिसाब से अप्रैल–मई व दोबारा सितंबर–अक्टूबर में छिड़काव करना चाहिए।

पर्ण सुरंगा

इस कीट द्वारा नई पत्तियों में सुरंग बनाकर नुकसान पहुँचाया जाता है। ग्ररित पत्तियों में ऊपरी सतह में टेढ़े–मेढ़े सूरंग चांदी के रंग का रूप ले लेते हैं व पुरानी पत्तियों में भूरे रंग के मरोड़ बन जाते हैं। जब पत्तियों पर आक्रमण अत्यधिक मात्रा में होता है तब प्रकाश संश्लेषण की क्रिया पर विपरीत प्रभाव पड़ता है, जिससे पेड़ों से फलों की उपज पर्याप्त मात्रा में नहीं मिल पाती है।

प्रबंधन

- पौधों पर नीम की निम्बोली का 2 प्रतिशत् का घोल बनाकर छिड़काव करना चाहिए।
- पौधों पर 625 मि.ली. फेनवलेट 20 ई.सी. या 1250 मि.ली. साईपरमेथ्रिन 10 ई.सी. या 1.5 लीटर मोनोक्रोटोफॉस 36 एस.एल. को 1250 लीटर पानी में घोलकर प्रति

हैक्टेयर की दर से छिड़काव करना चाहिए। छिड़काव को एक पखवाड़े के दौरान करना चाहिए।

छाल भक्षक कीट

इस कीट की लट द्वारा वृक्षों के तनों व टहनियों के जोड़ के स्थानों पर छिद्र कर वृक्षों को नुकसान पहुँचाया जाता है। कीट के प्रभाव से लड़ी की तरह एक मोटी रुई की जाल जैसी संरचना जिस पर कीट बिष्टा चिपकी रहती है, छाल के नीचे व मुख्य तनों से लटकी हुई दिखाई देती है। इस कीट का प्रकोप अधिक होने पर वृक्षों के तने सूख जाते हैं। साथ ही यदि आक्रमण कम होता है तो जल का संवहन रूक जाता है व वृक्षों में फैलाव की क्षमता घट जाती है।

प्रबंधन

- वृक्षों को काट–छांट करके साफ–सुथरा रखना चाहिए।
- यदि पौधों में कीट का प्रकोप दिखाई दे तो लट को हाथ से पकड़कर नष्ट कर देना चाहिए।
- फरवरी–मार्च में तनों पर छिद्र दिखाई देने पर कीटनाशी द्वारा भीगी हुई रुई को छिद्र में लगाकर छिद्र बंद कर देना चाहिए। इस कार्य हेतु विभिन्न कीटनाशियों जैसे 40 ग्राम कार्बेरिल 50 डब्ल्यू.पी. या 10 मि.ली. फेनीट्रोथियांन 50 ई.सी. या 20 मि.ली. डाइक्लोरवॉक्स 100 ई.सी. को 100 लीटर पानी में घोलकर रुई के फाहे को भिगोकर काम में लेना चाहिए, साथ ही ऊपर से गोबर या मिट्टी का लेप लगा देना चाहिए।
- छेद को साफ कर 5 मी.ली. केरोसिन को सुई (सीरिंज) की सहायता से छिद्र में डालकर गीली मिट्टी से छेद बंद कर देना चाहिए।
- बगीचे के अंदर इस कीट को आश्रय देने वाले दूसरे पौधों को तुरंत हटा देना चाहिए।

❑❑❑

अध्याय 39

कुमट

कुमट जंगल में पाये जाने वाला एक जंगली पौधा है जो 100 से 1700 मीटर की ऊंचाई 4 से लेकर 48 डिग्री से. तक औसत वार्षिक तापमान तथा 300–400 मिली. औसत वर्षा वाले क्षेत्रो में आसानी से उगाया जा सकता है या प्राकृतिक रूप से उगता है। यह लेग्यूमिनेसी कुल का सदस्य है। इसका वानस्पतिक नाम *अकेसिया सेनेगल* है जिसकी उच्च गुणवत्ता वाले गोंद की उत्पादन में बड़ी महत्वपूर्ण भूमिका है। कुमट अधिकतर चट्टानों या अर्द्ध चट्टानी भूमि, रेतीले मैदानों व टिब्बों पर मुख्य रूप से पाया जाता है। राजस्थान विशेषकर पश्चिमी राजस्थान में मुख्य रूप से जोधपुर, बाड़मेर, जैसलमेर, बीकानेर, जालोर, पाली, झुन्झुनूं, चूरू तथा सीकर में यह प्राकृतिक रूप से पाया जाता है।

यह पारंपरिक कृषि वानिकी प्रणाली का प्रमुख घटक है जिसमें कुमट के पेड़ अधिकतर समूह में पाये जाते है एवं आमतौर पर जलवायु एवं भूमि की संरचना/बनावट पर प्रति हैक्टेयर 15–20 पेड़ पाये जाते हैं। राजस्थान के अलावा दक्षिण–पूर्वी पंजाब, मध्य प्रदेश, गुजरात, हरियाणा, झारखण्ड, महाराष्ट्र, आन्ध्र प्रदेश, कर्नाटक, ओडिशा तथा छत्तीसगढ़ के आदिवासी और वन क्षेत्रों में भी पाये जाते हैं। कुमट गोंद के अलावा शस्यवानिकी मृदा उर्वरता बनाये रखने, मृदा कटाव रोकने व जलाऊ लकड़ी के अलावा चारे का भी काम करता है। कुमट सामान्यतया प्राकृतिक रुप से उगता है जिससे गोंद एकत्रित किया जाता है।

कुमट का पेड़ 4–8 मीटर तक ऊँचा होता है। कुमट का तना हल्का पीला या थोड़ा भूरा रंग लिये होता है। पेड़ की छाल खुरदरी या चिकने कागज के समान – जिसको आसानी से पेड़ से छीला नहीं जा सकता है। कुमट के पेड़ के तने पर कई शाखाएँ फैली होती हैं। पेड़ की शाखाओं में कई कांटे जोड़े में लगे होते हैं। कांटे बहुत ही खतरनाक होते हैं। एक जोड़े के बीच में तीसरा कांटा हुक की तरह मुड़ा हुआ होता है।

कुमट के फूल सामान्यतया अगस्त से दिसम्बर माह में आते हैं। फली सीधी, कुछ मुड़ी हुई, भूरे या पीले रंग की जो पकने (परिपक्वता) पर सहज रुप से खुलने वाली होती है। फली 8–12 सेंमी. लम्बी तथा 1.3–3.4 सेंमी. चौड़ी होती है तथा एक फली में 6–10 बीज पाये जाते हैं।

कुमट थोड़ी अम्लीय से क्षारीय भूमि व रेतीली चट्टानी भूमि के साथ सभी प्रकार की मृदाओं में आसानी से उगाया जा सकता है। जो किसान कुमट को खेत में नहीं लगाना चाहते, ऐसे किसान कुमट के पेड़ खेत की मेड़ पर अथवा ऐसी जमीन जो लाभदायक खेती के लिये उपयुक्त नहीं है, ऐसे खेतों में भी कुमट आदि को लगाकर उचित लाभ उठा सकते हैं।

पौध की तैयारी

कुमट के स्वस्थ पौधों के लिए अच्छी गुणवत्ता वाले बीजों का चयन करना चाहिये। अच्छी गुणवत्ता अर्थात् बीज में अंकुरण के पश्चात् वानस्पतिक वृद्धि व बढ़वार अच्छी होती है। शाखायें संख्या में ठीक व बढ़ोतरी उचित हो ताकि कुमट की फली/बीज का उत्पादन अच्छा हो सके। कुमट की नर्सरी तैयार करने के लिये अच्छी गुणवत्ता वाले बीज काजरी, जोधपुर या आफरी या अन्य किसी वन सरकारी संस्थान या विभाग से प्राप्त किये जा सकते हैं।

कुमट के पौधे तैयार करने या कुमट की सीधी बुआई के लिये कुमट के पेड़ पर फलियाँ सूखने पर फलियों से प्राप्त ताजे बीजों को काम में ले सकते हैं। ताजे बीजों को बोने के लिये उपचार की जरुरत नहीं पड़ती है, जबकि बीज पुराना है तो पिछले साल के एकत्रित बीजों को बोने से पूर्व 12–24 घंटे तक पानी में डुबोना चाहिये ताकि बुआई पश्चात् अंकुरण अच्छा हो। बहुत अधिक परिपक्व बीजों की प्रसुप्ति तोड़ने के लिये 3–15 मिनट तक सांद्र सल्फ्यूरिक अम्ल से उपचारित करें अथवा बीजों को 5 सेकंड के लिये उबलते पानी में डुबोकर या डालकर उपचारित करें ताकि बीजों का अंकुरण अच्छा हो ।

कुमट के पौधे तैयार करने के लिये पॉलिथीन की थैलियों में नर्सरी में पौधे तैयार करते हैं। नर्सरी में पौधे तैयार करने के लिए प्रति थैली 2–4 बीज बोये जाते हैं तथा थैलियो से समय–समय पर खरपतवार आदि निकालते रहने से पौधों की बढ़वार ठीक होती है। नर्सरी में मौसम के अनुसार आवश्यकतानुसार पानी देते रहना चाहिये ताकि जून–जुलाई तक पहली वर्षा तक पौध खेत में लगाने जैसी हो जाये। थैलियों में यदि ज्यादा पौधे उग जायें तो छोटे कमजोर पौधों को निकाल कर प्रति थैली एक स्वस्थ पौधा रखना चाहिये ताकि नर्सरी में उसकी बढ़वार अच्छी हो। अगर वर्षा ठीक हो एवं किसान चाहे तो कुमट के बीजों को सीधे खेत में भी लगाया जा सकता है। खेत में सीधी बुआई के लिये 30 सेंमी. लम्बा 30 सेंमी. चौड़ा तथा 30 सेंमी. गहरा गड्ढा खोदते हैं तथा तैयार गड्ढे में प्रति गड्ढा 5–8 बीजों को उचित गहराई पर बुआई करें तथा बुआई बाद लम्बे समय तक वर्षा नहीं होने की स्थिति में पानी देने की व्यवस्था करनी चाहिये।

कुमट के पेड़ों की बढ़वार धीमी गति से होती है। अतः अच्छी बढ़वार के लिये पेड़ों को हर सप्ताह या 15 दिन में एक बार पानी अवश्य देना चाहिये। दो–तीन वर्षों तक पौधों की अच्छी निराई–गुड़ाई करते रहें तथा पशुओं से विशेष रखवाली की व्यवस्था करें, क्योंकि बढ़ते पेड़ को नुकसान पहुँचाने से पेड़ की बढ़वार रूक जाती है।

नर्सरी में तैयार पौध को खेत में लगाने के लिये जिस खेत में कुमट लगाने हों, वहां 60 x 60 x 60 सेंमी. (60 सेंमी. लम्बे, 60 सेंमी. चौड़े तथा 60 सेंमी. गहरे) आकार के गड्ढे खोदते हैं, फिर तैयार गड्ढों मे कुमट की पौध लगाकर पानी दें ताकि पौधों का जमाव ठीक हो।

जो किसान खेती योग्य भूमि में कुमट का वृक्षारोपण करना चाह रहे हैं, वे खेती योग्य भूमि के तैयार खेत में 10 x 10 मीटर की दूरी पर गड्ढे खोदकर कुमट के पौधे लगायें। पौधे से पौधे एवं लाइन से लाइन की दूरी अधिक रखने से किसान पेड़ों की लाइनों के बीच दलहन अथवा धान्य फसलें लगाकर जमीन से शुरुआत में कुमट के अतिरिक्त उत्पादन प्राप्त कर सकता है।

उपयोग

कुमट बंजर बेकार भूमि में पाया जाने वाला एक बहुउपयोगी पेड़ है। कुमट के सूखे बीज खेजड़ी की कच्ची, उबली हुई सूखी फलियाँ जो (सांगरी), कैर के कच्चे उबाले हुए सूखे फल, काचरी या कैरी व सूखी आखी लाल मिर्च को मिलाकर एक सब्जी बनायी जाती है, जिसे *पंचकूटा* कहते हैं। यह होली के मौसम में सभी घरों में बनाया और खाया जाता है जो स्वादिष्ट, पाचक होने के साथ ही शरीर के लिये बहुत गुणकारी व लाभदायक माना जाता है। कम से कम मारवाड़ के शहरों और कस्बों में इन दिनों सुखाई हुई कैर, सांगरी एवं कुमटीया की सब्जी अवसर विशेष पर या शीतला सप्तमी के दिन जिस दिन ठण्डा खाने

की प्रथा है, को ही बनायी जाती है। पंचकुटा सब्जीमंडी में कम तथा किराने की दुकान पर सूखे रूप में पैकेटों में बहुतायत से और महंगे दामो पर मिलती है। इसका कारण इसके लम्बे समय तक खराब न होने की क्षमता है।

कुमट के बीजों में 20 प्रतिशत् क्रूड प्रोटीन पायी जाती है। इसके साथ ही कुमट की हरी फलियों में 22 प्रतिशत् तथा पत्तियों में भी 20 प्रतिशत् क्रूड प्रोटीन पायी जाती है जिन्हें ऊंट, भेड़ व बकरियाँ बड़े चाव से खाते हैं। जबकि हरी फलियों से प्राप्त कुमट के बीज पौष्टिक होने के कारण सब्जी बनाने के काम आता है। कुमट का प्रयोग कई प्रकार से होता है।

- यदि कुमट को खेत के किनारे पर बाड़ के रूप में लगाया जाये तो आने वाले वर्षों में खेत के चारों ओर ऐसी बाड़ हो जायेगी कि खेत में जंगली जानवरों से कोई नुकसान नहीं होगा। यहाँ ध्यान रखने योग्य बात यह है कि पहले दो–तीन साल कुमट के पौधे की वृद्धि

बहुत धीरे होती है। अतः उचित बढ़वार के लिए समय पर आवश्यकतानुसार पानी देकर निराई–गुड़ाई कर बढ़वार को कम समय में बढ़ाया जा सकता है।

- पशुओं के चराई के लिये,
- फल अर्थात् बीज सूखने पर पंचकुटा बनाने में,
- फल हरी सब्जी बनाने में काम में लेते हैं,
- इमारती या जलाऊ लकड़ी के रूप में भी इसका प्रयोग होता है। कुमट की लकड़ी अच्छे ईंधन के रूप में प्रयोग की जाती है। इसकी अनुमानित कैलोरी मान 3000 किलो कैलोरी प्रति किलोग्राम है। धीमी बढ़वार के कारण इसका उपयोग ईंधन के रूप में सामान्यतः नहीं होता है,
- कुमट से उच्च गुणवत्ता वाला गोंद भी प्राप्त होता है।

काजरी, जोधपुर द्वारा विकसित गोंद उत्पादन की उन्नत तकनीक

राजस्थान के कुमट वाले क्षेत्रों में गोंद उत्पादन की भारी क्षमता है। यदि किसान उन्नत तकनीक के साथ गोंद का उत्पादन ले तो कुमट का पेड़ काफी लाभदायक हो सकता है। काजरी, जोधपुर ने गोंद उत्पादन को बढ़ाने के लिये एक उपयुक्त तकनीक विकसित की है।

गोंद उत्पादन के लिये आठ साल से अधिक पुराने व 6 इंच से अधिक मोटाई वाले कुमट के पेड़ों का चयन किया जाता है। गोंद उत्पादन के लिये आमतौर पर रेतीले मैदानों और टिब्बों पर पाये जाने वाले पेड़ सबसे उपयुक्त हैं। कुमट में गोंद प्रेरक लगाने का उपयुक्त समय मार्च से मई का महीना है। गोंद उत्पादन के लिये जमीन से 1 से 1.5 फीट ऊपर तने पर हाथ गिरगिट या बैटरी ड्रिल की मदद से 1 से 1.5 इंच गहरा व 1.5 से 2 सेंमी. व्यास का छेद किया जाता है। पेड़ के इस छेद में 4 मिलीलीटर का एक डोज़ प्रति पेड़ काजरी गोंद प्रेरक को इंजेक्शन की सहायता से डालते हैं। छेद में काजरी गोंद प्रेरक डालने के बाद छेद के मुँह पर मोम या काली चिकनी गीली मिट्टी लगाकर छेद का मुँह बन्द कर देते हैं ताकि प्रेरक बाहर नहीं आए। गोंद प्रेरक लगाने के 8–10 दिनों बाद कुमट पेड़ से गोंद निकलना शुरू हो जाता है। गोंद लगभग एक–डेढ़ माह तक निकलता रहता है।

कुमट के पेड़ से गोंद तेज गर्मी (मई–जून माह) के साथ शुरू होता है। 6–8 साल पुराने पेड़ से गोंद निकलना शुरू होता है। पत्तियों के साथ गोंद शुरू होता है तथा मौसम के ठण्डा होने पर बंद हो जाता है। गोंद के तने, मुख्य शाखाओं व अन्य शाखाओं पर जहां–जहां घाव या दरारें होती हैं वहां से प्राकृतिक रूप से निकलता है तथा औसतन 15–25 ग्राम प्रति पेड़ प्राप्त होता है।

पश्चिमी राजस्थान में वर्षा की कमी के कारण वातावरण शुष्क होता है, इसलिए कुमट के पेड़ से गोंद बनने की अपेक्षा गोंद कम निकलता है। अतः इस इन्जेक्शन (काजरी गोंद प्रेरक) से गोंद आसानी से निकल जाता है। इन्जेक्शन दो साल में एक बार लगाना चाहिये। जबकि गोंद की काजरी तकनीक अपनाने पर औसतन 500 ग्राम प्रति पेड़ गोंद प्राप्त किया जा सकता है। काजरी गोंद प्रेरक को काजरी, जोधपुर के विभाग–2 के सिल्वा अनुभाग से प्राप्त किया जा सकता है।

इस प्रकार किसान कुमट से पंचकुटा के लिए कुमटीया प्राप्त कर सकते हैं। साथ ही उच्च गुणवत्ता वाले गोंद का उत्पादन कर इसे बाजार में बेच कर अतिरिक्त आमदनी प्राप्त कर अपने परिवार के रहन–सहन में सुधार कर सकते हैं। सूखे व अकाल की स्थिति में जब आमदनी का कोई साधन किसान के पास उपलब्ध नहीं होता है, ऐसे समय में कुमट से गोंद उत्पादित कर किसान ठीक–ठाक आय प्राप्त कर सकता है।

अध्याय 40

अनार की वैज्ञानिक खेती

अनार उष्ण एवं उपोष्ण जलवायु वाले देशों का लोकप्रिय फल है। भारत में इसकी बागवानी मुख्य रूप से महाराष्ट्र में की जाती है। राजस्थान, उत्तर प्रदेश, आंध्र प्रदेश, हरियाणा, पंजाब, कर्नाटक, गुजरात में छोटे स्तर पर इसके बगीचे देखे जा सकते हैं। इसका रस स्वादिष्ट तथा औषधीय गुणों से भरपूर होता है। भारत में अनार का क्षेत्रफल 107.3 हजार हैक्टेयर, उत्पादन 743.1 हजार मीट्रिक टन एवं उत्पादकता 6.69 मीट्रिक टन प्रति हैक्टेयर (2013–14) है।

जलवायु

अनार उपोष्ण जलवायु का पौधा है। यह अर्द्धशुष्क जलवायु में अच्छी तरह उगाया जा सकता है। फलों के विकास एवं पकने के समय गर्म एवं शुष्क जलवायु की आवश्यकता होती है। लम्बे समय तक उच्च तापमान रहने से फलों में मिठास की मात्रा बढ़ती है। आर्द्र जलवायु से फलों की गुणवत्ता प्रभावित होती है एवं फफूंदजनित रोगों का प्रकोप बढ़ जाता है। इसकी खेती समुद्रतल से 500 मीटर से अधिक ऊंचे स्थानों पर की जा सकती है।

मृदा

अनार विभिन्न प्रकार की मृदाओं में उगाया जा सकता है, परन्तु अच्छी जल निकास वाली रेतीली दोमट मिट्टी सर्वोत्तम होती है। फलों की गुणवत्ता एवं रंग भारी मृदाओं की अपेक्षा हल्की मृदाओं में अच्छा होता है। अनार मृदा लवणीयता 9.00 ई.सी./मि.ली. एवं क्षारीयता 6.78 ई.एस.पी. तक सहन कर सकता है।

उन्नत किस्में

गणेश

यह किस्म डा. जी.एस. चीमा द्वारा गणेश रिवण्ड फल अनुसंधान केन्द्र, पूना में आलंदी किस्में वरण से विकसित की गयी। इस किस्म के फल मध्यम आकार के, बीज कोमल तथा गुलाबी रंग के होते हैं। यह महाराष्ट्र की मशहूर किस्म है।

ज्योति

यह किस्म बेसिन एवं ढोलका के संकरण की संतति से चयन के द्वारा विकसित की गई है। फल मध्यम से बड़े आकार के, चिकनी सतह एवं पीलापन लिए हुए लाल रंग के होते हैं। बीजचोल गुलाबी रंग के, बीज मुलायम और बहुत मीठे होते हैं। प्रति पौधा से 8–10 कि.ग्रा. उपज प्राप्त की जा सकती है।

मृदुला

यह किस्म गणेश एवं गुल–ए–शाह किस्म के संकरण की एफ–1 संतति से चयन के द्वारा विकसित की गई है। फल मध्यम आकार के, चिकनी सतह वाले और गहरे लाल रंग के होते हैं। बीजचोल गहरे लाल रंग के, बीज मुलायम, रसदार एवं मीठे होते हैं। इस किस्म के फलों का औसत वजन 250–300 ग्राम होता है।

भगवा (सिंदुरा)

इस किस्म के फल बड़े आकार के, भगवा रंग के, चिकने और चमकदार होते हैं। बीजचोल आकर्षक लाल रंग का एवं बीज मुलायम होते हैं। उच्च प्रबंधन करने पर प्रति पौधा से 25–30 कि.ग्रा. उपज प्राप्त की जा सकती है।

अरक्ता

यह एक अधिक उपज देने वाली किस्म है। फल बड़े आकार के, मीठे और मुलायम बीजों वाले होते हैं। बीजचोल लाल रंग का एवं छिलका आकर्षक लाल रंग का होता है। उच्च प्रबंधन करने पर प्रति पौधा से 25–30 कि.ग्रा. उपज प्राप्त की जा सकती है।

कलम द्वारा

एक वर्ष पुरानी शाखाओं से 20–30 सेंमी. लम्बी कलमें काटकर पौधशाला में लगा दी जाती हैं। इन्डोल ब्यूटायरिक अम्ल (आई.बी.ए.) 3000 पी.पी.एम. से कलमों को उपचारित करने से जड़ें शीघ्र एवं अधिक संख्या में निकलती हैं।

गूटी द्वारा

अनार का व्यावसायिक प्रवर्धन गूटी द्वारा किया जाता है। इस विधि में जुलाई–अगस्त में एक वर्ष पुरानी पेन्सिल समान मोटाई वाली स्वस्थ, ओजस्वी, परिपक्व, 45–60 सेंमी. लंबाई की शाखा का चयन करना चाहिए। चुनी गई शाखा से कलिका के नीचे 3 सेंमी. चौड़ी

गोलाई में छाल पूर्ण रूप से अलग कर देना चाहिए। छाल निकाली गई शाखा के ऊपरी भाग में आई.बी.ए. 10000 पी.पी.एम. का लेप लगाकर नमीयुक्त स्फेगनम मास चारों ओर लगाकर पॉलिथीन शीट से ढंककर सुतली से बांध देना चाहिए। जब पॉलिथीन से जड़ें दिखाई देने लगें, उस समय शाखा को स्केटियर से काटकर क्यारी या गमलों में लगा देना चाहिए।

रोपण की विधि

पौध रोपण की आपसी दूरी मृदा के प्रकार एवं जलवायु पर निर्भर करती है। सामान्यतः 4–5 मीटर की दूरी पर अनार का रोपण किया जाता है। सघन रोपण पद्धति में 5 x 2 मीटर (1000 पौधे/हैक्टेयर), 5 x 3 मीटर (666 पौधे/हैक्टेयर), 4.5 x 3 मीटर (740 पौधे/हैक्टेयर) की आपसी अंतराल पर रोपण किया जा सकता है। पौध रोपण के एक माह पूर्व 60 x 60 x 60 सेंमी. (लम्बाई x चौड़ाई x गहराई) आकार के गड्ढे खोदकर 15 दिनों के लिए खुला छोड़ देना चाहिए। तत्पश्चात् गड्ढे की ऊपरी मिट्टी में 20 कि.ग्रा. सड़ी हुई गोबर की खाद + 1 कि.ग्रा. सिंगल सुपरफॉस्फेट + 50 ग्राम क्लोरोपायरीफॉस चूर्ण मिट्टी में मिलाकर गड्ढों को सतह से 15 सेंमी. ऊंचाई तक भर देना चाहिए। गड्ढे भरने के बाद सिंचाई करें ताकि मिट्टी अच्छी तरह से जम जाए, उसके बाद पौधों का रोपण करें एवं रोपण पश्चात् तुरंत सिंचाई करनी चाहिए।

खाद एवं उर्वरक

पत्तियाँ गिरने के एक सप्ताह बाद या 80–85 प्रतिशत् पत्तियों के गिरने के बाद पौधों की आयु के अनुसार कार्बनिक खाद, नाइट्रोजन, फॉस्फोरस और पोटाश का प्रयोग करना चाहिए। सड़ी गोबर की खाद, नाइट्रोजन, फास्फोरस और पोटाश की दर को मृदा परीक्षण तथा पत्ती विश्लेषण के आधार पर उपयोग करना चाहिए। खाद एवं उर्वरकों का उपयोग केनोपी के नीचे चारों ओर 8–10 सेंमी. गहरी खाई बनाकर देना चाहिए। सारणी–1 देखें–

सारणी 1 खाद एवं उर्वरक की संस्तुति मात्रा प्रति वृक्ष प्रतिवर्ष

वृक्ष की आयु (वर्ष में)	सड़ी गोबर की खाद (कि.ग्रा.)	नाइट्रोजन (कि.ग्रा.)	फॉस्फोरस (कि.ग्रा.)	पोटाश (कि.ग्रा.)
1	10	250	125	125
2	20	250	125	125
3	30	500	125	125
4	40	500	125	250
5 या अधिक	50	625	250	250

- नाइट्रोजन एवं पोटाशयुक्त उर्वरकों को तीन हिस्सों में बांटकर पहली खुराक सिंचाई के समय या बाहर प्रबंधन के बाद और दूसरी खुराक 3–4 सप्ताह के बाद देना चाहिए, बाद में फास्फोरस की पूरी मात्रा को पहली सिंचाई के समय देना चाहिए।
- नाइट्रोजन की आपूर्ति के लिए काली मिट्टी में यूरिया एवं लाल मिट्टी में कैल्शियम अमोनियम नाइट्रेट का प्रयोग करें। फॉस्फोरस की आपूर्ति के लिए सिंगल सुपर फॉस्फेट एवं पोटाश की आपूर्ति के लिए म्यूरेट ऑफ पोटाश का प्रयोग करें।
- जिंक, लौह, मैंगनीज तथा बोरॉन की 25 ग्राम की मात्रा प्रति पौधे में सड़ी गोबर की खाद के साथ मिलाकर डालनी चाहिए। सूक्ष्म पोषक तत्व की मात्रा का निर्धारण मृदा तथा पत्ती परीक्षण द्वारा करना चाहिए।
- जब पौधों पर पुष्प आना शुरू हो जाएं तो उसमें नाइट्रोजन : फॉस्फोरस : पोटाश 12:61:00 को 8 कि.ग्रा. / हैक्टेयर की दर से एक दिन के अंतराल पर एक महीने तक देना चाहिए।
- जब पौधों में फल लगने शुरू हो जायें तो नाइट्रोजन : फॉस्फोरस : पोटाश 19:19:19 को ड्रिप की सहायता से 8 कि.ग्रा. / हैक्टेयर की दर से एक महीने तक देना चाहिए।
- जब पौधों पर शत्–प्रतिशत् फल आ जाएँ तो नाइट्रोजन : फॉस्फोरस : पोटाश 00:52:34 या मोनोपोटैशियम फॉस्फेट 2.5 कि.ग्रा. / हैक्टेयर की मात्रा को एक दिन के अंतराल पर एक महीने तक देना चाहिए।
- फल की तुड़ाई के एक महीने पहले कैल्शियम नाइट्रेट की 12.5 कि.ग्रा. / हैक्टेयर की मात्रा ड्रिप की सहायता से 15 दिन के अन्तर पर दो बार देना चाहिए।

सिंचाई

अनार के पौधे सूखा सहनशील होते हैं, परन्तु अच्छे उत्पादन के लिए सिंचाई का विशेष महत्व है। मृग बहार की फसल लेने के लिए सिंचाई मई के मध्य से शुरू करके मानसून आने तक नियमित रूप से करनी चाहिए। वर्षा ऋतु के बाद फलों के अच्छे विकास हेतु नियमित सिंचाई 10–12 दिन के अंतराल पर करना चाहिए। ड्रिप सिंचाई अनार के लिए उपयोगी साबित हुई है। इसमें 43 प्रतिशत् पानी की बचत एवं 30–35 प्रतिशत् उपज में वृद्धि पाई गई है। ड्रिप द्वारा सिंचाई विभिन्न मौसमों में उनकी आवश्यकता के अनुसार करनी चाहिए। सिंचाई के लिए सारणी–2 देखें–

सारणी 2 अनार के पौधे को सिंचाई की आवश्यकता

बहार	माह	प्रत्येक पेड़ को प्रतिदिन पानी की आवश्यकता (लीटर में)
अम्बे बहार	जनवरी	17
	फरवरी	18
	मार्च	31
	अप्रैल	40
	मई	44
मृग बहार	जून	30
	जुलाई	22
	अगस्त	20
हस्त बहार	सितम्बर	20
	अक्टूबर	19
	नवम्बर	17
	दिसम्बर	16

सधाई

अनार में सधाई का बहुत महत्व है। अनार की दो प्रकार से सधाई की जा सकती है।

एक तना पद्धति

इस पद्धति में एक तने को छोड़कर बाकी सभी बाहरी टहनियों को काट दिया जाता है। इस पद्धति में जमीन की सतह से अधिक संकर निकलते हैं, जिससे पौधा झाड़ीनुमा हो जाता है। इस विधि में तना छेदक का अधिक प्रकोप होता है। यह पद्धति व्यावसायिक उत्पादन के लिए उपयुक्त नहीं है।

बहु तना पद्धति

इस पद्धति में अनार के पौधे को इस प्रकार साधा जाता है कि उसमें तीन–चार तने छूटे हों, बाकी टहनियों को काट दिया जाता है। इस तरह सधे हुए तने में प्रकाश अच्छी तरह पहुँचता है जिससे फूल व फल अधिक मात्रा में आते हैं।

काट–छांट

- ऐसे बगीचे जहां पर ऑइली स्पॉट का प्रकोप ज्यादा दिखाई दे रहा हो वहाँ पर फल की तुड़ाई के तुरंत बाद गहरी छंटाई करनी चाहिए तथा ऑइली स्पॉट संक्रमित सभी शाखाओं को काट देना चाहिए।
- संक्रमित भाग के 2 इंच नीचे तक छंटाई करें तथा तनों पर बने सभी कैंकर को गहराई से छील कर निकाल देना चाहिए। छंटाई के बाद 10 प्रतिशत् बोर्डो पेस्ट को कटे हुए भाग पर लगायें। बारिश के समय में छंटाई के बाद तेल युक्त कॉपर ऑक्सीक्लोराइड (500 ग्राम कॉपर ऑक्सीक्लोराइड + 1 लीटर अलसी का तेल) का उपयोग करना चाहिए।
- अतिसंक्रमित पौधों को जड़ से उखाड़ कर जला दें और उनकी जगह नये पौधों का रोपण करें या संक्रमित पौधों को जमीन से 2–3 इंच छोड़कर काट दें तथा उसके उपरान्त आए फुटानों को प्रबंधित करें।
- रोगमुक्त बगीचे में शिथिल अवस्था के बाद जरूरत के अनुसार छंटाई करें।
- छंटाई के तुरन्त बाद बोर्डो मिश्रण (1 प्रतिशत्) का छिड़काव करना चाहिए।
- रेस्ट पीरियड के बाद पौधों से पत्तों को गिराने के लिए इथरल (39 प्रतिशत् एस. सी.) 2–2.5 मि.ली./लीटर की दर से मृदा में नमी के आधार पर उपयोग करना चाहिए।
- गिरे हुए पत्तों को इकट्ठा करके जला देना चाहिए। ब्लीचिंग पाउडर के घोल (25 कि.ग्रा./1000 लीटर/हैक्टेयर) से पौधे के नीचे की मृदा को तर कर देना चाहिए।

बहार नियंत्रण

अनार में वर्ष में तीन बार जून–जुलाई (मृग बहार), सितम्बर–अक्टूबर (हस्त बहार) एवं जनवरी–फरवरी (अम्बे बहार) में फूल आते हैं। व्यावसायिक रूप से केवल एक बार ही फसल ली जाती है और इसका निर्धारण पानी की उपलब्धता एवं बाजार की मांग के अनुसार किया जाता है। जिन क्षेत्रों में सिंचाई की सुविधा नहीं है, वहां मृग बहार से फल लिये जाते हैं तथा जिन क्षेत्रों में सिंचाई की सुविधा होती है वहां अम्बे बहार से फल लिये जाते हैं। बहार नियन्त्रण के लिए जिस बहार से फसल लेनी हो, उसके फूल आने से दो माह पूर्व सिंचाई बन्द कर देनी चाहिए।

उपज

पौध रोपण के 2–3 वर्ष पश्चात् फलना प्रारंभ कर देते हैं, लेकिन व्यावसायिक रूप से उत्पादन रोपण के 4–5 वर्षों बाद ही लेना चाहिए। अच्छी तरह से विकसित पौधा 60–80 फल प्रतिवर्ष 25–30 वर्षों तक देता है।

श्रेणीकरण

अनार फलों के वजन, आकार एवं बाहरी रंग के आधार पर निम्नलिखित श्रेणियों में रखा जाता है:

सुपर साइजः–इस श्रेणी में चमकदार लाल रंग के बिना धब्बे वाले फल जिनका भार 750 ग्राम से अधिक हो आते हैं।

किंग साइजः–इस श्रेणी में आकर्षक लाल रंग के बिना धब्बे वाले फल जिनका भार 500 से 700 ग्राम हो आते हैं।

क्वीन साइजः– इस श्रेणी में चमकदार लाल रंग के बिना धब्बे वाले फल जिनका भार 400–500 ग्राम हो आते हैं।

प्रिंस साइजः– पूर्ण पके हुए लाल रंग के 300 से 400 ग्राम के फल इस श्रेणी में आते हैं। शेष श्रेणी में बचे हुए फल दो श्रेणियों 12–ए. एवं 12–बी. के अंतर्गत आते हैं। 12–बी. के अंतर्गत 250–300 ग्राम भार वाले फल जिनमे कुछ धब्बे हो आते हैं।

भण्डारण

शीत गृह में 50 सेल्सियस तापमान पर 2 माह तक भण्डारित किया जा सकता है।

पौध संरक्षण

एकीकृत कीट प्रबंधन

अनार की तितली

इस कीट का वैज्ञानिक नाम *ड्यूडोरिक्सा आईसोक्रेट्स* है। यह अनार का सबसे गंभीर कीट है। इसके द्वारा 20–80 प्रतिशत् हानि हो सकती है। प्रौढ़ तितली फूलों पर तथा छोटे फलों पर अण्डे देती है। इन अण्डों से इल्ली निकलकर फलों के अन्दर प्रवेश कर जाती है तथा बीजों को खाती है। इसके पश्चात् छोटा सा छिद्र बनाकर यह कीट बाहर निकल जाता है।

प्रबंधन

- क्षतिग्रस्त शाखाओं को काटकर नष्ट कर देना चाहिए।
- पूर्ण रूप से प्रभावित पौधों को जड़ सहित उखाड़कर नष्ट कर देना चाहिए।
- कीट के प्रकोप की अवस्था में मुख्य तने के आस–पास क्लोरोपायरीफॉस 2.5 मिली./लीटर पानी + ट्राईडेमार्फ 1 मिली./लीटर पानी में घोलकर छिड़काव करना चाहिए।
- अधिक प्रकोप की अवस्था में तने के छेद में डी.डी.वी.पी. 2–3 मिली. डालकर छेद को गीली मिट्टी से बंद कर देना चाहिए।

माहूं

- इस कीट का वैज्ञानिक नाम *एफिस पुनेकी* है। यह कीट नई शाखाओं और पुष्पों से रस चूसते हैं। परिणामस्वरूप पत्तियाँ सिकुड़ जाती हैं, साथ ही पत्तियों पर मधु स्रावित करने से सूटी मोल्ड नामक फफूंद विकसित हो जाती है जिससे प्रकाश संश्लेषण की क्रिया प्रभावित होती है।

प्रबंधन

- प्रारंभिक प्रकोप होने पर डायमिथोयट 1.5 मिली./लीटर पानी में घोलकर छिड़काव करें। घोल में स्टीकर 1 मिली./लीटर पानी में मिलाएं।
- अधिक प्रकोप होने पर इमिडाक्लोप्रिड (17.8 एस.एल.) 0.3 मिली./लीटर या थायोमिथोग्जाम (25 डब्ल्यू.जी.) 0.25 ग्राम/लीटर पानी में घोलकर छिड़काव करना चाहिए।

मकड़ी

इस कीट का वैज्ञानिक नाम *ओलीगोनाइचस पुनेकी* है। इस कीट के प्रौढ़ एवं शिशु पत्तियों की निचली सतह से रस चूसते हैं। परिणामस्वरूप पत्तियाँ सिकुड़कर सूख जाती हैं।

प्रबंधन

- प्रारंभिक अवस्था में डायकोफॉल 2.5 मिली./लीटर + स्टीकर 1 मिली./लीटर पानी में घोलकर छिड़काव करें।
- अधिक प्रकोप की अवस्था फेन्जावक्वीन (10 ई.सी.) 2 मिली./लीटर या अबामेक्टीन (1.9 ई.सी.) 0.5 मिली./लीटर पानी में घोलकर छिड़काव करें।

मिलीबग

इस कीट का वैज्ञानिक नाम *फैर्रिसिया विरगाटा* है। ये कीट कोमल पत्तियों तथा फलों पर सफेद मोमी कपास जैसा दिखाई देता है। यह कीट कोमल पत्तियों तथा शाखाओं और फलों से रस चूसता है।

प्रबंधन

- कीट की प्रारंभिक अवस्था में डायमिथोएट (30 ई.सी.) 1.5 मिली./लीटर पानी में घोल बनाकर छिड़काव करना चाहिए।

एकीकृत रोग प्रबंधन

सरकोस्पोरा फल धब्बा

यह रोग *सरकोस्पोरा स्पी.* नामक फफूंद से होता है। इस रोग में फलों पर अनियमित आकार में छोटे काले रंग के धब्बे बन जाते हैं जो बाद में बड़े धब्बों में परिवर्तित हो जाते हैं।

प्रबंधन

- प्रभावित फलों को तोड़कर अलग नष्ट कर देना चाहिए।
- रोग की प्रारंभिक अवस्था में मैन्कोजेब (75 डब्ल्यू.पी.) 2.5 ग्राम/लीटर या क्लोरोथायलोनिल (75 डब्ल्यू.पी.) 2 ग्राम/लीटर पानी में घोलकर 2–3 छिड़काव 15 दिन के अंतराल पर करना चाहिए।
- अधिक प्रकोप की अवस्था में हेक्साकोनाजोल (5 ई.सी.) 1 मिली./लीटर या डाइफनकोनाजोल (25 ई.सी.) 0.5 मिली./लीटर पानी में घोलकर 30–40 दिन के अंतराल पर छिड़काव करना चाहिए।

फल सड़न

यह रोग *एस्परजिलस फोइटिडस* नामक फफूंद से होता है। इस रोग में गोलाकार काले धब्बे फल एवं पेटियोल पर बन जाते हैं। काले धब्बे केलिक्स से शुरू होकर पूरे फल पर फैल जाते हैं।

प्रबंधन

- कार्बेन्डाजिम (50 डब्ल्यू.पी.) 1 ग्राम प्रति लीटर पानी में घोलकर 10–15 दिन के अंतराल पर छिड़काव करना चाहिए।

जीवाणु पत्ती झुलसा रोग

यह रोग *जेन्थोमोनास एक्सोनोपोड़िस* पी.व्ही. पुनेकी नामक जीवाणु से होता हैं। इस रोग में छोटे अनियमित आकार के जलसोक्ति धब्बे पत्तियों पर बन जाते हैं। यह धब्बे हल्के भूरे से गहरे भूरे रंग के होते हैं।

प्रबंधन

- रोग रहित रोपण सामग्री का चुनाव करें।
- बाग में गिरी हुई पत्तियों एवं शाखाओं को इकट्ठा करके नष्ट कर देना चाहिए।
- बोर्डो मिश्रण 1 प्रतिशत् का छिड़काव करना चाहिए।
- स्ट्रेप्टोसाइक्लिन 0.5 ग्राम/लीटर + कॉपर ऑक्सीक्लोराइड 2.5 ग्राम/लीटर पानी में घोलकर छिड़काव करना चाहिए।

उकठा रोग

इस रोग में पत्तियों का पीला पड़ना, जड़ों तथा तनों के निचले भाग को बीच से चीरने पर अंदर की लकड़ी हलके भूरे/काले विवर्णन दर्शाना *सीरेटोसिस्टीस फिम्ब्रीयाटा* का संक्रमण दिखाता है और यदि सिर्फ जायलम संक्रमण दिखाता है और यदि सिर्फ जायलम का रंग भूरा दिखता है तो फ्यूजेरियम स्पीसीज का संक्रमण सिद्ध होता है।

प्रबंधन

- उकठा रोग से पूर्णतः प्रभावित पौधों को बगीचे से उखाड़कर जला देना चाहिए। उखाड़ते समय संक्रमित पौधों की जड़ों और उसके आसपास की मृदा को बोरे या पॉलीथीन बैग में भरकर बहार फेंक देना चाहिए।
- रोग के लक्षण दिखाई देते ही कार्बेन्डाजिम (50 डब्ल्यू.पी.) 2 ग्राम/लीटर या ट्राइडिमोर्फ (80 ई.सी.) 1 मिली./लीटर पानी में घोलकर पौधों के नीचे की मृदा को तर कर देना चाहिए।

कार्यिकी विकृति

फल फटना

अनार में फलों का फटना एक गंभीर समस्या है। यह समस्या शुष्क क्षेत्रों में अधिक तीव्र होती है। इस विकृति में फल फट जाते हैं जिससे फलों की भंडारण क्षमता कम हो जाती है एवं बाजार भाव कम मिलता है।

कारण

- मृदा में बोरॉन की कमी के कारण।
- भूमि में नमी का असंतुलन।

निदान

- नियमित रूप से सिंचाई करना चाहिए।
- जिब्रलिक एसिड (जी.ए.3) 15 पी.पी.एम. का छिड़काव करना चाहिए।
- बोरॉन 0.2 प्रतिशत् का छिड़काव करने पर फलों का फटना रूक जाता है।

अनार के बगीचे में लाभ–लागत अनुपात

अनार के बगीचे से अधिक लाभ कमाने के लिए जब पौधे 3 से 4 वर्ष के हो जायें, उस वक्त फलों का आकार व रंग उत्तम होता है जिनका बाजार में भाव अधिक होता है। अनार के बगीचे से प्रति हैक्टेयर लाभ–लागत का ब्योरा सारणी–3 में इस प्रकार हैं–

सारणी 3 एक हैक्टेयर में अनार का बगीचा स्थापित करने की लाभ–लागत (रुपये) का आकलन

क.स.	**विवरण**	**प्रति हैक्टेयर 740 पौधो पर होने वाला कुल खर्च (रुपये)**			
		प्रथम वर्ष	**द्वितीय वर्ष**	**तृतीय वर्ष**	
1	भूमि की तैयारी	2600	–	–	2600
2	गड्ढों की खुदाई एवं भराई (740 गड्ढे, 35 रुपये प्रति गड्ढा)	25900	–	–	25900
3	रोपण सामग्री (740 पौधे, 25 रु. प्रति पौधा)	18500	–	–	18500
4	रोपण एवं सहारा देना (9 रु. प्रति पौधा)	6660	–	–	6660
5	खाद एवं उर्वरक	22900	25700	31800	80400
6	पौध संरक्षण	3500	4500	5500	13500
7	सिंचाई	2400	3000	3500	8900
8	अंतः कर्षण क्रियायें	14600	17800	19500	51900

9	अन्य व्यय	1200	1600	1800	4600
	कुल लागत	98260	52600	62100	212960
	आय/हैक्टेयर (रुपये)				
1	फल प्रति पौधा (कि.ग्रा.)	8	11	24	43
2	फल कि.ग्रा. प्रति हैक्टेयर	5920	8140	17760	31820
3	कुल आय (विक्रय मूल्य औसत 42 रु./कि.ग्रा.)	248640	341880	745920	1336440
	शुद्ध आय	150380	289280	683820	1123480
	लाभ–लागत अनुपात	2.53	6.5	12.5	6.3

इस प्रकार अनार के बगीचे का वैज्ञानिक तरीके से उत्पादन लेने पर प्रतिवर्ष प्रति हैक्टेयर भूमि से लगभग 11.2 लाख रुपये की शुद्ध आय प्राप्त होती है जो किसी फसल से प्राप्त नहीं होती है।

❑❑❑

अध्याय 41

AGRONOMIC–HORTICULTURE GLOSSARY

- Abducent–अपवर्तक
- Aberrant weather– असामान्य मौसम
- Abiogenesis–जीवोत्पत्ति
- Abiotic stress–अजैविक दबाव
- Abnormal– असामान्य
- Abolish– उन्मूलन
- Aborted seed– विकासरोधित बीज
- Abrasion– अपघर्षण
- Abscess– फोड़ा
- Abscess knife– फोड़ा चीरने का चाकू
- Abscission– अपच्छेदन, विलगन
- Absorption– अवशोषण
- Abundance– बाहुल्यता
- Acacia– अकेशिया
- Academic– शैक्षिक
- Acarology– प्रत्यायन
- Accessions– प्राप्तियाँ, वंशावलियाँ
- Acclimatization– पर्यानुकूलन
- Accumulation– संचय

- Accumulation of salt– **लवण संचय**
- Acecia– **एकेसिया**
- Achrosome– **शुकाग्र**
- Acid– **अम्ल**
- Acid clay– **अम्ल मृत्तिका**
- Acid forming fertilizer– **अम्लकारी उर्वरक**
- Acidaemia– **अम्लरक्तता**
- Acidic rock– **अधिसिविक शैल**
- Acidity–**अम्लता**
- Acidity test– **अम्लता परीक्षण**
- Acquisition– **अधिग्रहण**
- Active absorption– **सक्रिय अवशोषण**
- Active ingradient (a.i.)– **सक्रिय तत्व, सक्रिय अवयव**
- Activity– **सक्रियता**
- Actual Expenditure– **वास्तविक व्यय**
- Adaptability– **अनुकूलनशीलता, अनुकूलनीयता**
- Adaptation– **अंगीकरण/स्वीकार**
- Adaptation– **अनुकूलन**
- Adapted varieties– **अनुकूलित किस्में**
- Adaptive– **अनुकूली**
- Additive effect– **संयोजी प्रभाव**
- Additive gene– **संयोगिक जीन**
- Additive gene interaction– **संयोगिक जीन अन्योन्यक्रिया**
- Adhere– **चिपकना**
- Adhering– **आसंजन**

- Adhesiveness— आसंजकता
- Adjacent— निकटवर्ती, आसन्न
- Adjoining— संलग्न, समीपवर्ती
- Administer— दवा देना
- Admixture— अधिमिश्रण
- Adobe soil— ईंट मृदा
- Adopting— अपनाकर
- Adulteration— मिलावट, अपमिश्रण
- Advalorem— मूल्यानुसार, यथामूल्य
- Advalorem duty— यथामूल्य शुल्क
- Advance— पेशगी, अग्रिम
- Advance— उन्नत, विकसित
- Advantage— लाभ
- Adventitious grass— अपस्थानिका घास
- Adventitious root— अपस्थानिक मूल
- Aeolian deposit— वातोढ़ निक्षेप
- Aeolian soil— वातोढ़ मृदा
- Aerate— वातन करना
- Aeration— वातन
- Aerial growth— वायवीय वृद्धि
- Aerial layering— गूटी बांधना
- Aerial root— वायव मूल
- Aerial stem— वायवीय तना
- Aerobe— वायुजीवी
- Aerobic bacteria— वायुजीवी बैक्टीरिया

- Aerobic decomposition – वायु अपघटन
- Aerosol – वायु–विलय, वायु घोल, एरोसोल
- Afforestation – वनरोपण
- After crop – उत्तर शस्य
- After growth – पुनर्वृद्धि
- After ripening – पाकोत्तर
- Agarian – भूमि संबंधी, कृषि संबंधी
- Agglameration – समूहन
- Agglutination – आश्लेषण
- Agitation – विलोढ़न
- Agricultural forecasting – कृषि पूर्वानुमान
- Agricultural hazard – कृषि विपदा
- Agricultural marketing – कृषि विपणन
- Agricultural operation – कृषि कार्य
- Agricultural Planning – कृषि आयोजन
- Agricultural Policy – कृषि नीति
- Agricultural practice – कृषि क्रिया
- Agricultural produce – कृषि उपज
- Agricultural product – कृषि उत्पाद
- Agriculturally Important – कृषि उपयोगी
- Agroforestry – कृषि वानिकी
- Agrology – शस्य मृदा विज्ञान
- Agrometeorology – कृषि मौसम विज्ञान
- Agronomic character – शस्यीय अभिलक्षण
- Agronomic research – शस्यीय अनुसंधान

- Agronomic value– शस्यीय मान
- Agronomical– शस्य संबंधी
- Agronomist– शस्य विज्ञानी
- Agronomy– शस्य विज्ञान
- Agrotype– कृषि प्रारूप
- Air drainage– वायु निकास
- Air layering– गूटी बांधना
- Air permeability– वायु पारगम्यता
- Albino– रंजकहीन जीव
- Algal– शैवाल, काई
- Alignment– संरेखण
- Alkali disease– क्षारीय रोग
- Alkaline– क्षारीय, खारा
- Alkaline soil– क्षारीय मृदा, ऊसर मिट्टी
- Alkaline toxicity– क्षारीय आविषालुता
- Alkaloed– विषधारी पदार्थ
- Allele– युग्मविकल्पी, विकल्पी
- Allied– सम्बद्ध
- Allied fibres– सम्बद्ध रेशे
- Allied science– सम्बद्ध विज्ञान
- Allitic soil– एलाइटिक मृदा
- Allogamy– परनिषेचन
- Alloy– मिश्रधातु
- Alluval soil– जलोढ़ मिट्टी
- Alluvial deposits– जलोढ़ निक्षेप

- Alluvial fan– **जलोढ़ फैलाव**
- Alluvial material– **जलोढ़ सामग्री**
- Alluvial plain– **जलोढ़ मैदान**
- Alluvial Soil– **जलोढ़ मृदा**
- Almond– **बादाम**
- Almond crown gall– **बादाम शिखर पिटिका**
- Almond mosaic– **बादाम मोजेक**
- Alternaria blight– **आल्टरनेरिया ब्लाइट**
- Alternaria leaf bright– **पत्ती धब्बे**
- Alternate husbandry– **वैकल्पिक धंधा**
- Alternated– **बारी बारी से, एकांतर**
- Alternation– **एकांतरण**
- Alternative cost– **वैकल्पिक लागत**
- Alternative goal– **वैकल्पिक लक्ष्य**
- Alternative hypothesis– **वैकल्पिक परिकल्पना**
- Alternative inheritance– **अन्यतर वंशागति**
- Altitude– **तुंगता, ऊँचाई**
- Alum– **फिटकरी**
- Amalgam– **अमलगम, सम्मिश्र**
- Amaranth– **चौलाई**
- Ambient– **परिवेश**
- Ambient Temperature– **परिवेश ताप**
- Ambiguous– **संदिग्ध**
- Amelioration– **सुधार**
- Amenable– **उत्तरदायी**

- Amendment– संशोधन
- Amendment soil– संशोधित मृदा
- Ametabolic– अरूपांतरणी
- Amitosis– असूत्री विभाजन
- Ammonia oxidation– अमोनिया ऑक्सीकरण
- Ammonia synthesis– अमोनिया संश्लेषण
- Ammonical fermentation– अमोनिया किण्वन
- Ammonification– अमोनियाकरण
- Amorph– अप्रभावी रूप
- Amorphous– आकार रहित, अक्रिस्टलीय
- Amplification– प्रवर्धन
- Ampule– संपुट, ऐम्प्युल
- Amputation– अंगोच्छेदन, अंग काटना
- Amylase– एमिलेस
- Anabolism– उपचय
- Anaerobic– अवायुजीवी
- Anaerobic bacteria– अवायुजीवी जीवाणु
- Anaerobic decomposition– अवायु अपघटन
- Anaerobic respiration– अनाक्सी श्वसन
- Anaesthesia– संवेदनाहरण
- Analgesic– पीड़ाहारी
- Analogous– अनुरूप, सदृश्य
- Analogue– अनुरूप, तुल्यरूप
- Analysis– विश्लेषण
- Analysis of covariance– सहविचरण विश्लेषण

- Analysis of data– **आंकड़ों का विश्लेषण**
- Analysis of variance– **विचरण विश्लेषण**
- Analytical– **विश्लेषणात्मक**
- Analytical statistics– **विश्लेषणात्मक सांख्यिकी**
- Analytical technique– **विश्लेषणत्मक प्रविधि**
- Anamorphism– **प्रकायांतरण**
- Ananthous– **अपुष्पक्रमी**
- Anaphase– **पश्चावस्था, एनाफेज**
- Anarchistic tendencies– **अराजक प्रवृत्तियाँ**
- Anatomical– **शरीरिक**
- Androecium– **पुमंग**
- Androgenesis– **पुंजनन**
- Androgenous– **पुंजनक**
- Angiology– **रक्तसंचार विज्ञान**
- Angiosperm– **आवृतबीजी**
- Angular arrangement– **कोणीय विन्यास**
- Angular leaf spot– **कोणीय पर्णदाग**
- Anhydrous– **निर्जल**
- Animal breeding– **पशु प्रजनन**
- Animal carcase– **पशु शव**
- Animal nutrition– **पशु पोषण**
- Animal tankage– **पशु गर्तावशेष**
- Anion– **ऋणायन**
- Anion solubilization– **ऋणायन विलयन**
- Anise– **सौंफ**

- Aniseed– सौंफ (बीज)
- Annual– वार्षिक
- Annual return– वार्षिक विवरणी
- Annual ring– वार्षिक विलय
- Annual shoot– वार्षिक प्ररोह
- Annual tender– वार्षिक कोमल पौधा
- Annual yield– वार्षिक उपज
- Anorexia– क्षुधान्यूनता
- Ant hill earth– वाल्मीकि मिट्‌टी
- Antacid– प्रतिअम्लता
- Antagonism– विरोध
- Antagonism of ion– आयन विरोधता
- Antagonistic microorganism– विरोधी सूक्ष्मजीव
- Antagonistic capacity– विरोधी क्षमता
- Antagonistic fungi– विरोधी कवक
- Antenna– श्रृंगिका
- Anterior presentation– अग्र गर्भ प्रस्तुति
- Anthelminitic– कृमिहर
- Anther– परागकोश
- Anthesis– प्रफुल्लन, प्रफुल्लन काल
- Anthill– वम्रकूट, वाल्मीकि
- Anthodium– मुंडक
- Anthrax– गिल्टी रोग
- Anthropic soil– कृत्रिम मृदा
- Anthropomorphous– मानवरूपी

- Anti bacterial– **प्रतिजीवाणुक**
- Anti cyclone– **प्रतिचक्रवात**
- Anti foaming agent– **फेनरोधी कारक**
- Anti freezing– **हिमनरोधी**
- Anti friction– **प्रतिघर्शण बेयरिंग**
- Antibactetial agent– **जीवाणुरोधी कारक**
- Antibiosis– **प्रतिजीविता**
- Antibiotic– **प्रतिजैविक**
- Antidote– **प्रतिकारक**
- Antigen– **प्रतिजन**
- Antiphlogistic– **शोथहारी**
- Antipyretic– **ज्वरहर**
- Antiseptic– **पूतिरोधी**
- Antiserum– **प्रतिसीरम, एंटीसीरम**
- Antispasmodic– **एंठनरोधी**
- Antithesis– **प्रतिपक्ष, प्रतिस्थापना**
- Antitoxin– **आविशरोधी**
- Antiviral– **प्रतिविषाणुक**
- Antogenist– **प्रतिरोधी विरुद्ध**
- Apex– **शीर्ष, चोटी, शिखाग्र**
- Aphid– **लाही, माहू, चेंपा, ऐफिड**
- Apiary– **मधुवाटिका**
- Apical– **शिखाग्र**
- Apical angle– **शिखाग्र कोण**
- Apical bud– **शीर्षस्थ कलिका**

- Apical cell– शिखाग्र कोशिका
- Apical cleavage– शीर्षस्थ विदलन
- Apical dominance– शिखाग्र प्रभाविता
- Apical growth– शीर्ष वृद्धि, अग्र वृद्धि
- Apiculture– मधुमक्खी पालन, मौन पालन
- Apogamy– अपयुग्मन
- Apparatus– उपकरण
- Apparrent– प्रकट, स्पष्ट
- Appetite– क्षुधा, भूख
- Appetizer– क्षुधाकारी
- Apple blotch– सेब का दाग
- Apple fruit weevil– सेब का घुन
- Apple rust– सेब किट्ट
- Application– अनुप्रयोग
- Applied economics– अनुप्रयुक्त अर्थशास्त्र
- Applied force– प्रयुक्त बल
- Appraisal– मूल्यांकन
- Appraised value– आंका गया मूल्य
- Appreciation– मूल्यवृद्धि
- Apprise– सूचना देना, बताना
- Approach– प्रयत्न, पहुँच, उपाय
- Approach grafting– मिलान रोपण
- Approved variety– स्वीकृत किस्म
- Apricot– खूबानी
- Aquaculture– जलजीव पालन

- Aquatic– जलीय, जलचर
- Aquatic plant– जलीय पौधा
- Aqueous– जलीय
- Aqueous extractants– जलीय निष्कर्षक
- Aqueous solution– जलीय घोल
- Aqueous tissue– जलीय उतक
- Aquifer– जलभरा
- Arable land– कृष्य भूमि
- Arbitrary– मनमानी
- Arbitrary correction– स्वेच्छ संशुद्धि
- Arbitrary origin– स्वेच्छ मूलबिंदु
- Arbitrary value– ऐच्छिक मान
- Arbitrated exchange rate– अंतर्पणन विनिमय दर
- Arbitration– पंच फैसला, मध्यस्थ निर्णय
- Arboreal– वृक्षीय, वृक्षवासी
- Arboretum– वृक्ष समूह
- Arboriculture– वृक्ष–संवर्धन
- Arborization– शाखायन
- Arbour– कुंज
- Arbour or pergola system– मंडल प्रणाली
- Arbuscules– बौना वृक्ष
- Arc process– आर्क विधि
- Area under crop– शस्यगत क्षेत्र
- Area under cultivation– कृषिगत क्षेत्र, जोतभूमि
- Area under irrigation– सिंचित क्षेत्र

- Areacanut– सुपारी
- Arid climate– शुष्क जलवायु
- Arid Legumes– शुष्क फलियाँ
- Arid Soil– शुष्क मृदा
- Aridity– शुष्कता
- Aridosol– एरिडोसोल
- Aril– बीजचोल
- Arm disease of grape– अंगूर का मृतशाखा रोग
- Aroma– सुवास, सुगंध
- Aromatic– सगंधीय
- Arrangement– विन्यास
- Array– सारिणी, व्यूह
- Arrival– आमद
- Arthropods– मानवाकार
- Arthrospore– संधि बीजाणु
- Articles of comfort– सुखकर वस्तुएँ
- Articular– संधि, संधिका
- Articular facet– संधि सिरा
- Artificial compaction– कृत्रिम संहतता
- Artificial compost– कृत्रिम कम्पोस्ट
- Artificial drainage– कृत्रिम जल निकास
- Artificial epiphatolic– कृत्रिम रोग सृजन
- Artificial farm manure– कृत्रिम फार्म खाद
- Artificial fertilizer– कृत्रिम उर्वरक
- Artificial hybridization– कृत्रिम संकरण

- Artificial inoculation— **कृत्रिम निवेशन**
- Artificial insemination— **कृत्रिम वीर्य सेचन**
- Artificial manure— **कृत्रिम खाद**
- Artificial mulch— **कृत्रिम पलवार**
- Artificial parthenogenesis— **कृत्रिम अनिशेकजनन**
- Artificial pollination— **कृत्रिम परागण**
- Artificial selection— **कृत्रिम वरण**
- Artificial silk— **कृत्रिम रेशम**
- Arum— **अरबी, घुइयां**
- Asafoetida— **हींग**
- Ascending order— **आरोही क्रम**
- Asexual reproduction— **अलैंगिक जनन**
- Ash— **राख**
- Ash colour— **मटमैला रंग**
- Ash gourd— **पेठा, भूरा कद्दू**
- Ash metabolism— **राख उपापचय**
- Aspergillus niger— **काली फफूंद**
- Aspiration— **चूषण**
- Assembling— **संग्रहण**
- Assesment— **मूल्यांकन**
- Assessed— **निर्धारित**
- Assimilation— **आत्मसातकरण**
- Associate— **संबद्ध**
- Association coeficient— **साहचर्य गुणांक**
- Association of attribute— **गुण साहचर्य**

- Associative action– संयोगिक क्रिया
- Associative digestibility– संयोगिक पचनीयता
- Associative effect– संसर्गी प्रभाव
- Associative phenomena– संसर्गी दृश्य
- Assorting effect– पृथक्करण प्रभाव
- assume– कल्पना करना, ग्रहण करना, अपनाना
- Assured mean– कल्पित माध्य
- Assymetry– असममिति
- Aster spotted wilt– एस्टर का चकत्तेदार मलानि
- Aster wilt– एस्टर पीतरोग
- Asthma– श्वास, दमा
- Astringent– स्तंभक, कषाय
- Asynapsis– असूत्रयुग्मन
- At par– समान
- Atavism– प्रत्यावर्तन
- Atrophy– अपक्षय, क्षीणता
- Attribute– गुण
- Audio visual aids– दृश्य–श्रव्य साधन
- Auger– बर्मा, आगर
- Augmentation– अभिवर्धन
- Aural aid– कर्णीय साधन
- Aureole– मंडल
- Auricula– ऑरीकुला, कर्णपल्लव
- Autarchic– एकतंत्रीय
- Auto alloploid– स्व–परागणित

- Auto allopolyploid – स्व–परबहुगुणितता
- Autocarp – स्वनिषेची फल
- Autocatalytic reaction – स्वोत्प्रेरक प्रतिक्रिया
- Autochthonous bacteria – स्वस्थानिक जीवाणु
- Autogamy – स्वयुग्मन
- Autogenesis – स्वतः जनन, अनिशेकजनन
- Autoheteroploid – स्वविशमगुणित
- Autotype – स्वप्ररूप
- Auxin – ऑक्सिन
- Axial Flower – अक्षीय पुष्प, अक्षीय फूल
- Axil – कक्ष
- Axis – अक्ष
- Background information – पृष्ठभूमि सूचना
- Bacterial – जीवाणु
- Bactirium – जीवाणु
- Bale – गांठ
- Bark – छाल, वल्कल
- Barley – जौ
- Barnyard – सावां
- Barren land – बंजर भूमि
- Basal pit – आधार गर्त
- Basement rocks – आधार शैलसंध
- Basin – थाला, बेसिन, द्रोणी
- Basin Irrigation – द्रोणी–सिंचाई
- Bee Fly – भ्रमर मक्खी

- Beetle– भृंग
- Bengal curantus– करौंदा
- Benthic– नितलस्थ
- Benthic animal– नितलस्थ प्राणी
- Ber– बेर
- Betelvine– पान
- Bioassay– जैव आमापन
- Biochemical– जैव रासायनिक
- Biofertilizer– जैव–उर्वरक
- Biogas– गोबर–गैस, बायोगैस
- Biomass– जीव भार, जैव मात्रा
- Biophagous– जीव–भक्षी
- Biosphere– जीवमंडल
- Biotechnolgoy– जैव प्रौद्योगिकी
- Biotic– जीवीय
- Bisholi's weed– अजवायन
- Black blum– जामुन
- Black cumin– जीरा
- Black gram– उड़द
- Black pepper– काली मिर्च
- Bleach– रंग उड़ना, विरंजन करना
- Bleaching– विरंजन
- Blend– मिश्रण
- Blending– सम्मिश्रण
- Blight– अंगमारी, शीर्णता

- Bloom– खिलना
- Blooming stage– फूल लगने का समय
- Bloowarm– गूलर की सूंड़ी, ब्लूवर्म
- Boll– गूलर
- Borer– बेधक
- Bottle gourd– लौकी
- Brackiswater– खारा जल
- Bract– सहपत्र
- Branch harvesting– सपत्र शाखा कटाई
- Brawn– भूरा रंग
- Breed– नस्ल
- Breeder seed– प्रजनक बीज
- Breeder seed production– प्रजनक बीज उत्पादन
- Breeding– प्रजनन
- Brinjal– बैंगन
- Broadcasting– छिटकाव
- Brooding– अंडे सेना
- Bud– कली, मुकुल
- Bud Graft– कलम लगाना, कली चढ़ाना
- Budding– मुकुलन
- Callus– कैलस
- Capacity building– क्षमता निर्माण
- Capital– प्रति व्यक्ति
- Carcass– कंकाल, अस्थिपंजर
- Caroing– धुनाई

- Carrot– गाजर
- Cashewnut– काजू
- Cast Off– छोड़ना
- Castor– अंडी, रेंडी, एरंड
- Catabolism– अपपाचन, अपचय
- Caterpillar– इल्ली
- Causal Agent– रोगकारक
- Cell– कोशिका, कोष्ठिका
- Cell culture– कोशिका संवर्धन
- Census– जनगणना
- Cereal– खाद्यान्न
- Certified seed– प्रमाणित बीज
- Chaff– भूसा, भूसी, चोकर
- Chain Isomerism– शृंखला समावयवता
- Characterize– अभिलक्षण
- Charring– जलकर काला होना
- Chemical composition– रासायनिक संघटन
- Chemical manure– रासायनिक खाद
- Chlorophyll– पर्णहरित, क्लोरोफिल
- Chloroplast– हरित लवक, क्लोरोप्लास्ट
- Chopping– संकर्तन, टुकड़े करना
- Chopping Knife– संकर्तन छुरी
- Chromatography– वर्णलेखन
- Chromosomal Bridge– गुणसूत्री योजक
- Chromosomal Fission– गुणसूत्र विखंडन

- Cinamum— **तेजपत्ता**
- Classification— **वर्गीकरण**
- Clay— **मटियार, चिकनी मिट्टी**
- Clay loam— **मटियारी, दुमट**
- Clayey Soil— **चिकनी मिट्टी**
- Climate change— **जलवायु परिवर्तन**
- Coagulation— **स्कंदन**
- Coalesce— **सम्मिलित होना**
- Coarse— **मोटा, अपरिष्कृत**
- Cocoon— **कोसा, कोया**
- Coefficient— **गुणांक**
- Cohesion— **संसंजन**
- Cold water— **शीतल जल**
- Collar-Rot— **कॉलर–रॉट, ग्रीवा विगलन**
- Collateral Bud— **संपार्श्विक कलिका**
- Combat— **संघर्ष, सामना**
- Common millet— **चना**
- Compatible— **संगत, अनुकूल, अनुरूप**
- Camphor— **कपूर**
- Complex— **सम्मिश्र, जटिल**
- Complimentary Gene— **पूरक जीन**
- Composition— **संघटन**
- Compound— **यौगिक**
- Comprise— **सम्मिलित करना, व्याप्त करना**
- Conclusively— **निर्णायक रूप से, अंतिम रूप से**

- Concomitant– सुसंगत, अनुरूप, सदृश
- Condensed– संघनित
- Configuration– विन्यास
- Congenital Disease– जन्मजात रोग
- Conjuctive– संयोजक, संयुक्त
- Conservation– संरक्षण
- Considerable– काफी, विशेष, महत्वपूर्ण, विचारणीय
- Constituents– अवयव
- Consultancy sercices– परामर्शदात्री सेवाएं
- Contagious Disease– संसर्गज रोग, सांसर्गिक रोग
- Contaminated– संदूषित
- Contended– विवाद करना
- Control– नियंत्रण, सामान्य दशा
- Contton leaf– कपास वर्ण
- Convention– समझौता
- Conversion– रूपांतरण, परिवर्तन
- Coordination– समन्वय
- Component– संघटक/अवयव
- Core– बीजकोष
- Coriander– धनिया
- Corn Beetle– धान्य भृंग
- Corpus Allatum– अंडाभ पिंड
- Cortex– वल्कुट
- Cotton– कपास
- Cotton breeder– कपास प्रजनक

- Cotton lint— **रुई**
- Cotton seed— **बिनौला, कपास का बीज**
- Cotton seed oil— **बिनौला तेल**
- Cotyledon— **बीजपत्र (नवजात पौधों की पत्तियाँ)**
- Cotyledonary node— **बीजपत्रीय पर्वसंधि**
- Countepart— **पूरक**
- Counter Tillage— **समतल जुताई**
- Coupled— **युग्म**
- Cow pea— **लोबिया**
- Crisis— **संकट, संकटावस्था**
- Critical— **क्रांतिक, नाजुक स्थिति**
- Critical difference— **क्रांतिक अंतर**
- Critical length— **क्रांतिक लम्बाई**
- Crop plants— **फसली पौधे**
- Cross— **संकर, संकरण**
- Cross-fertilization— **पर–निषेचन**
- Cross-Infectivity— **पर–संक्राम्यता**
- Crowbar—**सब्बल**
- Crown Grafting— **शीर्ष–रोपण, शीर्ष कलम**
- Crown Height— **शीर्ष ऊंचाई, आपत्र ऊंचाई**
- Crucial— **कठिन, विकट**
- Cryobank— **क्रायोबैंक**
- Culture Fisheries— **मात्स्यिकी संवर्धन**
- Curriculum— **पाठ्यक्रम**
- Custard apple— **शरीफा**

- Cuticle– उपत्वचा, उपचर्म, क्यूटिकल
- Cutting age knowledge– अद्यतन अनुसंधान जानकारी
- Cutting edge– उत्कृष्ट
- Cytogenetics– कोशिकानुवंशिकी
- Cytology– कोशिका विज्ञान
- Cytomorphologically– कोशिका आकारिकी रूप से
- Cytoplasm– कोशिकाद्रव्य
- Cytotypes– कोशिका प्रारूप
- Decayed– सड़ा हुआ
- Deciduous– पर्णपाती, पतझड़ी
- Differentiation– विभेदन
- Defoliation– निश्पत्रण
- Deformity– विरूपता
- Degumming– विगोंदन, गोंद हटाना
- Dehiscence– स्फुटन
- Dehydrate– निर्जल करना
- Delineaction– निरूपण, चित्रण
- Delinting– बिनौले से रुई अलग करना
- Demonstration– प्रदर्शन
- Denim– मोटे वस्त्र, जीन्स बनाने हेतु उपयुक्त
- Density– घनत्व
- Depletion– ह्रास
- Depression– अवनति
- Derivatives– संततियाँ
- Derived– व्युत्पन्न

- Desseminated– प्रकीर्ण
- Deterioriation– गुण ह्रास
- Determine– निर्धारण, नियत
- Detrimental Effect– हानिकारक प्रभाव
- Device– युक्ति
- Devised– आविष्कार
- Die Back– शीर्षारंभीक्षय, पश्चक्षय
- Differential– अंतरीय
- Differentiation– विभेदन
- Dihybrid– द्विसंकर
- Dimorphism– द्विरूपता
- Diploid– द्विगुणित
- Distruption– विघटन
- Documented– प्रलेखन
- Dodden– अमरबेल
- Domestication– ग्राम्यन, पालतूकरण
- Dominant– प्रभावी, प्रबल
- Drip– टपक
- Drip irrigation– ड्रिप सिंचाई, टपकावक सिंचाई
- Dry ginger– सौंठ
- Dryland– बारानी
- Early maturing– अगेती पकने वाली
- Ebizootic– जंतुमारी
- Eco-friendly– पर्यावरण हितैषी, पर्यावरणानुकूल
- Ecology– पारिस्थितिकी, पारिप्रणाली

- Economical – लाभदायक, लाभकारी
- Economical plants – लाभकर पौधे
- Eco-relationship – पारिस्थितिक संबंध
- Ecosystem – पारितंत्र, पारिस्थितिक तंत्र
- Edible pine – चिलगोजा
- Effected part – ग्रसित भाग
- Efficacy – क्षमता
- Electrophoretic – वैद्युत कण संचलन
- Elevated – अधिक, उन्नत, बढ़े हुए
- Elevated – उन्नत
- Elite lines – चुनी हुई श्रेष्ठ वंशावलियां
- Elongated – लम्बा
- Elongation – दीर्घाकरण
- Elucidate – स्पष्ट करना, प्रकाश डालना
- Emasculation – विपुंसीकरण
- Embrionic – भ्रूणीय
- Embroyogenesis – भ्रूणाभ
- Embryogeneic – भ्रूणीय
- Emergance – आविर्भाव
- Emerging – उभरती
- Emeritus – प्रख्यात/विख्यात
- Emission – उत्सर्जन
- Emphasis – बल देना/जोर देना
- Endemic – स्थानीय
- Enzyme – एंजाइम

- Eradication— उन्मूलन, विध्वंश, नाश
- Erected— स्थापना
- Ergonomics— श्रम दक्षता संबंधी
- Erode— अपरदन करना
- Eroded clay— अपरदित मृत्तिका
- Error— त्रुटि
- Erratic rain fall— अनियमित वर्षा
- Evaporated milk— वाष्पित दूध
- Evolution— उद्विकास
- Evolved— विकसित
- Ex-site— मूल स्थान से अलग
- Execution— पालन करना, कार्यान्वयन
- Exhaust— रेचन करना
- Exlcusive right— एकमात्र अधिकार
- Exotic— विदेशी
- Exotic material— असामान्य पदार्थ
- Expand— फैलाव
- Expansion— विस्तार, प्रसार, फैलाव
- Expedite— शीघ्र निबटारा
- Experimental field— प्रायोगिक खेत, प्रयोगात्मक
- Experimental learning— प्रयोगात्मक अध्ययन
- Explant— कर्त्तोतक
- Exploit— काम में लेना
- Exploration— अन्वेषण/खोज
- Extinct— विलुप्त

- Fabric – वस्त्र
- Fabulous – काल्पनिक
- Facilitation – सरलीकरण
- Facillitate – सुसाध्य/सरल बनाना
- Facsimile – अनुलिपि/प्रतिकृति
- Faculty – संकाय
- Folk varieties – लोक उपजातियाँ
- Fallow – परती भूमि
- Family – कुल/परिवार
- Farmer innovators – अन्वेषक किसान
- Fat solvent – वसा विलायक
- Fatty acid – वसा उम्ल
- Favourable – अनुकूल
- Feedback – पुनर्निवेशन/प्रतिपुष्टि
- Fennel – सौंफ
- Fertilization – निषेचन
- Fiber – रेशा, तंतु
- Fiber fineness – तंतु महीनता
- Fiber quality – तंतु की गुणता
- Fiber strength – तंतु की मजबूती
- Fibrous – तंतुमय
- Fig – अंजीर
- Finger millet – मंडुआ
- Fish seed – मछली का जीरा
- Fisheries – मात्स्यकी

- Fishery– मत्स्य उद्योग, मत्स्य क्षेत्र
- Fishing vessal– मछली पकड़ने की नौका, मत्स्य पोत
- Flexibility– लचीलापन
- Fluffy– रोमेदार
- Fluster– घबराना
- Focus– केन्द्र बिन्दु/प्रमुख
- Foliage– पर्णावली
- Foliaceous– पर्णीय
- Foliar– पर्णिल, पत्रीय
- Food crops– खाद्य फसलें
- Forage Crops– चारा फसलें
- Formation– निर्माण, रचना, विरचन
- Formulated– सूत्रबद्ध
- Fortline demonstration– अग्रणी प्रदर्शन या निदर्शन
- Frost free season– तुषारहीन ऋतु, मौसम
- Foundation seed– आधार बीज
- Frequency– आवृत्ति, बारंबारता
- Frequency distribution– बारंबारता बंटन
- Front line demostraton– अग्रिम पंक्ति प्रदर्शन
- Fungi– कवक
- Fungicide– कवकनाशी
- Fungus– फफूंद
- Furrow– खूड, कूंड, नाली
- Gene– जीन
- Gene pools– जैविक गुणों का भंडार

- Genera— जेनेरा
- Generation— उत्पादन, निर्माण
- Genetic library— अनुवंशिक भंडार
- Genetics— आनुवंशिकी
- Genomic— जिनोमिक
- Genotype— जीन प्रारूप
- Genesis— उत्पत्ति ग्रंथ
- Genus— वंश
- Germination— अंकुरण
- Germplasm— जनन द्रव्य, वंशावलियां
- Ginning— ओटाई
- Ginning percentage— ओटाई प्रतिशत्
- Glut— ग्लट, आधिक्य
- Governance— शासन
- Governed— नियामक
- Grading— श्रेणीकरण
- Grain— अनाज, खाद्यान्न
- Gram— चना
- Grapes— अंगूर
- Greater cardamom— बड़ी इलायची
- Green gram— मूंग
- Green house effect— पादप–गृह प्रभाव
- Green lentil— मूंग
- Grey mildew— दहिया रोग
- Growth factor— वृद्धि घटक

- Guava– **अमरूद**
- Hairy caterpiler– **रोयेंदार इल्ली**
- Hand ginning machine– **चरखा ओटाई मशीन**
- Hatchery– **स्फुटनशाला**
- Hatching– **स्फुटन, अंडजोत्पत्ति**
- Headway– **प्रगति**
- Heavy clay– **मटियार, भारी मृदा**
- Hereditary– **आनुवांशिकीय**
- Heteratic– **ओजपूर्ण**
- Hindering– **रुकावट**
- Hhoary basil– **तुलसी**
- Holding– **किसान के खेत, चक**
- Homogencity– **सजातीयता**
- Horse grass– **कुलथी**
- Humidity– **आर्द्रता, नमी**
- Hybrid– **संकर**
- Hybridization– **संकरण**
- Hypocotyl– **बीजपत्राधार**
- Identification– **पहचान**
- Immaturity– **अपरिपक्वता**
- Immune– **असंक्राम्य**
- Immunogenic– **प्रतिरक्षाजनी**
- Inoculate– **संरोपण**
- Impact– **संघात, जमाना**
- Impaired– **विकृत, क्षति, हानि, दुर्बल**

- Impending – आसन्न, सन्निकट, समुपस्थिति
- Impervious – अभेद्य
- Impregnated – संसेचित
- Impurities – अपद्रव्य
- In relation to – के परिप्रेक्ष्य में
- In situ – स्वस्थाने
- In vitro – कृत्रिम परिस्थितियों में
- Insecticide – कीटनाशी
- Incessant – निरंतर, अनवरत, अविराम
- Incidence – प्रभाव
- Incorporation – समावेशन
- Indigenous – स्वदेशी
- Indigenous knowledge system – स्वदेशी ज्ञान पद्धतियाँ
- Individual plant selection – एक पौधीय वरण
- Induced – प्रेरित
- Induction – प्रेरण
- Infestation – बाधा, पीड़ा
- Infiltration rate – अंतःस्पंदन दर
- inheritance – वंशागति
- Inhibition – संदमन, निरोध, निषेध
- Initiation – प्रारंभ
- Inoculation – निवेशन
- Inoculants – संरोप्य
- Input – निवेश, आदान
- Insect – कीट, कीड़ा

- Insect pest– **कीट पीड़क, कीटनाशी**
- Insoluble– **अविलेय**
- Instar– **अवस्था**
- Integrated circuits– **समेकित परिपथ**
- Integrated Farming System– **समेकित कृषि प्रणाली**
- Intellectual goods– **बौद्धित वस्तुएँ**
- Intended– **अभिप्रेत**
- Intensity– **तीव्रता, उग्रता, प्रकर्ष**
- Intensive research– **गहन अनुसंधान**
- Interaction– **पारंपरिक क्रिया**
- Intercropping– **अंतः फसल**
- Internode– **पर्व, पोरी**
- Interspecific– **अंतरजातीय**
- Intervention– **मध्यवर्ती**
- Intraspecific diversity– **जातिमय विविधता**
- Introgressive– **अंतर्गामी**
- Inveinal chlorosis– **शिराओं के बीच का भाग पीला पड़ना**
- Invigoration– **पुष्टिकारक**
- Irrigation– **सिंचाई**
- Irrigation Drainage Engineering– **सिंचाई निकासी अभियांत्रिकी**
- Isolated store cluster– **एकलित भण्डार समूह**
- Isolation– **विलगन, पृथक्करण**
- Italian millet– **कंगनी**
- Ivy gourd– **कुदस**
- Jack tree– **कटहल**

- Jurisdiction – क्षेत्राधिकार, अधिकार क्षेत्र
- Jute – पटसन
- Kennel – गिरी, गरी
- Kindney bean – उड़द
- Kinno – किन्नू
- Land races – देशज प्रजातियाँ
- Lapideous – पथरीला
- Larva – डिंभक / लार्वा / इल्ली
- Late maturing – पछेती पकने वाली
- Lateral – पार्श्व शाखा
- Lateritic – लैटेराइटिक, मखमला
- Layer – परत
- Lenticel – वातरंध्र
- Lesser cardamom – छोटी इलायची
- Linear – रेखीय
- Lines – वंशावलियां
- Linkage – लिंकेज, सम्पर्क
- Linseed – अलसी
- Lint – रुई
- Lint percentage – रुई प्रतिशतता
- Litchi – लीची
- Little millet – कुटकी कोंदो
- Load – भार
- Loam – दुमट
- Local – स्थानीय

- Long staple– लंबा रेशा
- Longevity– बड़ी उम्र
- Lowering– अवनमन, निम्नन
- Maintenance– अनुरक्षण
- Malnutrition– कुपोषण
- Malformation– कुरूपता
- Mango– आम
- Mantained– बनाए, कायम या जारी रखना
- Manure– खाद
- Mapping– मानचित्रण
- Marginal soil– सीमांत भूमि, कम उपजाऊ भूमि
- Marked– अंकित, सुस्पष्ट, विशिष्ट
- Mass selection– समूह चयन
- Mating– संगम
- Maturity– परिपक्वता
- Maturity index– परिपक्वता सूचकांक
- Maturity ratio– परिपक्वता अनुपात
- Mean length– औसत लंबाई
- Medicinal– औषधीय
- Medium– पोष पदार्थ, माध्यम
- Medium staple– औसत रेशा
- Menace– संकट, जोखिम
- Meristematic– विभज्योतकी, विभज्योतक
- Metabolic– उपापचयी
- Metabolities– उपापचयण, मेटाबोलाइटीज

- Methods– विधियां
- Macro structure– स्थूल संरचना
- Microbes– सूक्ष्म जीवाणु
- Microbes– सूक्ष्मिजीव, जीवाणु
- Microflora– सूक्ष्म वनस्पति
- Microorganism– सूक्ष्मजीव
- Mid Term Appraisal– मध्यावधि समीक्षा
- Milch– दुधारू
- Mildew– आसिता
- Million– मिलियन
- Mineralization– खनिजीभवन, खनिजन
- Mineralized– खनिजीकृत, खनिजीयुक्त
- Mitigating– कम करना
- Mitigation– शमन/कमी
- Mixed crops– मिश्रित फसल
- Moderate– सामान्य, मध्यम
- Module– मापदंड, माड्युल
- Moisture content– नमी की मात्रा, जलांश
- Moisture absorption– नमी अवशोषण
- Molecular biology– आण्विक जीवविज्ञान
- Molecular configuration– आण्विक विन्यास
- Markedly– सुस्पष्ट रूप से
- Morpholigical– आकृतिक
- Mortality– मृत्यु संख्या, दर
- Moss– काई, मॉस

- Motes– **बीजिका**
- Moth– **पतंगा**
- Mulbery– **शहतूत**
- Mulching– **पलवार बिछाना**
- Mullarp– **मूलार्प**
- Multiplication– **वृद्धिकरण, प्रगुणित**
- Musk melon– **खरबूज**
- Mutant– **उत्परिवर्ती**
- Mutation– **उत्परिवर्तन**
- Na– **सोडियम**
- Naked seed– **अनावृत्त बीज**
- Native– **देशी**
- Natural Resins & Gums– **प्राकृतिक रॉल एवं गोंद**
- Necza pine– **चिलगोजा**
- Nigella seeds– **कलौंजी**
- Niger– **रामतिल**
- Nitch area– **प्रमुख क्षेत्र**
- Nitrogen fixing– **नाइट्रोजन यौगिकीकरण**
- Node– **पर्वसंधि, गांठ**
- Nodular– **ग्रंथिकी**
- NPK– **नाइट्रोजन, फास्फोरस, पोटाश**
- Naturally– **स्वाभाविक रूप से**
- Nut– **गिरी**
- Nut meg– **जायफल**
- Nutrition– **पोषण, आहार**

- Off season– बे–मौसम
- Oil content– तेल तत्व
- Omum seed– अजवायन
- Onomastic– नामिक
- Ontogemy– व्यक्तिवृत्त, व्यष्टि विकास
- Opaline– दुधिया
- Optimum– अनुकूलतम
- Organic farming– जैविक कृषि
- Organism– जीव
- Organogenesis– अंग विकास
- Orientation– स्थिति निर्धारण
- Ornithology– पक्षी विज्ञान
- Outlay– परिव्यय
- Outreach– आउटरीच/पहुंच
- Over control– सामान्य की तुलना में
- Over the year– कई वर्षों तक
- Ovary– अंडाशय
- Ovule– बीजांड
- Papaya– पपीता
- Parasite– परजीवी, परजीव
- Paracitism– परजीविता
- Parameters– मापदंड
- Parenchyma– मृदूतक, पैरेन्काइमा
- Parents– मूल, जनक, पैतृक
- Partnership and linkage– सहभागिता और सहयोग

- Pasture– चारागाह
- Pathogen– रोगाणु, रोगजनक
- Pathogenecity– रोगजनकता
- Pea– मटर
- Peach– आड़ू
- Pearl millet– बाजरा
- Pelleting– कोटिंग, परत चढ़ाना
- Lentil– मसूर
- Perceive– महसूस, अनुभव करना, समझना
- Percolate– छानना/फैल जाना
- Perennial– रिस्थाई, बहुवर्षी
- Performance– निष्पादन, प्रदर्शन
- Pest– नाशक जीव, पीड़क, इसके अंतर्गत
- Pest control– कीटनाशी
- Pesticide– कीटनाशक
- Pregnancy test– संतति परीक्षण
- Phenology– ऋतु जैविक चर्या विज्ञान
- Photosynthesized– प्रकाश संश्लेषी
- Physical parameters– भौतिक मापदंड
- Picking– चुनना
- Pigenopea– अरहर
- Pineapple– अनान्नास
- Pink bollworm– गुलाबी सूंडी
- Planning– नियोजन
- Plant Bio-technology– पादप जैव प्रौद्योगिकी

- Plant Genetic Resources– पादप आनुवांशिक संसाधन
- Plant Protection– पादप संरक्षण
- Plantation crops– रोपण फसलें
- Planter– रोपाई यंत्र
- Plantlet– पादपक
- Plum– आलू बुखारा
- Pollination– परागण
- Polymorphism– बहुरूपता
- Polyploids– बहुगुणित
- Pomegranate– अनार
- Parasitism– परजीविता
- Parthenogenesis– अनिषेकजनन
- Post harvest management– शस्योत्तर प्रबंध/कटाई पश्चात् प्रबंधन
- Powderly mildew– रोमिल फफूंद
- Predators– परभक्षी
- Pre-release– विमोचन पूर्व
- Preservation– परिरक्षण
- Pressing– दबाई, प्रेसिंग
- Presumably– अनुमानतः, संभवत.
- Prevailed– प्रभावी, प्रबल
- Prevalent– प्रचलित
- Probe– जांच
- Profile– प्रोफाइल
- Progenies– संतति, वंशज
- Proliferation– प्रचुरोद्भव

- Prolong– बढ़ना, लंबा, दीर्घ
- Prominence– विशिष्टता/प्रमुखता
- Promotion– पदोन्नति
- Prone– प्रणत
- Properties– गुण, धर्म
- Proportion– अनुपात
- Proposed outlay– प्रस्तावित परिव्यय
- Protein– प्रोटीन
- Protoplasm– जीव द्रव्य
- Public knowledge– सार्वजनिक ज्ञान
- Puddling– गीली जुताई, मिट्‌टी या गारा लगाना
- Pulp– लुगदी
- Pulses– दालें, दहलनें, दलहन
- Pure line– शुद्ध वंश क्रम
- Pure strains– शुद्ध नस्ल
- Purification– परिशुद्धिकरण
- Pruning– पौधों की काट–छांट
- Putative– तथाकल्पित
- Quarantine– संगरोध
- Radicle– मूलांकुर
- Rainfed– बारानी
- Raising Animal– बड़े होते/बढ़ते पशु
- Raisins– किशमिश
- Rapeseed and Mustard– तोरिया एवं सरसों
- Recommended– प्रस्तावित

- Race– प्रभेद, प्रजाति
- Recessive– अप्रभावी
- Reclamation– सुधार, उद्धार
- Recovery– उपलब्धि, पुनः प्राप्ति
- Red gram– मल्का
- Red rotten– लाल गलन
- Raddish– मूली
- Refinement– परिश्करण
- Regeneration– पुनर्जनन
- Registered seed– पंजीकृत बीज
- Regression– समाश्रण
- Regulator– नियंत्रक, नियामक
- Rejuvenate– नया कर देना, नवीकरण, कायाकल्प
- Relative– सापेक्ष
- Relatively– अपेक्षाकृत
- Relevance– प्रासंगिकता/उपयुक्तता
- Remunerative– लाभकारी
- Renifarm– वृक्कार, रेनीफार्म
- Reproductive– जननीय
- Research highlights– प्रमुख अनुसंधान उपलब्धियाँ
- Residual– अवशिष्ट
- Respone– अनुक्रिया
- Repository– संग्रह
- Restoration– पुनः स्थापन
- Resurgence– पुनर्जीवित, पुनरुत्थान

- Retained— **रहने देना, बनाए रखना**
- Retardant— **अवरोधक**
- Reverine— **नदीय**
- Ribbed gourd— **काली तोरी**
- Rigorous— **कठोर, दृढ़**
- Rind— **छिलका**
- Rodent Control— **कृन्तक नियंत्रण**
- Root stock— **प्रकंद, मूलवृंत्त**
- Round gourd— **टिण्डा**
- Rust— **रतुवा**
- Safflower— **कुसुम**
- Saline— **लवणीय**
- Saline water— **लवणीय जल**
- Sample— **नमूना**
- Sandy loam— **बलुई दुमट**
- Sapodilla— **चीकू**
- Saturated— **संतृप्त**
- Screening— **संवीक्षण**
- Seasonal— **सामयिक, मौसमी**
- Secondary roots— **द्वितीयक जड़ें**
- Seed coat— **बीजावरण**
- Seed coat fragment— **बीजावरण के कण**
- Seed cotton— **कपास**
- Seed index— **बीज सूचकांक**
- Seed production— **बीज उत्पादन**

- Seed setting – बीज जमाना
- Seed Technology – बीज प्रौद्योगिकी
- Selected variety – चुनिंदा किस्में
- Selection – वरण, चयन
- Senescence – जीर्णता, पत्तियाँ गिराना
- Separate – पृथक
- Sericulture – कोशकीट पालन, रेशम उत्पादन
- Sesame and Niger – तिल एवं राम तिल
- Shoot – प्ररोह
- Short staple – छोटा रेशा
- Significant – उल्लेखनीय, सार्थक
- Single fibre – इकहरा रेशा
- Single plant selection – एकल पादप वरण
- Small Millets – छोटे–मोटे अनाज
- Small stoneless – किशमिश
- Smut – कंडुवा
- Snake gourd – चिचिण्डा
- Soil deplition – मृदा अपक्षय
- Soil inventory – मृदा सूची बनाना
- Solubility – विलेयता, घुलनशीलता
- Solvent – विलायक
- Somatic – कायिक
- Sorghum – ज्वार
- Sowing – बुआई
- Spacing – अंतरालन, दूरी

- Spange– **छियातुरई**
- Spatial– **आकाशीय**
- Species– **प्रजाति**
- Species diversity– **जातीय विविधता**
- Specific resistant– **विशिष्ट प्रतिरोध**
- Specimen– **नमूना**
- Spectacular– **चमत्कारी, आश्चर्यजनक**
- Spectrum– **वर्णक्रम**
- Spices– **मसाले**
- Split application– **किस्तों में प्रयोग**
- Sponsored– **प्रायोजित करना**
- Spore– **बीजाणु**
- Sporulation– **बीजाणुकजनन**
- Spounding– **अण्डजनन**
- Sprinkle– **छिड़काव**
- Strain– **नस्ल, विभेद**
- Stake holders– **पणधारी, भागीदार**
- Stalk– **डंठल**
- Staple length– **तंतु की लंबाई**
- Strategies– **युद्धनीति, रणनीति, युद्ध योजना**
- Static– **स्थिर**
- Status– **सामाजिक स्थिति, अवस्था, वस्तुस्थिति**
- Stem bore– **तना छेदक**
- Sterility– **बंध्यता**
- Stiffness– **कड़ापन**

- Stimulated– प्रेरित करना, प्रोत्साहित करना
- Stomatal– रंध्री, स्टोमी
- Strain– नस्ल
- Streamlining– संगत बनाना
- Stress– दबाव, स्ट्रेस, प्रतिबलता
- Structures– संरचनाएँ
- Subsequant– परवर्ती
- Substance– द्रव्य
- Substantial– समृद्ध
- Sub-Tropical– उपोष्ण
- Suceptible– सुग्राह्य
- Sucking– चूसक
- Sugar apple– सीताफल
- Sugar beet– चुकन्दर
- Sunflower– सूरजमुखी
- Suppression– दमन, निरोध
- Surplus– अतिरिक्त, भाग, बचत, बढ़ोत्तरी
- Survival– जीवित रहना
- Susceptibility– ग्रहणशीलता
- Symbiotic– सहजीवी
- Synchronous– समकालिक
- Syndorm– सिंड्रोम, संलक्षण
- Synergist– सहयोगी
- Synthetic– संश्लेषित, कृत्रिम
- Systemic– संर्वांगी, दैहिक

- Temperate– **शीतोष्ण**
- Tetraploid– **चतुर्गुणित**
- Texture– **गठन**
- Thickness– **मोटाई**
- Thining– **विरलन, पतला करना**
- Three way cross– **त्रिपथी संकर, त्रिजनक संकर**
- Thrips– **थ्रिप्स**
- Tillage– **जुताई**
- Time tested– **समय–समय पर जांची गई**
- Tobacco– **तम्बाकू**
- Tolerant– **सहिष्णु**
- Toposequence– **स्थालाकृति**
- Toxicity– **विषैलापन**
- Tracts– **संभाग**
- Transformation– **रूपांतरण**
- Transgenic– **परजीवी**
- Transgenic cotton– **पराजीनी कपास**
- Transpiration– **वाष्पोत्सर्जन**
- Transplantation– **प्रतिरोपण**
- Trasplanter– **प्रतिरोपक**
- Trial– **जांच**
- Tuber Crops– **कंदीय फसलें**
- Tube-well– **नलकूप**
- Turmeric– **हल्दी**
- Twig– **टहनी**
- Ulcerative– **अलसरेटिव**
- Ultra structure– **अति सूक्ष्म रचना**

- Under utilised crops – अल्प दोहित फसलें
- Uneven land – ऊबड़–खाबड़ जमीन
- Unprecedented – अभूतपूर्व, पूर्व
- Upgradation – उन्नति/उन्नयन
- Uptake – उद्ग्रहण
- Urban – नगर संबंधी
- Usage – प्रयोग, उपयोग
- Use efficiency – उपयोग क्षमता
- Utilisation – उपयोग
- Vaccine – वैक्सीन, टीका
- Value added – गुणवर्धित, मूल्य संवर्धन
- Variable – परिवर्तनशील, विचरण
- Vector – वाहक
- Vegetative – वानस्पतिक
- Virulence – उग्रता
- Virulent – विषक्त, तीव्र विषैला
- Virus – विषाणु
- Walnut – अखरोट
- Water melon – तरबूज
- White goose foot – बथुआ
- White Grubs – सफेद सूंड़ी
- Wilt – म्लानि, मुरझान
- Winnowing – ओसाई
- Yield – उपज, पैदावार
- Zero tillage – शून्य जुताई

❐❐❐